U0317623

设计思想论丛

丛书主编：辛向阳

设计问题

Design Issues

创新模式与交互思维

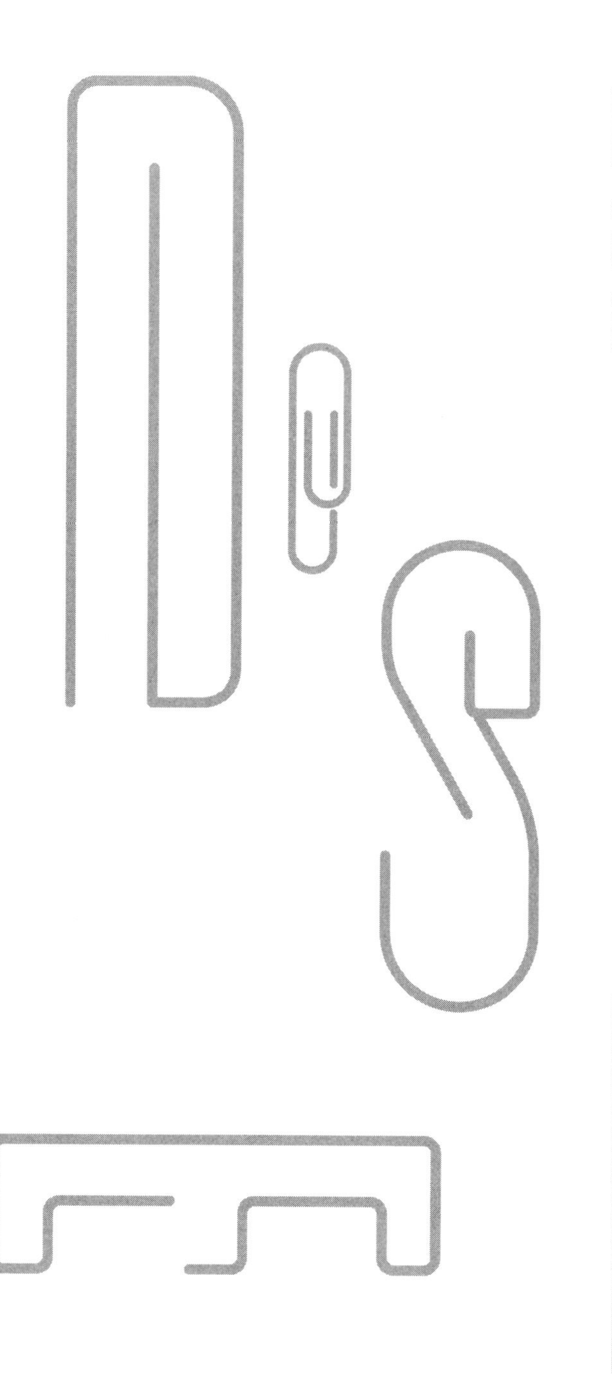

〔美〕布鲁斯·布朗

理查德·布坎南

卡尔·迪桑沃

丹尼斯·当丹

维克多·马格林 **主编**

孙志祥

辛向阳 **译**

清華大學出版社

北京

内 容 简 介

《设计问题》（*Design Issues*）由美国麻省理工学院（MIT）出版社授权翻译。*Design Issues*是国际设计研究领域的著名学术刊物，主要刊载设计的历史、理论和批评方面的研究论文和案例，在设计领域具有很大的影响力。本书选译自该杂志2014年的重要文章，主要内容涉及设计与创新以及具身知识的培养、维持和应用，可以作为研究生教辅读物和业界参考读物，对于深化中国设计教育和提升设计实践水平具有积极作用。

图书在版编目（CIP）数据

设计问题：创新模式与交互思维 /（美）布鲁斯·布朗等主编；孙志祥，辛向阳译. —北京：清华大学出版社，2017（2022.5 重印）

（设计思想论丛）

ISBN 978-7-302-46490-7

Ⅰ.①设… Ⅱ.①布… ②孙… ③辛… Ⅲ.①设计-研究 Ⅳ.①TB21

中国版本图书馆CIP数据核字（2017）第030211号

责任编辑：纪海虹
封面设计：奇文云海·设计顾问
责任校对：王荣静
责任印制：沈 露

出版发行：清华大学出版社
网 址：http://www.tup.com.cn，http://www.wqbook.com
地 址：北京清华大学学研大厦A座 **邮 编：**100084
社总机：010-83470000 **邮 购：**010-62786544
投稿与读者服务：010-62776969，c-service@tup.tsinghua.edu.cn
质 量 反 馈：010-62772015，zhiliang@tup.tsinghua.edu.cn
印 装 者：三河市东方印刷有限公司
经 销：全国新华书店
开 本：154mm×230mm **印 张：**21.25 **字 数：**255千字
版 次：2017年10月第1版 **印 次：**2022年5月第2次印刷
定 价：88.00元

产品编号：068427-01

译者序

《设计问题：创新模式与交互思维》主要围绕两大主题展开，一是设计与创新；二是具身知识的培养、维持和应用。

一

创新已经成为我们这个时代鲜明的主题。2016年3月5日，李克强总理在第十二届全国人民代表大会第四次会议上所作的政府工作报告中，先后61次使用了“创新”一词，创新是绝对的高频词之一。报告指出，我们要“充分释放全社会创业创新潜能。着力实施创新驱动发展战略，促进科技与经济深度融合，提高实体经济的整体素质和竞争力……大力弘扬创新文化，厚植创新沃土，营造敢为人先、宽容失败的良好氛围，充分激发企业家精神，调动全社会创业创新积极性，汇聚成推动发展的磅礴力量”。我们这一辑的翻译正是在这样的宏大背景下进行的，响应了全社会对创新的热情和期盼。

设计学领域国际权威期刊《设计问题》（*Design Issues*）

的主编们在2014年第1期的卷首语中也是开宗明义。他们指出，创新是当今社会无法回避的热词。在管理、教育、娱乐和公共政策等领域，人们都在研究如是的问题：如何促进“创新思维”?如何“化危为机”?为此，我们应该如何培养我们的思维习惯?如何提高我们的专业素养和技能?

因此，本缉从《设计问题》2014年第1期所选择的六篇文章都以设计与创新为主题，作者从不同的视角研究了创新问题，并进行了很多饶有意义的比较及剖析。例如，我们可以从实践或学术的视角研究创新；创新可以呈现为最终用户主导的过程或设计主导的过程。我们可以对比市场驱动的创新与生产驱动的创新，意义创新与技术创新，激进性或突破性创新与渐进性或连续性创新，等等。所选文章可谓精彩纷呈，高潮迭起。下面我们对这六篇文章做一个简要的介绍。

马可·比迪奥尔和斯蒂法诺·莫切里在《设计鲜为人知的一面：匠艺的关联性》一文中提出了设计创新根源于匠艺文化的观点，并把匠艺视为复杂的生产系统的一部分。匠艺在这一系统中扮演着双重角色，一是探索新的理念；二是通过具体的技能与工业生产合作。

在《不同叙事框架下的设计策略》一文中，弗朗西斯科·左罗和卡比日奥·考特拉从“叙事”的角度提出了设计师与企业之间的关系架构。在企业的创新实践中，他们需要采用不同的叙事内容和叙事方式，他们的设计战略因而也会发生相应的变化。作者在文中区分了四种类型的叙事，即以用户为中心型叙事、探索型叙事、挖掘型叙事和技术型叙事。在不同的叙事框架下，设计过程和工具都会发生变化，因而需要不同的设计管理方式。

亚历山德罗·戴赛迪和弗兰西斯卡·里佐的论文《设计与企业文化》指出，由于企业的现行文化和实施创新所需的文化之间可能会产生矛盾，因此开发显著性创新的产品可能会对企业文化带来意想不到的变革。作者因而提出了自下而上的组织变革观点，对包括设计思维在内的自上而下的变革管理方法提出了批评，同时呼吁消除设计思维的神秘色彩。

埃齐奥·曼齐尼的《创事：社会创新与设计》一文讨论了社会创新现象，认为社会创新是设计应用的新兴领域。曼齐尼提出了三种类型的创新过程，包括自上而下的创新过程、自下而上的创新过程和混合型的创新过程。在第一种创新过程中，社会创新由战略设计驱动；在第二种创新过程中，社会创新由地方社区驱动；而第三种创新过程则是第一种创新过程和第二种创新过程的混合体。

图丽·马特尔马基、克斯卡·瓦加卡里奥和艾尔坡·科斯基宁的《移情设计研究进展如何?》对移情设计的演变过程进行了述评。他们指出，从历史的角度来看，无论是设计师的角色还是用户的角色都已经发生了变化，他们之间的关系也发生了变化。设计师的任务已经从传统的产品设计转移到其他形式的应用领域。

唐纳德·A.诺曼和罗伯托·韦尔甘蒂的《渐进性创新与激进性创新：设计研究与技术及意义变革》一文，基于不同的理论建构了自己的框架，深入阐述了与设计相关的创新过程的原动力，认为以人为中心的设计非常契合于渐进性创新，但不大可能带来激进性创新。激进性创新通常与技术变革或意义变革有关。

二

本辑从《设计问题》2014年第2期中选择了八篇文章，主要涉及具身知识，即通过人之体验与物理情境之间的交互，培养、维持和应用具身知识。

在《阿波罗的可视化：人机关系的图形化探索》一文中，雅尼·亚历山大·路凯萨和大卫·敏德尔运用阿波罗11号登月的数据可视化，阐述了技术人员在技术操作中的行为模式。

如果我们把建筑学理解为设计学科，那么我们对研究会有很多不同的理解。马金·范·德·维杰、康拉德·范·克里坡和希尔德·海嫩在《研究及设计在学界和业界中的定位问题》一文中，对这些不同的理解进行了探讨。他们以基于实践的研究为基础，提出了一种混合生产形式，从而调和了传统的"研究实践"和"设计实践"之间的对立关系，将它们统一为"基于设计的研究"。

F.赫斯特·欧森在《转型模式：创造和谐幸福的交互产品设计》一文中探讨了产品作为人的终身伴侣的潜质，产品因而具有调节人与人以及人与世界之间关系的能力。她在文中特别指出，一个人对颠覆性变化的应变能力会严重影响到他在身体、心理、社会和精神上的健康与幸福。

在《灵感与构思：数字时代的手绘》一文中，帕姆·申克研究了设计师在商业环境下运用手绘的情况，指出并不存在新发明驱逐经世致用技术的现象。经世致用的技术将以其新的用途继续为人所用。

海蒂·欧弗丽尔在《苹果派空间关系学：厨房工作三角区中的爱德华·T.霍尔》一文中重新审视了美国家庭经济学家克里斯廷·弗雷德里克在1913年提出的厨房"工作三角区"，指出在厨房布局设计中，不仅要考虑厨房工作空间设计的人体工程学，还要考虑动态的人自身的空间需求。

在《乐器设计：通过基于实践的研究盘活理论》一文中，阿尔瓦罗·西勒罗斯、帕特里西奥·德·拉·夸德拉和罗德里戈·加的斯探讨了一种新的设计方法。在深入了解用户群体的期望、感觉、需求、姿态和意见的过程中，造物渐渐地成型了。

陶菲克·巴尔乔格鲁和巴哈尔·埃姆金在《土耳其创新设计最新动态：身份诉求》一文中指出，设计让古老文化在现代世界中焕发出新的光辉。物体在时间上的连续性有助于加强对自身性和国家身份的认识。

科瑞·泰尔奥格雷、奥乌兹汗·厄兹詹和安提·伊柯宁在《新媒体和设计学中的声音》一文中对声音设计和谐波合成进行了区分。他们认为，声音设计是很多创意产业不可或缺的一部分，这些产业包括交互艺术、计算机游戏、电影、广告和移动电话娱乐应用，等等。

行文至此，译者深切地感到，本辑内容必将给广大读者带来有益的启迪。

当然，由于译者的水平和时间有限，翻译不足之处在所难免，恳请读者批评指正。

译　者

2016年6月12日于江南大学

目 录

一、设计鲜为人知的一面：匠艺的关联性

The Hidden Side of Design: The Relevance of Artisanship

马可·比迪奥尔[1]（Marco Bettiol）
斯蒂法诺·莫切里[2]（Stefano Micelli）

本文译自《设计问题》杂志 2014年（第30卷）第1期。

1. 设计之谜不再成谜

阿尔弗雷德·马歇尔（Alfred Marshall）所阐述的"产业氛

---

[1] 马可·比迪奥尔：意大利帕多瓦大学（University of Padova）经济管理系企业管理教授，主要研究兴趣为创造力与设计及其对中小企业和工业园区竞争力的影响。

[2] 斯蒂法诺·莫切里：意大利威尼斯大学（University of Venice）管理系企业管理教授，主要研究兴趣为设计管理和中小企业国际化进程。

围”的概念，[1]在解释地理和创新之间的关系方面发挥着至关重要的作用。[2]产业集群和工业园区得益于能够获得技术工人共有资源和新的理念，这些理念很容易在当地企业和专业人士之中传播，因为他们具有共同的地域环境和社会文化背景。事实上，马歇尔断言，“职业之谜不再成谜，而似乎在代代相传，孩子们在不经意之中学到了其中的很多奥秘。”[3]尽管知识毫无声息，深深植根于社会，却在不断流传，对于产业集群和工业园区的专业人士和企业而言，可谓唾手可得。物理位置接近，加上共同的地域文化，这些都为当地参与者之间的互动提供了便利。尽管“身临其境”（位于产业集群或工业园区）并非吸收运用隐性知识的充分条件，却是必要条件。

“产业氛围”一直被用来解释隐性知识在中小企业之间的扩散和传播。灵活机动地专门从事于纺织、时装、机械、家具等传统产业，[4]以及将意大利企业组织成工业园区的特有方式（至少在意大利的中北部地区），是与意大利设计大师的作品相辅相成的。阿奇莱·卡斯提罗尼（Achille Castiglioni）、米歇尔·德·卢基（Michele De Lucchi）、维科·马季斯特瑞特（Vico Magistretti）、马尔塞洛·尼祖里（Marcello Nizzoli）、阿尔多·罗西（Aldo Rossi）、理查德·萨博（Richard Sapper）和马尔克·扎努索（Marco Zanuso）等设计师与工业园区内企业的密切合作并非偶然。意大利设计师具有超凡的创造力，当地企业家灵活敏锐，渴望透过品质和美学“透镜”实施产品差异化，两者可谓完美的结合。米兰地区是这一现象的中心，米兰市中心

---

[1] Alfred Marshall, Principles of Economics, (London: Macmillan and Co. Ltd., 1920).

[2] Elisa Giuliani, “The Selective Nature of Knowledge Networks in Clusters: Evidence from the Wine Industry,” Journal of Economic Geography 7 (2007): 139-168.

[3] Marshall, Principles of Economics.

[4] Michael J. Piore and Charles F. Sabel, The Second Industrial Divide: Possibilities for Prosperity, (New York: Basic Books, 1984).

的设计师组合与布里安扎郊区（这是重要的家具园区所在地）的企业走到了一起。隐性知识不仅在园区内的企业之间流动，也在设计师和企业家之间流动。援引马歇尔的话我们可以说，“设计流转”深深植根于社会文化背景之中，并以邻近的物理位置为基础。尽管产业氛围的概念看起来引人入胜，并且能够解释设计师、产品开发商和实业家之间丰富多彩的关系，但也不能简单地认为“流转”无论是在过去还是现在都是设计的基础。我们在此主张，错误地理解手艺的作用或者对手艺的作用不进行认真研究，都会严重影响我们对设计品质的解释。像工匠一样创造是设计过程的重要阶段：这正是我们所界定的设计鲜为人知的一面。通过描述乔凡尼·萨基（Giovanni Sacchi）工作室不为人知的经历，我们将对所提出的概念进行解释。

2. 乔凡尼·萨基工作室“不为人知”的故事

乔凡尼·萨基是一位工匠，早期受训成为专业的铸模工，并在钢铁行业工作了数年时间。第二次世界大战以后，他在米兰开了一个工作室，主要从事开模工作，特别是木模。他的工作室成为当时最知名设计师的基准点，设计师和萨基密切合作开发项目，提出他们的创意。事实上，萨基并不是一位蓝领工人，而是一位工匠。他能够自己动手将设计师的创意转变成三维原型。[1]这样，他把自己所掌握了解的材料和工艺都投入到工作之中，为设计师开模修模。但他不只是像简单的执行者那样，按照外部的指令制造什么东西。相反，在数位意大利设计大师的眼里，乔凡尼·萨基能够理解创意设计的精髓，并且利用他

[1] Stefano Micelli, Futuro Artigiano. Il futuro nelle mani degli italiani, (Venezia: Marsilio Editori, 2011).

的实际经验完善这些设计。与萨基一起开发原型，那是一个迭代过程，需要设计师和工匠多次交互，通常需要很长时间才能生产出设计师向公司呈现自己作品所需的最终原型。这些时间不仅用于变更、调整和改进设计，甚至用于变更、调整和改进原先的创意。最终的设计综合了设计师的发明和萨基的手艺。

萨基的工作室现今已经关闭，成为一家博物馆。参观这家博物馆就是一次现代设计史之旅。[1]例如，你可以看到罗西设计的圆顶咖啡壶，旁边是萨基创造的木模，或者是萨博和扎努索设计的布利昂维嘉（Brionvega）电视原型。这些木模收藏在塞斯托·圣·乔瓦尼（Sesto San Giovanni），也就是博物馆所在地。这些木模让我们想起那条重要的经验：意大利设计成功的主要原因在于设计师的创造力和工匠专门诀窍的原创性组合。两者的贡献都是自身创造力和知识的体现，尽管它们属于不同的认知领域。

3. 新的设计认识论

简单地讲，我们可以把设计过程区分为创意阶段（发生在“设计师的心里面”）和执行阶段（依赖于工匠的手艺和技能）。萨基的故事提供了一个更加丰富的视角。博物馆提供的访谈视频和文档都表明，由于工匠综合掌握了多种不同形式的知识，能够作出原创性的贡献，因而在最终产品成型方面发挥了积极的作用。他的材料知识渊博，能够预测与扩大生产规模有关的技术问题，能够理解消费者的行为，执着追求细节，所有这些都是人们在杰出的工匠身上所发现和赏识的普遍特征。

[1] Stefano Micelli，Futuro Artigiano. Il futuro nelle mani degli italiani (Venezia：Marsilio Editori，2011)，104-108.

贯穿萨基各方面专长的一根主线是在制作过程中将二维的设计转变为三维的原型，这是一项多元实践，需要整合上述多项要素。

学术研究已经突出了人类知识的复杂性，区分了抽象知识、具身知识和分布式知识。在认知科学和人工智能领域，人类认知的概念由来已久，一般认为它是一个完全理性的过程，这一过程以编码知识（符号）和一套正式的规则（模型、启发、惯例）为基础，但这一概念如今遭到了质疑。正如迈克尔·安德森（Michael Anderson）在《人工智能》（*Artificial Intelligence*）杂志上所指出的那样，越来越多的学者和研究者都把研究焦点放在人类认知的不同研究方法上。[1]从这一角度来看，认知直接与人类感知的生理体验和结构有关。在人工智能的多项实验中，机器人没有能够应付动态的背景敏感型环境，这一结果导致了认知的新思路，即将肢体动作纳入考虑范围，而不只是考虑抽象的符号。具身认知“所关注的是，现实世界中的大多数思维都存在于非常特殊的（而且常常是非常复杂的）环境之中，运用于非常现实的目的，并且利用与外部促发因素相互作用的可能性或操控外部促发因素的可能性”。[2]这一方法所带来的结果是，理性的心理（基于抽象表征和一套正式的规则）与非理性的身体（基于感觉和体验）之间的分离趋于下降，而这种分离恰恰是认知论的特征。正如莱考夫（Lakoff）和约翰逊（Johnson）所指出的那样，具身认知的特点在于：

> 我们需要一个身躯去推理思考，这并非只是平淡无奇或显而易见的观点。相反，那是鲜明的观点，即理性

---

[1] Michael L. Anderson, “Embodied Cognition: A Field Guide,” Artificial Intelligence 149 (2003): 91-130.

[2] Anderson, “Embodied Cognition,” 91.

的结构本身源自我们具身化的细节……因此，要理解理性，我们就必须理解我们的视觉系统、运动系统以及神经绑定的一般机制等细节。[1]

具身认知的概念和社会科学中所阐述的情境认知的概念具有重叠的地方。事实上，情境认知表明知行之间本质上是不可分离的。珍妮·拉弗（Jean Lave）明确指出，知识存在于自然、社会和文化活动背景之中。从这个角度来看，焦点从个人大脑转移到了处于复杂的社会文化关系中的不同大脑之间的动态互动。[2]认知并不是一个抽象的概念，而是一个实际的概念，因为认知发生在与现实世界以及他人的互动之中，并以社会文化背景为基础。因此，学习并不是孤立或独立的过程，而是社会过程，基于实践的过程。拉弗和威戈（Wenger）指出了实践共同体与维系知识生产和传播的关系。[3]合法的边缘性参与（LPP）是一个过程，这一过程成为共同体成员参与水平的特征，并且表示他们在学习中所取得的进步。成员的位置（从边缘走向核心）表示共同体在实践和知识方面对成员（改良的）的认可。事实上，触发学习过程的是对共同体归属感的需要。

约翰·史立·布朗（John Seely Brown）和保罗·杜吉德（Paul Duguid）研究了大公司背景下的实践共同体。[4]他们的研究发现，在企业中表现最出色的人，他们的职业背景中都有

[1] 转引自George Lakoff and Mark M. Johnson, Philosophy in the Flesh: The Embodied Mind and Its Challenge to Western Thought, (New York: Basic Books, 1999), cited in Anderson, "Embodied Cognition," 107.

[2] Anderson, "Embodied Cognition," 109.

[3] Jean Lave and Etienne C. Wenger, Situated Learning: Legitimate Peripheral Participation, (Cambridge: Cambridge University Press, 1991).

[4] John S. Brown and Paul Duguid, The Social Life of Information (Boston: Harvard Business School Press, 2000).

与其他同事共享信息和知识的经历。尤其是他们发现了复印机技术人员是如何通过与其他技术人员随便随兴的（从公司的角度来讲）会面进行互动，讨论他们的经历以及日常工作中面临的问题的。这一研究结果引发了对公司内部培训的重新审视，关注知和行在实践中是如何紧密地关联在一起的。正如布朗和杜吉德所总结的那样，“知识在实践的轨道上运行”——意思是说，与在实践中学习相比，抽象的学习要难得很多，而且效果也差得很多。[1]

设计作为一门学科对这一问题的研究还是最近的事情。保拉·安特那利（Paola Antonelli）主要研究“做中创”（译者注：该术语英语原文为“thinkering”，是由thinking和tinkering两词构成的混合词）。约翰·史立·布朗率先提出了这一观点，并把它作为新的设计视角。做中创“得以实现，当然靠的是富有成效的玩创、试验、测试、再测试和调整，与志同道合的人乐此不疲，与同事及其他专家进行开放性的、建设性的合作”。[2]这一新视角旨在重视一种新型的创新，这种创新是由开放源代码软件世界，或者更通俗地说，实践共同体提出的。设计不只是某个天才的成果，而是若干主体的作品，他们兴趣相同，共同实践。基于安特那利的提法，设计是实践共同体内部的创造行为；在此，设计师和用户之间的传统界限已经日渐模糊，通过（线上）协作和实践中的不断试验，用户可以成为自己产品的设计师。

蒂姆·布朗（Tim Brown）是艾迪伊欧（IDEO）的首席执行官和总裁，全球知名设计师。在他看来，设计思维“……本

---

[1] John S. Brown and Paul Duguid, “Knowledge and Organization: A Social-Practice Perspective,” Organization Science 12 (2001): 198-213.

[2] Paola Antonelli, “Thinkering,” Domus, (Milan: EditorialeDomus, June 2011), 948.

质上是一个原型设计过程。一旦发现很有前景的想法，就去建造。从某种意义上来讲，创造是为了思维”。[1]创造是思维的一种形式；只有通过创造，设计师才能阐明（甚至是对他们自己）自己的想法，并就自己的想法进行试验，接受大家的反馈，改善自己的设计。在评价苹果的设计方法时，乔纳森·埃维（Jonathan Ive）说：

> 最佳的设计明确承认，形式和材料是分不开的——材料承载着形式。绝对不是利用计算机辅助设计进行虚拟，创建任意的形式，然后把这种形式呈现为某种特定的材料，标注一下，并说“这是木材”，等等。因为当一个物体的材料、材料工艺和形式完全一致的时候，该物体就会在很多层面产生非常真实的共鸣。人们以非常特殊的方式承认该物体的真实性。[2]

正如埃维所指出的，产品的原真性来自通晓产品的材料构成——这是一种隐性的知识，一种需要具身的知识。萨基的工作着实预见到了优秀的设计所需要的品质和原真性要求。

4. 不是例外

如上所述，萨基绝对不是一个例外。布里安扎园区（Brianza）邻近米兰，是意大利最重要的家具园区之一。在该

[1] Tim Brown，“Strategy by Design，” Fast Company，(June 2005)，www. fastcompany. com/52795/strategy-design (2013年7月12日访问).

[2] Jonathan Ive，interview by Core77，The Design of iPhone 4：Material Matters，May 25，2010. www. core77. com/blog/object_culture/core77_speaks_with_jonathan_ive_on_the_design_of_the_iphone_4_material_matters_16817. asp (2013年7月12日访问).

园区，很多类似的工匠都发挥了举足轻重的作用，他们决定了许多意大利设计知名品牌的成败。对于生产所谓的“意大利制造”产品的其他行业，也可以进行类似的考察。例如，在时装业，不难发现人们同样努力将设计师的创意转变为实实在在的产品。托马索·阿奎拉诺（Tommaso Acquilano）和罗伯托·拉伊蒙迪（Roberto Raimondi）是费雷（Ferré）2008年至2011年的设计师。在有关该品牌遗产的公开讨论会上，他们表示，对詹弗兰科·费雷（Gianfranco Ferré）的设计图（目前存放在詹弗兰科·费雷基金会）与T台上呈现的最终服饰之间的差异感到惊奇。图纸上的服饰和实际的服饰之间的差异是裁缝店转化的结果。事实上，费雷的创意和裁缝的手工之间的互动是创意过程的重要组成部分。就像阿奎拉诺和拉伊蒙迪明确指出的那样，这些裁缝过去在费雷的工作无与伦比，他们不仅是非凡的工匠，而且是品牌的回忆和化身。

在机械行业也有类似的情况，形成了专门技术知识和特有的问题—解决方法的原创组合。在意大利，“tecnici”一词（英语中的“technicians”，即技术员）在很多行业已经基本取代了“工匠”一词。这一新的称呼方式暗示着这些“技术员”在与造物和材料的交道中做出了的不断的努力。人类学家克洛德·列维-斯特劳斯（Claude Lévi-Strauss）对这种与世界交互的特殊能力进行了概括，对“拼合爱好者”进行了形象的描述，即“与手艺人相比，他们靠的是自己的双手，用的是另类的方法”。[1]列维-斯特劳斯在《原始思维》（*The Savage Mind*）一书中提出了“拼合爱好者”的角色，指出了魔法思维的关联性。魔法思维是一种推理和知识习得形式，它不同于科学思维（尽管两者之间存在互补的关系）。将工程师（作为科学的代

---

[1] Claude Lévi-Strauss，The Savage Mind (Chicago，IL：University of Chicago Press，1966)，16-17.

表）和拼合爱好者（作为魔法思维的代表）相比，列维-斯特劳斯断言，“工程师总是试图突破某种特定的文明状态所施加的束缚，而‘拼合爱好者’倾向于或者不得不受其束缚”。[1]表面上看，拼合爱好者使用手头已有的工具和材料，但是它们的使用方式和目的未必和设计相同。他将周边的造物重新整合，重新使用，但是并没有遵循循序渐进的工艺过程，而是适应环境的局限性。工程师是科学客观性的表现；拼合爱好者是主体性的表现：

> “拼合爱好者”的诗意也主要是源于不仅仅囿于完成和执行而已。正如我们所见，他不仅以物“说话”，而且以物为媒介说话：通过在有限的可能性中的抉择，表达自己的个性和生活。或许“拼合爱好者”永远不能达到自己的目的，但是他总是能够注入自身的元素。[2]

可以把供职于产业园区的工匠描绘为实践共同体，他们根植于本土，彼此相识，常常聊聊日常事务或临时事务。供职于施乐公司的人类学家朱利安·奥尔（Julian Orr）认为，从业者在餐馆酒吧的闲聊并不是浪费时间，而是社会交往和知识建构这一重要过程的一部分。[3]见面自由随意以及讲讲故事带来了一种新的叙事形式，这有助于专业人员分享过去的经历（形成集体记忆），阐明新的想法。

从这一视角来看，实践共同体发挥着重要的作用：重复并改造了知识体，而包括大学和地方院校在内所提供的正规培训

[1] Claude Lévi-Strauss，The Savage Mind (Chicago，IL：University of Chicago Press，1966)，19.

[2] Claude Lévi-Strauss，The Savage Mind (Chicago，IL：University of Chicago Press，1966)，21.

[3] Julian E. Orr, Talking about Machines：An Ethnography of a Modern Job (Ithaca, NY：Cornell University Press, 1996).

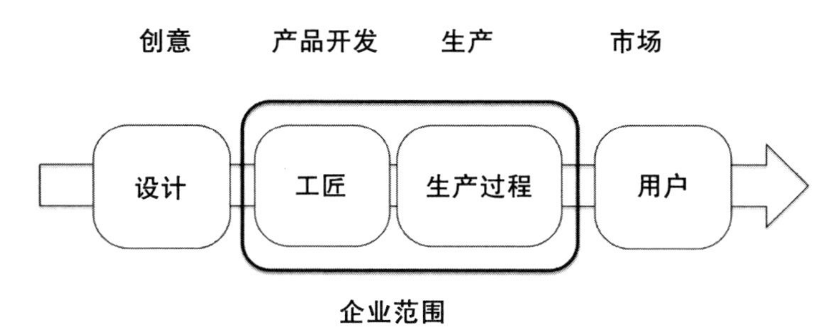

图1-1 灵活专业化框架中的设计和匠艺

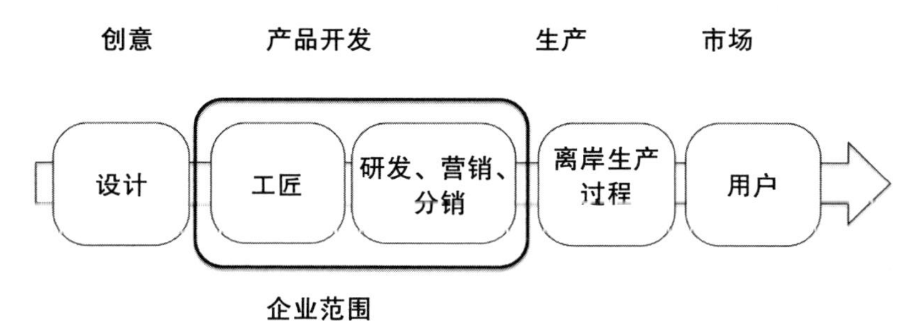

图1-2 中型领军企业的设计和匠艺

基本上都低估了这种知识体。学习发生在拉弗和威戈所定义的“合法的边缘性参与”过程，其中新手处于共同体的边缘，[1]处于核心位置的是专家。身份是驱动学习过程的引擎：你越是能够处理某一特定的实践，人们就越是认为你是共同体的合法成员。

5. 意大利设计与工匠关系的演变

我们如何才能得益于深植于意大利产业园区的匠艺呢？

问题的答案并不简单，而且因时而变。我们主张，意大利的设计和匠艺之间的关系演变可以划分为三个阶段。20世纪70

[1] Jean Love and Etienne C. Wenger, Situated Learning: Legitimate Peripheral Participation, (Cambridge, UK: Cambridge University Press, 1991), 29.

年代初期是新兴阶段，这一阶段最常见的关系形式是一代富有企业家精神的工匠和一群天资聪颖的设计师的组合。这些工匠具有经营小型企业的天赋，而这些设计师对于批量生产和资本主义则持批评的态度。皮奥里（Piore）和萨贝尔（Sabel）在《第二次产业分工》（*The Second Industrial Divide*）一书中详细描述了经营小规模生产系统的能力，与这种能力相辅相成的是对产品的鉴赏力，因为这些产品必须从同质的大众市场中脱颖而出。

这种富有企业家精神的工匠和设计师组合的典型当属阿尔特米德（Artemide），这是世界知名灯饰品牌。尽管埃内斯托·吉斯蒙迪（Ernesto Gismondi）是位工程师，他却常常把自己界定为蓝领工人，因为他知道如何用料（例如，塑料、钢铁和铝材），如何找到灯具的机械部件。吉斯蒙迪和设计师定期接触（正式的和非正式的），促成了灯饰行业数个基石产品的诞生，如理查德·萨帕（Richard Sapper）设计的Tizio台灯，德·卢基（De Lucchi）和法希纳（Fassina）设计的Tolomeo台灯。他的想法不只是要生产灯饰产品，而是要通过光来丰富人们的生活品质。[1]卓越的匠艺是将非常初步的设计——常常只是几幅草图——转化为适合于最终市场的产品的关键因素。

自1995年前后，这一模式发生了变化。[2]更加产业化的工

---

[1] 在意大利公共广播机构意大利广播电视公司（RAI）的有关设计的电视访谈节目中，吉斯蒙迪谈到了自己的设计观点："我们确实需要为了人类的福祉而设计。这是我们心目中唯一清楚的事情。生产灯饰机器那很容易，实现人类的幸福并不那么容易。无论是在家里（人们可以关灯或看电视），还是在日常生活中，在办公室，在工作中，幸福感都来之不易，或者说是最难的，但这正是我们认为需要幸福的地方。"www. educational. rai. it/lezionididesign/designers/GISMONDIE. htm (2012年6月访问)。有关意大利中小型企业的企业家精神，参见Marco Bettiol，Eleonora Di Maria，and Vladi Finotto，"Marketing in SMEs：The Role of Entrepreneurial Sensemaking，" International Entrepreneurship and Management Journal 8 (2012)：223-248.

[2] Marco Bettiol，Maria Chiarvesio and Stefano Micelli，"The Role of Design in Upgrading within Global Value Chains. Evidence from Italy，" "Marco Fanno" Working Paper no. 108 (Padua，Italy：University of Padua，2009)，www. decon. unipd. it/assets/pdf/wp/20100108. pdf (2013年7月12日访问).

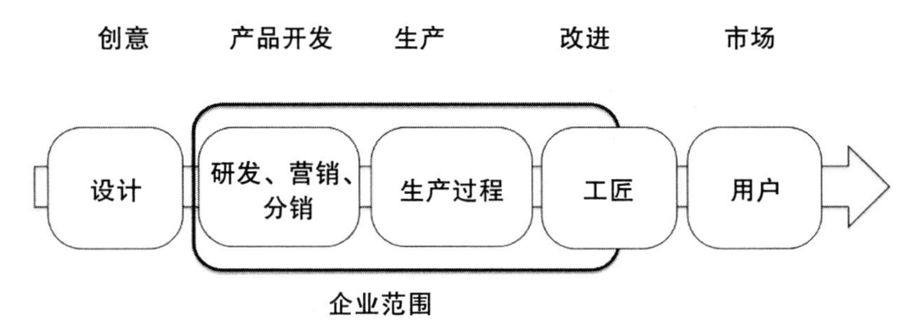

图1-3 批量定制情形下的设计和匠艺

艺扩散，提高生产质量的需要，以及对于国际标准的尊重，这些因素改变了设计和匠艺之间的关系。尽管意大利公司很少参与大众市场的竞争，但是生产规模扩大了，超出了生产独件产品的范畴。无论是企业的营业额还是人员配备，都开始增长；管理职能越来越重要，形成了新的质量观和价值观。设计已经达到了更加产业化的规模，无论是在创新过程的各个阶段，还是在公司内部，设计都更加井井有条。产品创新的复杂度远远超过早期意大利设计的英雄时代，企业需要应对市场的不同要求：美学很重要，但是只是美学本身还不够；消费者寻求的是语义和传达。市场营销和品牌战略成为界定产品形象识别的手段，并影响着设计过程。[1]

在这种新的背景之下，设计师和工匠之间的关系更多地是靠磨合。即便是工匠的贡献只局限于某些具体的阶段（如最初的原型制作等），但是他们仍然出现在产品开发过程之中。由于他们不得不与快速原型制作的计算机辅助设计和3D打印机等新技术打交道，他们的技能已经经历了重要的“升级”过程。设计师在价值链上的角色也发生了变化：他们不是单独地

[1] Bettiol, Di Maria, and Finotto, “Marketing in SMEs: The Role of Entrepreneurial Sensemaking,” 241.

发挥创造力，而是在由其他专业人士组成的团队中发挥创造力。这一团队包括工程师、产品经理和营销经理，团队就创意进行分析，使之更臻完善。

这一描述适用于多家业已达到国际规模的中型意大利企业。像健乐士(Geox)鞋、丹尼斯（Dainese）摩托防护服和泰尼卡(Tecnica)滑雪设备等能够将工匠的质地和设计师的创意融入到产品之中，全球制造，通过自营店或特许专营店的国际分销网络进行销售。

尽管传统产业园区的工匠手艺大多整合到了多维的创新过程，嵌入了这些新生的中型企业之中，工匠在其他不同场合仍然发挥着重要的作用。有了专门从事产品改进的工匠，就解决了把最终用户的个性化要求与扩大生产过程的需要相结合的问题。事实上，匠艺是按照客户要求改进改装标准化产品的重要资源。工匠的角色和产业化生产工艺并不相悖，而是相辅相成。他们填补了最终产品和客户期望之间的缺口，因而创造了价值。像瓦酷奇内（Valcucine）和喜客（SCIC）等许多知名厨卫品牌，都允许最终用户申请具体定制，这项工作因为称职的工匠与企业的通力合作而有了保障。他们的贡献不只是将已有的模块简单地重新组合一下。他们将客户、设计师和经营主管丰富的交互过程中所涌现的创意变成了现实。

最近，新生代设计师越来越多地参与到限量系列制造过程。[1]在意大利以及其他很多欧洲国家和美国，这些“创客”（maker）已经痴迷于市面上传统和创新生产技术的新组合，并且渴望通过网络和最终客户进行新的对话。目前，一系列新的电子商务平台和专门门户网站允许独立的设计师/生产商展

---

[1] Massimo Bianchini and Stefano Maffei，“Could Design Leadership Be Personal? Forecasting New Forms of Indie Capitalism，” Design Management Journal Vol.8，no.1.

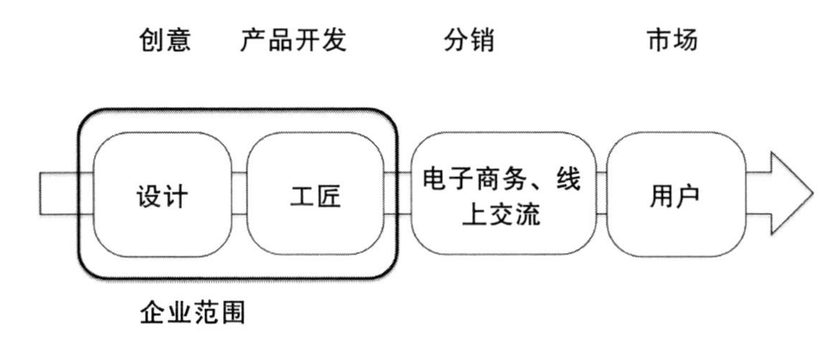

图1-4 设计师和工匠的自供式联姻

销自己的产品，而无须投入大量的资源创建分销网络。对于单速自行车或配件等许多特殊产品而言，这种新生代的生产模式越来越受欢迎。这方面最好的案例当属意大利韦洛切（Italia Veloce），这是2009年新近成立的一家企业，发起人是汽车设计师克里斯汀·格兰德（Christian Grande）和两位合伙人。他们的设想是生产老款自行车，要求特点鲜明，样式独特。他们回收旧自行车车架，把它们整修为新的样式，加入别样的手工制作细节（例如，车把上缠上旧绳子）。他们为网站开发了一个产品配置，客户可以通过网站定制自行车的每一个细节（从车座到牙盘）。

目前，他们把注意力主要放在品牌战略和沟通上，这与第一代的意大利设计师颇不相同。新生代的设计师更加关注消费者在意义上的要求，寄希望于讲故事和品牌形象识别，并把它们作为设计过程的核心部分。从这一视角来看，他们已经把匠艺明确表述为产品的附加值和灵魂。通俗地讲，这些变化代表了意大利设计和匠艺的演变过程。

6. 不只限于意大利：当代经济中的设计和匠艺

设计和匠艺的关系问题并非是在意大利才存在的现象，

而是当代经济中越来越普遍的过程。[1]理查德·桑内特(Richard Sennett)在其著作《匠人》（*The Craftsman*）一书中，对匠艺新的社会意义进行了反思。事实上，桑内特把匠艺描述为“纯粹为了工作而想把工作做好的欲望”。[2]他认为，这一概念要比熟练的手工劳动更广一些，例如，这一概念适用于计算机程序员，他们费时费力改善软件的源代码，不仅是为了实际的产出，而且是为了实现所从事工作质地上的美学诉求。热爱细节是当代设计新的工作方式的关键要素。

关注细节和追求感官品质是史蒂夫·乔布斯（Steve Jobs）在创造像苹果智能手机和平板电脑等世界最畅销产品过程中的设计和创新方法的特征。在沃尔特·艾萨克森（Walter Isaacson）所写的传记中，乔布斯指出了苹果设计过程以及与乔纳森·埃维（Jonathan Ive）联手工作的特点：一直到产品发布前的数小时还在不断地进行原型生产和产品评审，就是为了实现乔布斯心里的尽善尽美。[3]这种痴迷同样适用于最终消费者看不见的产品部件。事实上，乔布斯要求苹果的工程师不仅要生产出技术上完好可靠的产品，而且要做到设计精美，即便是对于数字设备主板上的微处理器的处置也是如此。“做好抽屉的背面”这句名言综合体现了这一观点。[4]

[1] Giulio Buciuni, Giancarlo Coro, and Stefano Micelli, “Rethinking Manufacturing in Global Value Chains: An International Comparative Study in the Furniture Industry,” Industry and Corporate Change.

[2] Richard Sennett, The Craftsman (New Haven: Yale University Press, 2008).

[3] Walter Isaacson, Steve Jobs (New York: Simon & Schuster, 2011).

[4] 在最近一次《电讯报》（*The Telegraph*）英文报纸访谈中，乔纳森·埃维断言：“当时所关注的问题之一就是，批量生产和产业化本质上都会莫名其妙地存在不虔不义和缺乏关爱的现象……我们非常清楚，当我们开发生产某样东西，并把它推向市场，这确实传达了一套价值观。而我们所专注的就是那种爱心，我们的产品所传达的不是一张时间表，我们的产品所传达的不是努力响应企业的计划或者有竞争力的安排。我们真的是在尽我们所能为人们设计最好的产品。”（www. telegraph. co. uk/technology/apple/9283486/Jonathan-Ive-interview-Apples-design-genius-is-British-to-the-core. html）埃维所谈及的关爱就是工匠对其工作的热爱，也就是桑内特所说的，“纯粹为了工作而想把工作做好的欲望”。

发表在《纽约客》（*The New Yorker*）的有关艾萨克森的传记评论中，迈克尔·格拉德威尔（Michael Gladwell）把乔布斯界定为巧匠，而不是严格意义上的发明者。[1]在经济学家拉尔夫·梅森扎尔和（Ralf Meisenzahl）和乔尔·莫基尔（Joel Mokyr）(2011)有关第一次工业革命的发展的论述基础上，格拉德威尔强调了这种匠艺观，把乔布斯描绘为企业家和设计师。他把乔布斯比作为历史人物理查德·罗伯茨（Richard Roberts）。罗伯茨是“精细加工大师——巧匠之王”，他反复改进调试了塞缪尔·克朗普顿（Samuel Crompton）于1779年发明的“骡子”纺纱机（走锭纺纱机），创造了“自动的”走锭纺纱机。正如梅森扎尔和莫基尔在文中指出的那样，像理查德·罗伯茨这样的工匠的“小发明，使得人发明既高产又有高回报”。[2]对巧匠和乔布斯的这种定义类似于列维-斯特劳斯对拼合爱好者的描述，即即便是在批量生产的情形下，拼合爱好者仍然发挥着重要的作用。

除了批量生产之外，新近出现的“创客”现象强调设计和匠艺的结合。在数字技术扩散和3D打印机费用下降的双重影响下，在个人层面上，产品制造也更加容易，价格也更能承受了。克里斯·安德森（Chris Anderson）在《连线》（*Wired*）杂志上撰文指出，在这种双重影响下她看到了下一个工业革命的曙光。[3]通过同行合作，使用数字技术，最终消费者能够获得

---

[1] Malcolm Gladwell, “The Tweaker: The Real Genius of Steve Jobs,” The New Yorker (November 14, 2011), www. newyorker. com/reporting/2011/11/14/111114fa_fact_gladwell? currentPage=all (2013年7月12日访问).

[2] Ralf Meisenzahl and Joel Mokyr, “The Rate and Direction of Invention in the British Industrial Revolution: Incentives and Institutions,” National Bureau of Economic Research Working Paper no.16993 (2011).

[3] Chris Anderson, “In the Next Industrial Revolution, Atoms Are the New Bits,” Wired (February 2010), www. wired. com/magazine/2010/01/ff_newrevolution/all/1 (2013年7月12日访问).

知识和专业技术，满足设计和生产适合自身要求的自定义对象的需要。“创客”现象强调的绝非批量生产，而是个性化，以及通过3D打印机和线上合作参与产品开发,甚至是产品实现。设计和匠艺并非专门的角色，也不涉及特定的专业人士，而是分布于具体产品生产爱好者的网络互动之中。

无论是在安德森作为独立资本主义示例的独立汽车制造商洛克汽车公司（Local Motors）这样的小型制造商，还是在像苹果这样的大公司，匠艺仍然代表着提高设计过程质量的关键因素。从这一视角来看，意大利的经验有助于我们加深理解设计管理及其影响。

7. 后续研究

本文主要是理论性的，以意大利的设计为基础，我们承认我们的方法存在局限性，需要后续研究，对我们所关注的概念进行实证分析。此外，还应该就匠艺在产业园区的作用，对意大利的情况和其他国际体验进行比较研究。

二、不同叙事框架下的设计策略

Design Strategies in Different Narrative Frames

弗朗西斯科·左罗[1]（Francesco Zurlo）
卡比日奥·考特拉[2]（Cabirio Cautela）

本文译自《设计问题》杂志2014年（第30卷）第1期。

1. 引言

20多年来，人们一直认为设计的影响范围及其典型的介入

[1] 弗朗西斯科·左罗：工业设计博士，现为米兰理工大学（Politecnico di Milano）副教授，INDACO（工业设计、艺术、传达与多媒体、服装）系副主任，国际战略设计硕士专业主任，国际室内设计与管理硕士专业（中国部）主任。在众多战略设计类国际刊物发表了研究论文。

[2] 卡比日奥·考特拉：企业管理博士，现为米兰理工大学战略设计与设计管理助理教授。研究对象包括设计的战略地位、设计管理过程以及设计产生新的企业模式和新企业的方式。2012年以来，考特拉是斯坦福大学（设计研究中心）访问学者，主要研究创业初期的企业模式演变。

对象首先是工业产品。然而设计在其发展过程中，无论是作为一门学科还是作为一种实践，它的影响范围和典型的干预对象都有扩张。近年来，由于有组织的生产系统和社会文化消费市场演变的原因，设计的核心已经渐渐地从有形物体转向无形的市场供物。在前一种情况下，设计负责产品的技术面，确定使用价值；在后一种情况下，为用户创造的价值成为其他附加因素的变量。这些无形的市场供物不仅包括产品的使用，而且包括与购买体验、产品准入、产品的可获得性，以及与其他服务及市场供物的连接等相关的方方面面。在科学和工程实践中，产品-服务系统成了综合方案，市场供物的有形成分和无形成分的一体化正在成为设计的重要领域。[1]在设计产品-服务系统的过程中，设计不仅包括识别和组织每一个成分，而且包括为用户创造价值的有形部件和无形部件之间的关联。[2]

设计范围的拓展已经超出了市场供物的系统组合概念。因此，设计成了一种思维形式——设计思维[3]——服务于不同系统

---

[1] Stephen L. Vargo and Robert F. Lush, "Evolving to a New Dominant Logic for Marketing," Journal of Marketing 68 (2004): 1–17;Susan M. Goldstein, Robert Johnston, JoAnn Duffy, and Jay Rao, "The Service Concept: The Missing Link in Service Design Research?" Journal of Operations Management 20, no. 2 (2002): 121-134;Ezio Manzini and Carlo Vezzoli, "A Strategic Design Approach to Develop Sustainable Product Service Systems: Examples Taken from the 'Environmentally Friendly Innovation' Italian Prize," Journal of Cleaner Production 11 (2003): 851–57;Rajkumar Roy and David Baxter, "The Product–Service System," Journal of Engineering Design 20 (2009): 327–328;Ezio Manzini, Carlo Vezzoli, and Garrette Clark, "Product–Service Systems. Using an Existing Concept as a New Approach to Sustainability," Journal of Design Research 1 (2001): 12-18.

[2] Roy and Baxter, "The Product-Service System," 327-328;Manzini, Vezzoli, and Clark, "Product-Service Systems;" Francesco Zurlo, Le Strategie del Design. Disegnare il Valore Oltre il Prodotto (Milano: Il Libraccio, 2012).

[3] Roger Martin, The Design of Business (Boston: Harvard Business School Press, 2009);Tim Brown, Change by Design. How Design Thinking Transforms Organizations and Inspires Innovation (New York: Harper Collins, 2009).

变化的方法和系列工具，这些系统包括经济、社会和环境系统。

数十年来，设计学科将用户视为其行为的主要参照。在最近理论开始关注不同设计阶段的用户参与之前[1]，很多与以用户为中心的设计及人体工程学相关的文献都强调用户对于设计行为的中心地位。[2]设计在为既有市场和已知消费者创造产品和产品-服务系统的时候，以用户为中心的设计范式的基本概念似乎是可靠的。这类市场和消费者考虑先验确定的认知和文化模式，以及需求、购买模式，逻辑和使用背景。然而，并非总是存在这种市场信息对称的有利条件。事实上，在以下情形下这种信息对称就是不存在的，如创新的目标是创造激进式创新，或者发生技术转换断层现象，或者设计师为了证明某种新型企业模式而创业，或者现有单位改变他们的企业模式，或者单位努力在市场上证明新产品目录。这些情况都毫不稀奇。

正如苹果公司工业设计资深副总裁乔纳森·埃维（Jonathan Ive）所强调的那样，双重设计法正渐渐崭露头角：第一种方法关系到具体问题的解决，而第二种方法则更加聚焦于挖掘更多的机会。他说：

---

[1] Eric von Hippel, "Lead Users: A Source of Novel Product Concepts," Management Science 32 (1986): 791-805; Eric von Hippel, The Sources of Innovation (New York: Oxford University Press, 1988); Lars Bo Jeppesen, "User Toolkits for Innovation: Consumers Support Each Other," Journal of Product Innovation Management 22 (2005): 347-362; and Elizabeth B. N. Sanders and Pieter J. Stappers, "Co-creation and the New Landscapes of Design," Codesign 4 (2008): 5-18.

[2] Donald Norman, "Human-Centered Design Considered Harmful," Interaction 12 (2005): 14-19; Donald Norman, The Psychology of Everyday Things (New York: Basic Books, 2002); Jodi Forlizzi, John Zimmerman, and Shelley Evenson, "Interaction Design Research in HCI, a Research Through Design Approach," Design Issues 24 (2008): 19-29; Marc Steen, "Human-Centered Design as a Fragile Encounter," Design Issues 28 (2012): 72-80.

存在不同的方法——有的时候事情会让你难受，这样你会意识到问题的存在——那是非常务实的方法，也是最不具挑战性的方法。更难的是机会让你着迷的时候。我想这真的会锤炼设计师的技能。这不是你所清楚的问题，还没有人清楚地表达过什么要求。但是，你开始提出问题，要是我们这样做，把它和那结合起来，那会有用吗？这创造了机会，这种机会能够取代所有谋略。这是真正的挑战，也是令人振奋的地方。[1]

关于机会带来的方法，设计师似乎失去了他们变化行动的坐标和典型参照系。因为他们没有可以依赖的典型用户或者高端的分析工具，他们不再能够参照稳固的对象原型的使用环境。

本文旨在厘清设计是如何因不同组织背景的变化而变化的。例如，一些设计变化完全是由现有力量划定和主导的，如技术或对某个具体市场-用户的认知；还有一些变化与具体情景相关，在这些情景之下设计自身必须确立项目范围和创意取向。

本文提出了设计过程的策略和特征的概念框架，该过程因不同的生产环境而变化。具体而言，本文研究企业创造的叙事，这是企业与设计师交往的工具。[2]本文还试图厘清设计主导的不同策略和创新过程与各种叙事框架之间的对应关系。

本文包括四个主要部分：理论背景部分——主要基于现有文献综述——对叙事框架的功能进行了定义，因为该功能涉及到企业、创新过程以及与设计师的关系。本文的第二部分描述

---

[1] Mark Prigg, "Sir Jonathan Ive: Knighted for Services to Ideas and Innovation," The Independent (2013年3月13日). http: //www. independent.co.uk/news/ people/profiles/sir-jonathan-ive-knighted-for-services-to-ideas-and-innovation-7563373.html (2012年4月17日访问).

[2] Barbara Czarniawska, Narrating the Organization. Dramas of Institutional Identity (Chicago: The University of Chicago Press, 1997).

了一种概念框架。其中，根据不同的叙事框架，区分了四种创新和组织环境。第三部分提出了与这四种叙事框架相关的设计过程特征和策略。最后，结论部分指出了新的研究领域和有待进一步深入研究的方向。

2. 理论背景

广义的叙事概念是指连续的、相互关联的事件的故事情节，有开头，有结尾，有基本的结构[1]，这一概念使得叙事可以运用于很多学科背景。

叙事一直被用作一种方法论工具，特别是对于组织管理研究[2]，诸如作为反思和策略过程建构的隐喻。例如，像“策略即叙事”[3]或即“讲故事”[4]这样的概念已被广为接受。

在其他一些情形下，叙事一直被用来诠释企业单位的意义建构过程。[5]如博耶（Boje）所云，“在企业单位，讲故事是内

---

[1] Walter R. Fisher, “The Narrative Paradigm: in the Beginning,” Journal of Communication 35 (1985): 74-88; Walter R. Fisher, “The Narrative Paradigm: an Elaboration,” Communication Monographs 52 (1985): 347-367; and William O. Hendricks, “Methodology of Narrative Structural Analysis,” Semiotica 7 (1973): 163-184.

[2] David M. Boje, “The Storytelling Organization: A Study of Story Performance in an Office-Supply Firm,” Administrative Science Quarterly 36 (1991): 106-126; Andrew D. Brown, “A Narrative Approach to Collective Identities,” Journal of Management Studies 43 (2006): 731-753; and Carl Rhodes and Andrew D. Brown, “Narrative, Organizations and Research,” International Journal of Management Reviews 7 (2005): 167-188.

[3] David Barry and Michael Elmes, “Strategy Retold: Toward a Narrative View of Strategic Discourse,” The Academy of Management Review 22 (1997): 429-452; and Gordon Shaw, Robert Brown, and Philip Bromiley, “Strategic Stories: How 3M is Rewriting Business Planning,” Harvard Business Review (May-June 1998): 41-54.

[4] Czarniawska, Narrating the Organization; Stephen Denning, The Springboard: How Storytelling Ignites Action in Knowledge-Era Organizations (Woburn, MA: Butter- worth-Heinemann, 2000).

[5] Karl E. Weick, Sensemaking in Organizations (London: Sage Publications, 1995).

部及外部利益关联方人际关系首选的意义建构通用方法。”[1]

在过去的十年里，创新过程对于企业竞争优势的建构越来越重要；与此同时，新的创业过程的重要性已经把具体的焦点放到了叙事与创业以及叙事与创新之间的关系之上。[2]

对于前面一种关系，朗伯里（Lounsbury）和格林（Glynn）认为，叙事发挥着重要的作用，特别是在新企业的创业阶段。他们指出，“由于对于外部受众而言，许多新创的企业都是闻所未闻的，所以对于新生企业来说，创作一个条理清晰、诱人的故事或许是最重要的资产之一。”[3]奥尔德里奇（Aldrich）和菲奥尔（Fiol）还主张，“鉴于缺乏外部认可的证据，企业家必须借助叙事等替代沟通形式，证明他们的企业与广为接受的活动别无二致……叙事的作用机制在于建议和认同……道出可以相信的理由。”[4]这样，人们赋予叙事的任务就是“使陌生的新企业成为耳熟能详的企业”。[5]

纳维思（Navis）和格林[6]在分析新的业务领域（如20世纪90年代的卫星广播）的企业叙事时强调指出，与其后的行业

---

[1] Boje, “The Storytelling Organization,” 106.

[2] Michael Lounsbury and Mary Ann Glynn, “Cultural Entrepreneurship: Stories, Legitimacy and the Acquisition of Resources,” Strategic Management Journal 22 (2001): 545-564; Caroline A. Bartel and Raghu Garud, “The Role of Narratives in Sustaining Organizational Innovation,” Organization Science 20 (2009): 107-117; Liliana Doganova and Marie Eyquem-Renault, “What do Business Models Do? Innovation Devices in Technology Entrepreneurship,” Research Policy 38 (2009): 1559-1570; and Chad Navis and Mary Ann Glynn, “How New Market Categories Emerge: Temporal Dynamics of Legitimacy, Identity, and Entrepreneurship in Satellite Radio 1990-2005,” Administrative Science Quarterly 55 (2010): 439-471.

[3] Lounsbury and Glynn, “Cultural Entrepreneurship: Stories, Legitimacy and the Acquisition of Resources,” 549.

[4] Howard E. Aldrich and C. Marlene Fiol, “Fools Rush In? The Institutional Context of Industry Creation,” The Academy of Management Review 19 (1994): 652.

[5] Lounsbury and Glynn, “Cultural Entrepreneurship: Stories, Legitimacy and the Acquisition of Resources,” 550.

[6] Navis and Glynn, “How New Market Categories Emerge.”

巩固阶段相比，行业的初始建设阶段都在不同程度上运用“企业的区别性特征”概念、“隐喻”和“突出的隶属关系”。最后，克拉克（Clarke）和霍尔特（Holt）指出，“……企业家选择他们自己的故事，并给故事设定一定的框架结构，既显露了也创造了企业家的自我；因此，企业家是由他们的经验叙事建构的”[1]，他们借此确立了叙事的反思功能。

有关他们研究的另一方面，即创新与叙事的关系问题，巴特尔（Bartel）和加鲁德（Garud）将叙事视为一种“文化机制”，将企业单位零零散散的想法重新组合起来，产生新奇感，解决实时问题，并将当下的创新实践与过往的体验和未来的抱负关联起来。[2]他们对叙事的作用做了如下描述：

> 创新叙事能够应对事关创新的若干协调性挑战。首先，通过叙事，人们能够在单位不同部门对创意进行解释，这样他们可以为自己的工作形成新的推论，找到新的应用。其次，通过叙事，人们能够对含糊不清的紧急情况进行说明，以便促进现实问题的解决。最后，通过叙事，人们能够对以往特定创新案例积累下来的创意进行说明，使其贯穿于现在和将来工作之中。[3]

然而，管理研究中的叙事主要是从企业的角度出发的。在这一角度，深入研究的是叙事功能（叙事目的）和结构（如何建构叙事）。但是，这一框架完全忽视了受述者（或者说对方）的角色。

---

[1] Jean Clarke and Robin Holt, “The Mature Entrepreneur: A Narrative Approach to Entrepreneurial Goals,” Journal of Management Inquiry 19 (2010): 69-83.

[2] Bartel and Garud, “The Role of Narratives in Sustaining Organizational Innovation.”

[3] Bartel and Garud, “The Role of Narratives in Sustaining Organizational Innovation.”: 110.

叙事并非意义单一明确的“封闭对象”。[1]相反，正如艾柯（Eco）所言，“文本是台懒惰的机器，要求读者敏锐地合作，以便填补未说的空间，或者说了又成空白的空间，因此文本只是一台假设机器。”[2]在艾柯看来，每篇文本“都编入了未说的内容”，或者包含不流于表面的意义，要求“合作运动”以及“读者去把它现实化”。从这个意义上讲，叙事有时把生产性主体（如创新单位）与形形色色的对话者之间的对话付诸实时的行动，有时把它推延到未来的某个时点。

事实上，每个叙事都富含需要释疑的假设，这意味着受述者可以在不同的“许可程度”下共享、解读和采用叙事。[3]但是，并不是所有的受述者都具有细述、补充、解释或改变叙事的能力和潜质。这种潜质既与叙事的特质有关，即或多或少的开放度，又与读者—受述者的“语义遗产”的丰富度有关，即解读新符号丰富其意义时，读者—受述者所具有并使用的符号数量。[4]

在创新开发过程中，叙述者（维系开放的叙事范围）和受述者（其语义遗产确定这些范围，并且相应地决定该解读过程）的范式是完全与企业和设计师之间的关系相宜的。

企业和设计师分别扮演着叙述者和受述者的角色，前者确定创新的架构，后者诠释、给出方向并实现相应的创新架构。

企业在创新过程中需要内部和外部的参与者，必须建立叙事框架（即数据信息结构），从而形成基本的认知，增强

---

[1] Umberto Eco, The Open Work (Boston: Harvard University Press, 1989); Umberto Eco, Lector in Fabula (Milano, Bompiani, 1979).

[2] Eco, Lector in Fabula: 52.

[3] Mark Breitenberg, “Education by Design: The Power of Stories,” www.icsid.org/education/education/articles184.htm (2012年7月28日访问).

[4] Eco, The Open Work.

语言理解，促发行动。[1]框架缺失导致认知的无序状态。然而，框架是模糊的，因为它们既不是指令性的，也不是胁迫性的，它们有助于定位而不是强迫。因此，企业设想一些“研究轨迹”——有关产品意义和社会文化模式变迁的真正意义上的叙事。[2]这样，设计师以真正的“诠释者”的身份出现[3]，他们能够按照自己的理解对企业叙事进行解码，类似于接入到物质文化生产回路的天线，然后把叙事转变为观点、概念和创新解决方案。

设计师是消费群体所表述的社会文化模型与企业单位的物质生产模型之间的纽带，因此我们可以把设计师视为“集线器式的叙述者”。在此交汇点，设计师必须“填上”道出自己故事的企业所留下的“空”。

无论是企业还是设计师都全面参与了叙事这一动态过程。因此，本文从头至尾都把企业与设计师之间的关系描述为叙述者和受述者之间的关系。对于叙述者，我们研究主要的叙事选项和策略，因为它们都涉及创新管理和创新策略。对于受述者，我们提出反叙事，作为对企业各类叙事框架所做出的创造性响应和策略。

3. 作为设计框架的企业叙事

叙述者-企业视其与受述者-企业的关系，灵活运用各种叙事框架。这些框架的分类受到企业文化、行业部门的特征及成

[1] Walter Kintsch and Teun A. van Dijk, “Toward a Model of Text Comprehension and Production,” Psychological Review 85 (1978): 363-394.

[2] Roberto Verganti, Design Driven Innovation (Boston: Harvard Business School Press, 2009).

[3] Roberto Verganti, “Design as Brokering of Languages: Innovation Strategies in Italian Firms,” Design Management Journal (Former Series)14, no. 3 (2003): 34-42.

熟度、竞争力等一系列权变因素的影响，还受到关系本身的特质因素影响。企业叙事方法的这种异质性和主体性需要采用创新过程文献中典型的综合变量，以便抓住处理与设计师关系的叙事策略和框架的多样性和特异性。

如上所述，叙事框架代表某种知识要素集，或者说“世界表象”，它们能够把创新认知、理解和行动付诸实践。[1]作为个例，此处的“世界表象”是指企业灌输到创新行为的意义建构。“认知、理解和行动”是指设计师作为回应运用反叙事转换叙事框架的方式。

从这个意义上讲，认清并划定不同的叙事框架，有助于设计师理解企业将叙事框架和创新目标联系在一起的方式，研究企业在不同叙事场所采用的创造过程和策略。

叙事框架的概念化和识别是以两个因素为基础的。这两个因素主要用来描述促发创新创业过程的动力和反思：（1）市场；（2）技术。[2]这两个因素都是语境变量，企业对此都持有自己的观念立场。对于市场，企业会弄清创新努力是针对企业现有市场，还是开辟新市场。[3]对于技术，企业将对创新过程的双重选项进行评估——维持老技术还是采用新技术。[4]

如图2-1所示，市场和技术都分别有新、旧两个选项，它

---

[1] Kintsch and van Dijk, “Toward a Model of Text Comprehension and Production.”

[2] Igor H. Ansoff, Corporate Strategy (New York: McGraw-Hill, Inc., 1965); Giovanni Dosi, “Technological Paradigms and Technological Trajectories: A Suggested Interpretation of the Determinants and Directions of Technical,” Research Policy 11 (1982): 147-162; and Rita Gunther McGrath and Ian C. MacMillan, The Entrepreneurial Mindset: Strategies for Continuously Creating Opportunity in an Age of Uncertainty (Boston: Harvard Business School Press, 2000).

[3] W. Chan Kim and Renée Mauborgne, Blue Ocean Strategy (Boston: Harvard Business School Press, 2005).

[4] 这一方法有意将新技术开发企业排除在外。这些新技术通常处于不同行业成品生产企业的在前阶段。事实上，大多数设计驱动行业的企业都是在已有技术方案之中做出决断，而不是开发新技术。

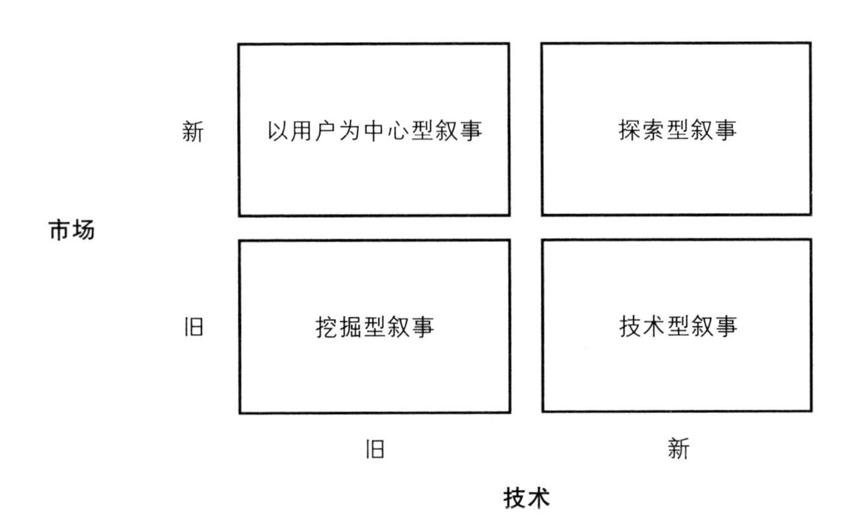

图2-1 四类叙事场

们的交集产生了四类不同叙事场，即挖掘型叙事、技术型叙事、以用户为中心型叙事和探索型叙事。

在“挖掘型叙事”中，企业叙事的方向就是挖掘现有产品，优化生产流程和工艺。在此叙事场，企业并不要求创新的产品设计，而是推动现有产品的完善和升级。对于预先设定的服务平台，企业要求开发其他附加服务；对于制成品，企业要求开发互补产品或者从现有产品中开发出一系列产品。在“挖掘型叙事”中，在系统或固定的约束条件不容许有创新的空间，或者不容许商业模式或企业生态系统有拓展空间的情况下，对于设计师的要求就是最大限度地挖掘商业模式。这种保守型的设计框架的取向在于“解决问题”。[1]其中，设计师所参与的设计活动既有明明白白的约束，也有实实在在的机会。

在图2-1矩阵的右下角，企业创新策略旨在采用新技术。在这方面，“技术型叙事”成为叙事场，企业要求设计师使用

---

[1] Prigg，“Sir Jonathan Ive.”

并引入新技术开发新的产品解决方案。技术型叙事将创新行为和新技术所提供的潜力及机会联系在一起。

与挖掘型叙事相比，设计师在技术型叙事下享有更多的自由。在此叙事场，飞利浦照明（Philips Lighting）所提出的叙事就是一个典型的案例，可以用它来解释如何挖掘叙事以便具体反映技术的某些内在特征（如能效、维护、升级、光质）、某些标准设置，或者用于标示技术开发轨迹的某些产品语言。设计师——在预先设定的技术框架内——需要开发新的产品解决方案，该方案能够突出照明品质、飞利浦照明的形态语言的相互参照以及未来电子产品对照明产生的新的意义。

图2-1的左上角对应于技术资产的维护和新的细分市场策略，该叙事场被定义为“以用户为中心型叙事”。在此领域，企业意识到技术框架的稳定性，要求设计师通过叙事为现行的认知图式和脚本寻求出路，成为连接产品和现有市场以及产品和传统使用环境的一环。换言之，企业努力从其稳固的原有市场和环境，释放创造性活力和技术。

微软公司的Kinect就是这一结构的范例。微软创作的叙事重新使用了电子游戏的X-box这一普遍技术，但是该叙事针对的是未开发的用途、市场和使用环境。该技术捕捉环境中的身体运动、语音命令和对象，并将它们转化为灵活的数据和图像系统；这种技术可以重新运用于未来潜在的使用场景，如医疗保健、教育、音乐以及图像分享和可视化。该项技术的每一个新用途都提出了不同的场景—环境、用户类别、逻辑和使用目的组合。在这一叙事场，设计师必须探索造物和使用系统所具潜能的可行性和并将其具体化。公司所叙述的是对新用户、新的使用环境和场合的一种最初的灵感，其后还必须有以这些新特征为先导的具体化和实用化过程。

在图2-1矩阵的右上角，新技术框架取向是和新市场探索结合在一起的。因此，该叙事场被定义为“探索型叙事”；与前面定义的空间相比，探索型叙事具有更高层次的创新潜能。事实上，在此叙事领域，公司通过技术实验寻求新的工艺，并同时开辟新的市场类型。[1]在此叙事场，设计师基本上可以充分发挥、挖掘公司的探索欲望。通过叙事场，无论是对开发新的技术解决方案或应用，还是对改变已有的商业模式或创造新的商业生态系统，公司都持开放的态度。对于矩阵的这一叙事领域，我们以宝马（BMW）的BMW-i项目和电动车发布为例。该项目网站的文字叙述有助于解释该变化的重要性：

> 除了车辆以外，BMW-i的有机组成部分还有提供可以独立于车辆自身的、全面的、定制式服务。例如，这些机动性服务聚焦于一些解决方案，包括更加有效地使用已有泊位和智能导航系统。该系统能够提供基于位置定位的信息、联运路线规划服务和高档汽车共享。除了研发和提供自有服务以外，BMW-i还与其他公司合作提供服务，并对机动性服务提供商进行战略性投资……[2]

由于这些翻天覆地的变化，公司要求利益共享者和设计师谋划解决方案。这些解决方案能够使用众多的机动性接入逻辑，使用不同的界面，整合专用机动性网络和其他网络，连接国内能源供给系统和车辆，以及将专用信箱整合到一个共享的

---

[1] 为加深理解该领域的经济和创业理念，参见 Sara D. Sarasvathy, “Entrepreneurship as a Science of the Artificial,” Journal of Economic Psychology 24 (2003): 203-220; and James G. March and Johan P. Olsen (Eds.), Ambiguity and Choice in Organization (Bergen: Universitetforlaget, 1982).

[2] BMW-i项目推广资料。

可访问系统。因为改变的对象成为机动性系统、运输概念、不同模态系统的整合，所以相对于整个商业模式而言，设计空间需要“直通线”。

如以上建议框架所示，公司一般使用具有不同逻辑和功能的叙事。因此，如果设计重视公司提出的叙事场和策略，设计就变得至关重要。从这个意义上讲，设计师成为公司商业叙事的诠释者-读者，并将反叙事付诸实践，而激活这种反叙事的是创造过程的形态和逻辑，以及概念、原型和可视化知识所表达的结果。

我们已经界定了公司使用的种种叙事策略，现在研究设计师在不同叙事场实施的项目叙事和反叙事的不同策略。

4. 不同叙事框架中的设计

有关设计师在不同的叙事框架中所实施的设计策略和反叙事的分析，是以刺激和促进设计过程的主要因素为基础的：[1]

- 设计定位：特别是对产品尚不存在的变体和类别进行研究，或者在预先设定的类别内进行详细的深度分析；[2]
- 创意源泉：是指知识的集合，即当设计师—受述人找准定位并超越公司叙事时，从中所汲取的知识，借以充实“语义遗产”；[3]

[1] Emanuele Arielli, Pensiero e Progettazione (Torino: Bruno Mondadori, 2003);Nigel Cross, Engineering Design Methods (Chichester, UK: John Wiley, 1989);Nigel Cross, Henri Christiaans, and Kees Dorst, Analysing Design Activities (Chichester, UK: John Wiley, 1996);Leonard B. Archer, “The Structure of the Design Process,” in Design Methods in Architecture, ed. Geoffrey Broadbent and Anthony Ward (London: Lund Humphries, 1969);and John C. Jones, Design Methods: Seeds of Human Futures (Chichester UK: John Wiley, 1981).

[2] Archer, The Structure of the Design Process.

[3] Cross, Christiaans, and Dorst, Analysing Design Activities, (Herbert Simon, Models of Discovery (Dordrecht, the Netherlands: D. Reidel, 1977).

- 设计知识工具：有助于获取知识并将项目解决方案形式化的方法和程序；这些工具包括嵌入这些工具的叙事框架；[1]
- 核心能力：一套具体的技能和知识，设计师从中在不同的潜在选项中进行选择；[2]
- 原型作用：解决方案的具体化，它与不同的叙事目标有关；[3]
- 停止规则：中止设计行动的显性规则或隐性规则。[4]

对不同叙事框架中显现出来的这些因素及其性质和特质进行分析，可以区分与不同象限或空间相关的设计师策略和过程。

4.1 “挖掘型叙事”中的设计

在这一象限，设计师—受述者的诠释范围非常有限。项目过程遵循一条线性路径，因此设计师在明确界定的叙事内活动。该叙事符合企业品牌的价值系统、形式风格和沟通选择。这种企业叙事是以内容详细且具有约束力的创意简报的形式实施的。

在这样的环境下从事设计，意味着和成熟的行业部门打交道。在这些行业部门，市场和技术地位稳固，创新往往与表面处理工艺和色彩细节以及形状有关。家具业就是其中的一个范

[1] Brenda Laurel, Design Research: Methods and Perspectives (Cambridge, MA: MIT Press, 2003);Cross, Engineering Design Methods;Cross, Christiaans, and Dorst, Analysing Design Activities.

[2] Nigel Cross, “The Nature and Nurture of Design Ability,” Design Studies, 11 (1990): 127-140;Paola Bertola and Carlos Teixeira, “Design as a Knowledge Agent: How Design as a Knowledge Process is Embedded into Organizations to Foster Innovation,” Design Studies, 24 (2003): 181-194;and Patrick Reinmoeller, “Research & Development. Design: Innovation Strategies for the Knowledge Economy,” Design Plus Research Proceedings (Milan: Proceedings, 2000): 102–110.

[3] Allen Newell and Herbert A. Simon, Human Problem Solving (Englewood Cliffs, NJ: Prentice Hall, 1972);Simon, Models of Discovery.

[4] Cross, Engineering Design Methods.

例，这里的叙事常常局限于语义遗产的某些枝节。事实上，一些结构上的制约影响着叙事。例如，一把椅子总是一把椅子，其特征就是明确的形态结构，因为它与人体尺寸存在关联。在这种情况下，发挥作用的是设计师的风格。

造型重构、再现过去的风格线、对其他生产环境的风格进行翻版、普遍风格的杂合都在设计师叙事中留下了印迹。

在此框架中，创意源泉通过色彩选择、配套材料及其质感和表面处理工艺细节等方面的细微差异，甄别项目建议书。在此叙事场，像色彩、材质和表面处理工艺（CMF）文件夹这样的工具，以及对行业部门内外的趋势分析都很重要。[1]在此空间，设计师必须考虑新的产品语言，这种语言能够联想到稳固的传统分类。

核心能力就是典型的设计师所具有的能力：分析并翻转风格和语言，分析、表现和控制形式特征。因此，原型的作用仅限于展示产品或系列产品的新语言和风格，这是将形式美学特征具体化的功能。

该象限的停止规则是有计划并明确界定的，而且与企业规定的研制交付周期一致。

4.2 “技术型叙事”中的设计

与此象限相关的叙事都和具体的技术紧密相关，旨在对不同潜在“文本”中的技术进行改造。一旦创新技术并不具备进一步发展的特征，就会按照自适应逻辑寻求不同的潜在应用。在此，设计的作用在于为不同的市场环境归化改造技术。

---

[1] Flaviano Celaschi and Alessandro Deserti，Design e Innovazione. Strumentie Pratiche per la Ricerca Applicata (Rome：Carocci，2007)；and Cabirio Cautela，Francesco Zurlo，Kamel Ben Youssef，and Stéphane Magne，Instruments de Design Management：Théories et Cas Pratique (Paris：De Boeck，2012).

在此情形下，企业为自身的产品推广新技术，或者在已有的市场上开发新产品，企业这样的意图部分界定了问题空间。设计师可以对叙事进行诠释，但这是和新技术通道关联在一起的。这样，设计师的叙事受技术应用报道所支配。例如，在飞利浦推进的有机LED（OLED）项目中，公司要求国际设计师诠释新技术，但是必须和已有的环境和市场相联系。

由于存在这样的联系，在此象限所创作的叙事既有保守性，又有面向未来的进步性。再举一例，丰田的第一代混合动力汽车普锐斯（Prius），尽管使用了新型发动机供给系统，仍然保留了燃油发动机老式汽车的产品语言和设计特点。

在这些情形下，叙事所呈现的形式就像电影翻拍，因此需要与市场上能够辨识的系统和符号联系起来。

在技术领域，创意源泉表现在以下两个方面。一是技术场景，即企业和未来学家运用新的技术应用所表征的形式；二是脚本和用户认知模式。前者标志着进步，后者则减缓变动率。

运用技术场景板[1]和用户画像[2]表示设计知识工具。技术场景板是未来技术应用的可视化路线图；用户画像表示与产品交互的用户的心智模型。在此框架中，设计师的核心能力既包括对以往技术产生联想的符号的选择能力，又包括对新技术在产品符号和结构中所反映的潜力的转化能力。

原型对新技术的应用潜能具有控制功能，目的在于检验技术，并且验证扩大技术应用范围的可能性。由于技术总在进步，而且技术优化要求不断更新产品设计，因此真正的停止规

[1] Wolfgang Jonas, “A Scenario for Design,” Design Issues 17 (2001): 64-80.

[2] Hugh Aldersey-Williams, John Bound, and Roger Coleman, eds., The Method Lab: User Research for Design (London, UK: Royal College of Art Press, 1999);Victor Margolin, “Getting to Know the User,” Design Studies 18 (1997): 227-236;and Tim Brown, “Design Thinking,” Harvard Business Review 6 (2008), 84-92.

则是不存在的。

4.3 “以用户为中心型叙事”中的设计

对于可获得的技术而言，该问题象限是很明确的，但是对于新的细分市场需要进行研究。在此情形下，设计师的叙事预示着稳固技术的新的应用领域。可以把叙事技巧称作映射策略，因为对于特定的技术而言，一旦规模确定，接下来就是确定潜在技术应用的“地理”。

像滚塑等稳固制造技术就是一个例子。很久以来，与滚塑相关的叙事都聚焦于大尺寸和轻泡廉价的物件。该技术主要应用于功能物件，很少考虑表面处理工艺或色彩（如海上浮标、大型食品容器）。在过去十年中，由于技术改进，这些产品已经能够在不同环境下使用；大型产品因其色彩、质地和表面处理工艺都很诱人，在很多行业占据了很多空间。例如，卡特尔（Kartell）沙发（由斯塔克设计的Bubble Club 户外沙发，或新式的Magic Hole扶手椅）等室外家具、精加工附件、装饰性和非装饰性容器都备受青睐。

在该框架中，新兴的项目定位形成了以老技术装备的新的产品分类。产品代表了技术开发利用最大化的手段，产品空间、使用环境和使用模式方面的变化代表了创意源泉。研究社会文化体系方面的这些变化，能够给稳固旧技术的新的应用潜力以启发。卡特尔和斯沃琪（Swatch）分别将塑料引入家具和表业正是意识到了这种潜力。

该框架中的设计知识工具由使用环境图表示，即用户、空间和产品三角清晰地反映了那些主要的变化。对使用环境和用户社会文化模式的演变进行观察并进行批评分析，就是设计师在该叙事框架中必须具备的核心能力。

在此，由于原型从新用户和利益共享者（如分销渠道）那里给予反馈，提供有关技术非同寻常的应用信息，因此原型是有用的。从这个意义上讲，原型发挥了学习的功能，旨在将反馈转化为适当的调整和变化。这样，停止规则是由与新用户提供的输入相关的原型改善时点确定的。

4.4 “探索型叙事”中的设计

在此框架中，叙述者占据了开放的叙事过程，搭建平台，允许不同的受述者真正地参与到故事之中。就像在美国作曲家约翰·凯奇（John Cage）的作品中[1]，我们期望读者—叙述者成为配乐的作者和表演者。

我们必须找到问题空间或者叙事框架（发现问题），借助于抽象的愿景和不完善的提案，通过探索过程开展研究。解决方案因而就是叙事过程本身。

在此情形下，叙事是一种技巧。按照香农（Shannon）理论[2]，凭借这种技巧，发出者和接受者在社会语言互动中协商能指，而对于设计师而言，就是视觉互动。这样，叙事成为一种建构愿景和意义的方式。

叙事传输平台是通过不同媒介（如视屏、故事板、概念展示以及不同的定义层次）建构的。该平台常常增强叙述者的参与度，强化合作需求，重视叙事提案。[3]这些平台常常呈现为预告片的形式，即真实的挑逗型叙事，它们增强了叙事的吸引力和受述者的参与度。

设计师的响应一般表现为系统—故事形式——不是某一文

---

[1] John Cage, Silence (Middletown, CT: Wesleyan University Press, 1961).

[2] Claude E. Shannon and Warren Weaver, The Mathematical Theory of Communication (Chicago, IL: The University of Illinois Press, 1949).

[3] Glen L. Urban, Bruce D. Weinberg, and John R. Hauser, “Premarket Forecasting of Really New Products,” Journal of Marketing 60 (1996): 47-60.

化框架下的单个产品提案，而是产品—服务—信息构成的连续体。该连续体提供不同的解决方案，而且常常提出新的商业模式。为支持这一过程，设计师往往运用系统思维，并施展在体现纽带关系的不同利益与生态系统的利益相关者之间进行斡旋的能力。设计师运用“外交手腕”[1]处理规则、利益和视点之间的冲突，寻求潜在的融合解决方案。

所采用的设计知识工具能够推进场景建构和“视觉觉醒”[2]，这有助于以综合易懂的方式表征：（1）系统；（2）参与者、物质和非物质流动之间的关系；（3）价值系统。原型的作用在于代表所涉及的不同利益，其量表是清晰地表达参与者生态系统的一套解决方案和一组关系。

由于解决方案的系统性，停止规则是在所有参与者达成融合一致的时刻决定的。iPod音乐播放器和iTunes数字媒体播放应用程序界面设计过程中就形成了这种协调一致。只有与全球音乐制作主流片厂保持一致，iTunes才能投放市场，并把该装置锁定到全球最大的乐库。

5. 案例研究：BMW-i探索型叙事中的设计[3]

宝马董事会主席诺伯特·雷瑟夫（Norbert Reithofer）明确指出：“将来，宝马集团将是优质汽车和优质机动性服务的领军制造商。”宝马将自身使命的定位和优质汽车生产联系在一起，并将致力研发与逐步发展起来的机动性有关的服务。

通过融入其他运输系统、提供与联运机动性相关的巡航服

[1] Henry Dreyfuss，Designing for People (New York：Simon and Schuster，1955).

[2] Kim and Mauborgne，Blue Ocean Strategy.

[3] BMW-i案例研究主要是基于对新闻稿的分析和BMW-i项目网站 (www. bmw-i-usa. com/en_us/) (2012年4月14日访问).

表2-1 不同叙事框架中的叙事过程特征

	挖掘型叙事	技术型叙事	以用户为中心型叙事	探索型叙事
设计定位	塑形重构	寻求新的应用	新市场上的技术开发利用	系统/商业模式创新
创意源泉	行业部门外的趋势/刺激因素	未来学 用户认知模式	与产品、空间和环境相关的符号演变	利益相关者系统论
设计知识工具	CMF 行业部门外的趋势	技术场景板 用户画像分析	使用环境图	系统图 商业模式 原型
核心能力	语言传递	权衡新、旧符号/语言	使用环境分析	系统思维 视觉觉醒
原型作用	具体化	评估	学习	融合
停止规则	预先设定	取决于技术生命周期	取决于用户反馈	系统利益相关者达成一致

务、与SixT公司合作提供汽车共享服务、开发MyCityWay（即公共运输及其空间的信息服务）和Parkatmyhouse（接入个体市民提供的临时泊车服务）等应用，德国巨头把自己描述成了未来机动性的“使能者”。从汽车制造商（其特点是运动技术、技术未来主义和工程研究）到机动性服务的使能者，实现这一过渡转变的重任落到了BMW-i项目叙事身上。

BMW-i所提出的叙事始于一个具有叙事结构特征的冲突情境：一面是城市密度和交通拥挤不堪的现实；另一面是人类偏偏天生喜爱居住在轻松舒适、无污染的环境之中，享有自主决定机动性的自由。

宝马带着两大具有浓郁内涵的叙事“符号”介入了这种冲突。一方面，两种版本的电动汽车i-3和i-8，秉承品牌的个性和传统特点（优质、运动、优雅、激进的技术）；另一方面，与众多城市服务网络的新型融合形式昭示了理想的未来。

在此情形下，通过平台提供的服务、可定制的选择以及个体和集体优势，机动性成为接入解决方案。在这样的叙事空间，机动性对于设计意味着什么呢？在这样的技术开发阶段和生态系统循环阶段，机动性对于BMW-i设计又意味着什么呢？

叙事的高度开放性需要对系统采用设计的方法。具体而言，BMW-i叙事定位将机动性定义为界面系统，包括连接界面（多式联运站）、接入界面（电子装置）、功能界面（汽车、充电桩）和后勤界面（车库）。

在BMW-i叙事框架下设计逐渐形成的机动性，意味着对系统目前的视点构成要素和界面进行定义，对调节连接的交互、功能和经济机制进行定义；意味着在设计的同时考虑机动性参与者的利益和视点，以及从更大的范围来看，考虑城市参与者的利益和视点。在这一目标的促动下，宝马与Wallpaper联手，投入了六个国际设计师团队，形成了“可持续街区”的新概念。

除了系统规模以外，如今的BMW-i设计还意味着重新定义旧的商业模式。从汽车制造商到服务提供商的过渡转变，为创新过程打开了新的概念空间，包括新的收益模式（不与汽车销售挂钩）、新型用户关系、新的本土和全球联盟、赋予品牌和信道的新的意义。

参照其构成要素和内部关系，设计系统和商业模式意味着与其他专有技术和利益系统互动，这里往往会出现分歧和矛盾冲突。

对于上述解决方案的建构而言，设计师的核心能力至关重要。这些能力涉及复杂解决方案的可视化、系统和网络的建模、包容不同的观点、调和语言与符号。

设计常常旨在为中止技术提供方便，其作用包括依据相关用户和参与者的认知模式，借助技术进步所带来的机遇，在现有语言符号与新的语言符号之间取得平衡。对于

BMW-i而言，这种调和作用也是至关重要的，因为BMW-i的叙事策略似乎表明，在把品牌的一些典型符号与与众不同的语言和符号联系起来的同时，仍然需要对品牌的这些典型符号进行保护。这些保护下来的符号往往受到其他互补性网络的符号污染，那些与众不同的语言和符号又被与这种污染关联在一起。

从系统的角度来看，BMW-i所推行的叙事框架下的设计条件令人鼓舞，但似乎需要进一步扩大项目的范围，对商业模式进行反思，需要重新呈现和谋划相关利益和关系，需要权衡符号保护和符号创新。这些要素似乎越来越能概括策略设计的特征，即构建多向系统以及无形解决方案和有形要素的整合系统。

6. 结论

本文旨在界定不同创新和组织背景下的种种设计方法和策略。叙事是企业用以实施创新过程的工具。在当下以开放创新为主导的竞争背景下[1]，企业容易受到激励因素、创意、技术和关系的渗透，建构叙事的能力关系到企业能否吸引资源和关系，以便实现企业的竞争和创新目标。一般认为，企业的叙事能力是界定企业的创新领域和创造能力的工具。在此背景下，设计师成为特殊的对话者，其主要原因有二：（1）他们充当着创新载体；（2）他们在设计过程中扮演着符号和“文本”的专家型操控者的角色。

在项目的启动阶段，企业和设计师通过叙事及其提供的战略定位，圈定创新项目的主题和范围。然后，设计师利用创意

[1] Henry Chesbrough，Open Business Models：How to Thrive in the New Innovation Landscape (Boston：Harvard Business School Press，2006).

源泉，明确地表述他们自己的叙事，作为企业叙事的一种延伸或者反叙事。

本文亦试图厘清创新过程的各种不同特点，因为战略和创新背景总是处于变化之中。根据设计定位、创意源泉、设计知识工具、核心能力、原型作用和停止规则，明确界定了设计过程，并且按照企业确立的叙事框架和背景，对设计过程进行了区分。

设计作为不同行业部门和文化背景下的竞争激励因素，它的传播开创了多种设计方法，似乎很难将这些方法凝缩为一种普遍的方法。尽管不存在单一的设计策略，但是各种设计策略都与不同的生产和叙事背景联系在一起。

如上所述，设计既可以用作创新工具，改善不具潜力的产品的风格，又可以用作重新配置和改变产品-服务及商业模式所构成的生态系统的工具。

企业和设计师之间的叙事关系是一个饶有趣味的课题，涉及面也广，不可能仅仅局限于本文所做的反思和所取得的成果，尚有许多条线需要进一步研究。例如，随着企业日益使用网络“发布”他们的创新以及邀请新的参与者，数字通信带来了新的叙事策略，这种叙事策略就是一条研究线索。在此背景下，通过探讨不同的叙事策略，企业所使用的开放平台研究应运而生，成为有趣的研究领域。这种平台涉及到设计师、专家、演绎人员和科技人员。

另一个研究领域涉及项目的叙事视角。我们可以将设计师在创新过程中所使用的阐释学理解为规范化文法和具体背景下产生的一系列即兴语言的组合。规范化文法是一种规则化的语言结构，而即兴语言则是符合项目的对话者和背景的多变的俚语。辨识影响规范化文法组织和多变规范产生的相依变量和因子，或许是设计研究中一个很有前景的研究领域。

最后，设计师近前主要还是工业产品的“塑造者”，如今设计师的角色范围已经悄然扩大，这让我们重新思考和分析设计师的新的作用。一家单位常常利用设计师在不同的知识核心之间进行斡旋。具体而言，在设计师将涉及不同参与者和不同利益的复杂系统概念化的地方，对在这些参与者及其普遍利益系统之间进行斡旋和融合的叙事策略进行分析，无疑是既非常有趣又值得探讨的课题。

三、设计与企业文化

Design and the Cultures of Enterprises

亚历山德罗・戴赛迪[1](Alessandro Deserti)

弗兰西斯卡・里佐[2] (Francesca Rizzo)

本文译自《设计问题》杂志2014年（第30卷）第1期。

---

[1] 亚历山德罗・戴赛迪：意大利米兰理工大学（Politecnico of Milano）设计系教授，主要讲授产品开发课程，主要研究兴趣为设计和设计驱动的创新的开发管理方法、过程、实践和工具，就设计在公司、机构和社会环境中的新角色进行了研究，出版了专著，在期刊和国际会议论文集发表了不少论文。戴赛迪曾供职于意大利和其他国家的许多公司和机构，从事应用研究和咨询工作，开展策略、工具及方法、产品开发、传达和展览展示设计等不同层次的协调工作。

[2] 弗兰西斯卡・里佐：意大利博洛尼亚大学（University of Bologna）建筑系助理教授，主要讲授工业设计课程，参与了多项欧洲和意大利交互设计和服务设计领域的研究项目，目前的研究兴趣为服务设计和设计过程，特别是参与式设计领域。弗兰西斯卡・里佐在国际会议（DPPI，HCI，IASDR，PD；DRS）论文集以及《协同设计》（*Codesign*）、《技术与认知》（*Technology and Cognition*）、《美国计算机协会通讯》（*Communication* of the ACM）等刊物发表了大量论文，曾为芬兰阿尔托大学（Aalto University）客座研究员以及美国路易斯维尔大学（University of Louisville）的进修生。

1. 引言

设计和生产世界之间的关系一直游离于设计的简化主义观和文化观这两种主要观点之间。设计的简化主义观认为设计是产品开发过程中提高产品吸引力所需要的技能之一；设计的文化观认为设计是独特的能力、知识和技能系统，该系统（包括从属于该设计文化的造物、习俗、价值观和信仰）能够展望满足包括不同制约因素在内的显性的或潜在的需求的创新解决方案。

即使从第二种设计观来看，在公司内部引入设计文化一般也会遇到许多障碍。这些障碍主要是既有的文化和抵制组织变革的天性。设计文化似乎在打一场日常战争，这场战争与创新有着不解之缘。

既有组织自然抵制变革这一点已经得到广泛认可[1]，而且特里西（Treacy）注意到由于创新带来不确定性，改变与重复挂钩的效益[2]，可以说创新是企业在棘手时刻不得不面对的“殊死一搏”。

与此同时，我们也必须认识到，现行的创新思路强调企业必须如何发展一种应变能力。也就是说，企业必须有能力“不断地预测和适应威胁其核心盈利能力的变化，而不是等到非变不可的时候才实施变化”。[3]不过，这种思路还是认识到了这

---

[1] Karl E. Weick, Sensemaking in Organizations (London: Sage, 1995); Edgar H. Schein, The Corporate Culture Survival Guide (San Francisco: Jossey-Bass, 1999); Gareth R. Jones, Organizational Theory, Design, and Change, 5th ed. (Upper Saddle River, NJ: Pearson Prentice Hall, 2007).

[2] Michael Treacy, “Innovation as a Last Resort,” Harvard Business Review 82, no. 7/8 (2004): 29-31.

[3] Gary Hamel and Liisa Välikangas, “The Quest for Resilience,” Harvard Business Review 81, no. 9 (2003): 52-63.

样做的难度。

设计的功能主要涉及新产品开发，它挑战组织维持现状抵制变化的天性，从而在寻求创新和必须依靠既定的思路和解决方案之间产生了一种恒定的张力。在我们看来，这种恒定的张力在设计实践及文化和组织变革管理问题之间形成了显著的联系。虽然变革管理可谓是一个指令性的自上而下的做法，其中的组织模式及其成套技术和工具通常是从背景中提取出来的，该背景又被实施、转移并应用到其他背景之中，但是我们认为，设计实践和文化对组织变革采取了一种自下而上的观点。这种组织变革通常是以意想不到的形式发生在新产品开发的过程之中。

设计实践和文化怎么会涉及组织变革，甚至刺激组织变革呢？

开发显著性创新的产品[1]、服务和解决方案意味着改变构成企业文化的所有元素[2]（工艺流程、核心竞争力、知识、技术、行为、价值观和信条）[3]，因此本文提出的自下而上的观点假设，由于现有文化和实现创新所需要的文化之间可能会产生矛盾，显著性新产品的设计可能会对企业的文化带来意想不到的变化。因此，就像在新产品开发过程中一样，设计文化与

---

[1] 本文无意卷入激进性创新与渐进性创新的论争，因此我们把创新和具体的背景或企业联系起来，相应提出了“显著性创新”的观点。对于企业而言，就像索尼PlayStation和其他许多成功产品一样，事物并不一定要显著性地新才能代表激进性创新。

[2] 企业（enterprise）主要是指新近成立的旨在产生可在市场交换的创新的组织。目前，该词用法和公司（company）相似，而且两者常常互用，但是公司其实是指正式成立的、通过在市场上进行价值交换而获利的企业组织。企业和公司是具体的组织形式，它们旨在发展和维系各自的业务。就本文的研究目的而言，这些差异并不重要，所以两者被视为同义词。然而，组织（organization）是另一回事。一般认为，组织是追求某一共同目标的人际合作，因此该词更为笼统。尽管企业是组织，但是组织并不一定是企业。组织这一术语在本文中被用来讨论理论和工具，以便研究和管理组织变革。

[3] Alessandro Deserti and Francesca Rizzo, “Co-Designing with Companies,” in Proceedings of IASDR2011 4th World Conference on Design Research (Delft: TU Delft, 2011), 1-12.

企业文化可能会相互碰撞，该企业的文化可能会因此发生意外的变化。一项显著性新产品需要实施一系列的组织变革，最终导致企业文化的改变。相反，如果任何文化都外化并表现在其生产的造物之中，那么它的产品就代表了产品生产企业的文化。考察企业的产品就能够理解支撑它们的文化。

对组织变革采取自下而上的观点，不仅仅关系到对真实案例的观察，而且关系到把设计实践和文化的情境性视为一种潜在的价值观。这种观点反对模型和技术可以无差异地运用于任何背景和情境的观点。[1]在这种观点对立的基础上，我们不仅要对自上而下的变革管理办法展开批评，而且要特别对设计思维去神秘化，把它视为一种方法和一组彼此相关的工具。这些方法和工具可能会导致管理者认可变革和创新的必要性。

本文的结构如下。首先，我们简略地介绍一下组织变革研究中的主要思潮，从而进一步厘清新产品开发和企业文化变革之间的联系，因为既有企业文化和新产品的开发利用所需要的企业文化之间存在矛盾。其次，我们研究为何一般都认为管理实践具有简化主义思维的特点。在这种思维之中，方法、技术和工具是从原先的背景之中提取而来的，而且所运用的组织变革管理的生命周期也越来越短。即使组织变革的理论是整体性的系统性的，也会发生这样的情况。最后，我们对设计文化的概念和设计思维进行区分，并就企业文化对设计文化进行讨论。在这一部分，我们指出一个企业的产品不只是集中体现了终端用户的需求，实质上集中体现了企业的文化。据此，我们假设新产品的开发常常产生或需要改变企业文化，这是

---

[1] Donald A. Schon, The Reflective Practitioner: How Professionals Think in Action (London: Temple Smith, 1983); John S. Gero, "Towards a Model of Designing Which Includes Its Situatedness," in Universal Design Theory, H. Grabowski, S. Rude, and G. Grein, eds. (Aachen, Germany: Shaker Verlag, 1998), 47-56.

与产品的新颖性相关的一种“副作用”（至少对于该特定的企业而言）。为了验证这一假设，我们分析三个案例：索尼PlayStation、乐高Mindstorm和3M战略设计部。文章的最后一部分就这些案例进行了讨论，并证明设计文化是变革的隐性原动力，同时指出从中可以学到的一些经验教训。

2. 设计和组织变革

组织管理研究和社会研究长期把企业竞争力和企业克服组织信条追求创新的能力联系在一起。[1]

许多作者都给组织变革下过定义。莫兰（Moran）和布莱曼（Brightman）把组织变革描述为“不断更新组织的方向、结构，以及服务于外部和内部客户不断变化的需求的能力的过程”。[2]伯恩斯（Burnes）指出，组织变革是指最广泛层面的个人和群体对组织变化的理解，以及在集体层面整个组织对组织变化的理解。[3]无论使用何种定义，一般认为企业任何显著性的变化都与它的文化转变有关：组织变革是组织文化改变的征兆。

有关组织变革的文献在程式和格调方面都有不同，并包括以下几个方面：变革的描述性研究、变革分析的理论模型、变革引导过程的规范性模型、不同组织变革方法的分类研究，以及有关形形色色的行动倡议、计划和工具成败的实证研究。为

---

[1] Gary Hamel and C. K. Prahalad, Competing for the Future (Boston: Harvard Business School Press, 1994); Michael Polanyi, Personal Knowledge: Towards a Post-Critical Philosophy (London: Routledge, 1998); Peter F. Drucker, Innovation and Entrepreneurship (New York: Harper-Collins, 1995); Peter F. Drucker, Managing in the Next Society (New York: Truman Talley Books, 2002); Hamel and Välikan-gas, “The Quest for Resilience,” 52-63.

[2] John W. Moran and Baird K. Brightman, “Leading Organizational Change,” Career Development International 6, no.2 (2001): 111-118.

[3] Bernard Burnes, “No Such Thing as a ‘One Best Way’ to Manage Organizational Change,” Management Decision 34, no. 10 (1996): 11-18.

了简便起见，我们对这些贡献进行了汇总，并对主要的思想流派进行了区分。

第一组研究认为变革是突生的，而不是有计划的。[1]根据这一流派，管理者所做的很多决策表面上都与突生的变化无关，因此变革是没有计划的。然而，这些决策可能是基于对组织、组织所处的环境及其未来的心照不宣或许是无意识的假设而做出的，因此并不像初看起来那样没有关联。这些隐性假设将会决定无关联决策的方向，从而靠运气和直觉而不是规划来塑造变化的过程。外部因素（如经济、竞争对手的行为、政治气候）或内部特征（如不同利益群体的相对权势、知识分布、不确定性）影响管理控制之外的方向变化。即使是最精心策划和执行的变革方案也有一些突生的影响和特性。这种现实凸显了管理变革的两个重要方面：（1）需要确定、探索，并在必要的时候挑战管理决策背后的假设；（2）在精辟分析规划以及精心构思的微妙的实施阶段的基础上，促进（而不是精确控制）组织变革的可能性。其间的理由是，组织层次的变化本质上并不是固定的或线性的，而是包含不同的突发成分。[2]

第二组研究区分了跃变和渐变。跃变是罕见的，而且没有计划。[3]跃变有时也被称为“激进”或“二阶”变化，往往涉及用一种策略或计划取代另一种策略或计划。相反，渐变是渐进的，累积性的，被定义为“一阶”或“增量”变化。[4]跃变和渐变之间的区别有助于我们就组织相对于其长期目标的未来

---

[1] Henry Mintzberg, Mintzberg on Management: Inside Our Strange World of Organizations (Chicago: Free Press, 1989); Davis Nadler, Discontinuous Change: Leading Organizational Transformation (San Francisco: Jossey-Bass, 1995).

[2] Sandra Dawson, Analysing Organisations (London: Macmillan, 1996).

[3] Karl E. Weick and R. E. Quinn, “Organizational Change and Development,” Annual Review of Psychology 50 (1999): 361-386.

[4] Weick and Quinn, “Organizational Change and Development,” 361-386.

发展和演变进行清晰的思考。很少有企业能够单方面地决定它们将采用完全渐变的方法。但是，对于不时打断组织生活的日常突发事件、故障、异常、机会和意想不到的后果，他们可以培育顺应及体验的灵活度，从而掌握渐变的诸多原则。[1]

第三组研究讨论变化的程度和范围。阿克曼（Ackerman）介绍了三种变化：发展型变化、过渡型变化和转型型变化。[2]发展型变化对组织现有的一些方面进行提高或给予纠正，往往集中于某个技能、工艺流程或程序的改进。过渡型变化旨在实现不同于现有状态的一种已知的理想状态。尽管施恩（Schein）最近对该理论进行了界定，把变化定义为由三个阶段构成的过程，包括：（1）对现有的组织平衡解冻；（2）进入新的状态；（3）对新的平衡状态重新加以冻结[3]，但是过渡型变化的模型仍然是以勒温（Lewin）的研究为基础的。[4]转型型变化要求该组织及其成员、参与者或者员工改变他们所做的假设。转型可能会产生在结构、工艺、文化和战略等方面都显著不同的组织。因此，转型可能最终创建以发展型模式运行的组织，或者不断学习、适应并进步的组织。

我们可以从变化所赖以发生的复杂的动态系统来理解变化。1972年，卡尔·波普尔（Karl Popper）把科学的方法概括为三点：简化、重复性和反驳。与此相反，系统思维所研究的是一旦部分被合并成整体以后所存在的属性。如果把系统思维运用到组织变革，那么系统思维认为不应该把问题、力量和事

---

[1] Wanda Orlikowski, "Improvising Organizational Transformation over Time: A Situated Change Perspective," Information Systems Research 7, no. 1 (1996): 63-92.

[2] Linda Ackerman, "Development, Transition or Transformation: The Question of Change in Organizations," in Organization Development Classics, Donald Van Eynde, Judith Hoy, and Dixie Van Eynde, eds. (San Francisco: Jossey-Bass, 1997).

[3] Edgar H. Schein, Process Consultation (Wokingham: Addison-Wesley, 1987).

[4] Kurt Lewin, Field Theory in Social Science (New York: Harper Row, 1951).

件看作是孤立的现象，而应该看作一个复杂的社会技术系统中相互联系、相互依赖的成分。因此，变化是混乱无序的，往往涉及变化莫测的目标、断断续续的活动、令人惊讶的事件以及出人意料的变化和结果组合。[1]

尽管有关组织变革方面的研究异彩纷呈，但是只有少数研究成果论及设计文化和实践可以是一种载体，可以是一种改变企业文化的原动力。最近，设计研究在设计与管理的关系上着墨甚多，但是除非我们透过字里行间对那些侧重于其他方面研究的成果进行进一步的解读，我们很难发现有关该主题的研究。[2]作为一篇重要论文，我们的研究受到理查德·布坎南（Richard Buchanan）主编的《设计问题》杂志设计和组织变革问题研究特刊的启发。[3]本研究介绍了有关设计与管理关系的新观点，主张“开展一种新的设计研究，直面设计对组织生活的影响问题”。[4]本文还报告了一些有趣的案例研究，这些案例主要涉及新产品开发的过程，以及这些过程及产品与企业的组织及文化互动的方式。特别值得一提的是，郡吉格尔（Junginger）的文章《作为组织变革载体的产品开发》探讨了产品开发导致企业组织变革的可能性。这种变革可能发生在以下两种情形之下：企业认为产品开发过程应该“以人为本”，或者客户和供应商等外部行为者的需求和观点被纳入组织之内，从而引发“由外而内”的变化，而不是通常的把组织看作

[1] Dawson, Analysing Organisations.

[2] Peter Coughlan, Suri Jane Fulton, and Katherine Canales, “Prototypes as (Design) Tools for Behavioral and Organizational Change,” The Journal of Applied Behavioral Science 43, no. 1 (2007): 1-13; Colin Bruns et al., Transformation Design, Red Paper 02 (London: Design Council, 2006).

[3] Richard Buchanan, ed., “Design and Organizational Change” Design Issues 24, no. 1 (2008): 2-107.

[4] Richard Buchanan, “Introduction,” Ibid., 3.

机器情况下的“由内而外”的变化。

本文从布坎南的观察入手，提出改变设计与组织转型关系的分析单位。特别需要指出的是，虽然布坎南的文章认为组织可以被看作是产品，因此可以被认为是“设计的对象”，但是我们的看法是，如果把设计文化和实践置于企业文化之中，并用以实现产品和服务的显著性创新，那么设计文化和实践可能会导致组织变革。

在详细论述我们的论点的时候，我们也想避开设计思维的观点，因为设计思维成形于设计和管理关系的论述之中。虽然几年前，我们把“设计思维”视为融入管理文化的一种方式，因而仍然可以正面使用“设计思维”这一术语，但是如今我们认为在很多情况下使用这一术语都有误导性，这一点我们将作进一步的解释。

最后，即使我们不想忽视或违背设计学科的开放性和扩展性（设计学科似乎在不断征服新的领域），我们仍然必须强调，如果说可以把新的潜在应用领域视为“设计对象”，不断地把设计和新的潜在应用领域关联在一起，这是存在风险的。我们注意到，管理已经出现了类似的情况：因为几乎所有的人类活动或产品都可以或必须加以管理，一切都被看作是管理研究的潜在对象了。

本着所有这些要点，我们的分析单位更加侧重于“传统”的产品开发实践，同时着力研究发生在整个产品开发过程中的“自下而上”的组织变革形式，这将最终把我们引入设计是变革的隐性原动力的观点。

虽然组织变革理论认识到组织中的变革现象的复杂性，因而显示出系统观和整体观，但是组织管理的特征在于大量的模型和技术，它们似乎是一种简化主义思维方式的衍生品，由此产生了种种公式，它们可以被轻而易举地合成并转换，成为稍加调整即可应用于各种情况的标语、程序和配方。尽管有人严厉批评这些管理模型和技术的高速流转致使其中的很多描述成为时尚或潮流，但是这种做法似乎仍然人气兴旺。[1]

从某个角度来看，我们可以把设计思维看作这些潮流之一：正如许多管理模型和技术都与大型管理顾问数量的增多绑定在一起一样，我们也可以把设计思维和大型设计顾问数量的增多绑定在一起。尽管本来是想用设计思维引入设计和新产品开发过程的研究，但是后来设计思维脱离了原初的背景，被变成了一种管理方法。

随着设计思维被延伸到管理领域，它就存在三个主要缺点：（1）缺乏背景化和情境性，这是新的管理模式很快被采纳和取消的典型特征；（2）构思过程和开发过程的分离；（3）自上而下的做法，这种做法主要影响管理，而不是整个企业。设计要在企业奏效，就必须成为文化的一部分，公司必须通过自下而上的过程整合设计，从而形成独特的设计文化，而自下而上的过程要求协商一致，并在永无止境的创新活动中不断地实施这些过程。

接下来我们介绍设计文化的概念，我们把设计文化理解为作用于情境化背景中的知识、能力和技能系统。我们认为设计师依据这种情境化的背景开发新的解决方案，我们并不认同设计思维是与背景无关的过程。我们力求证明设计文化往往能够在新产品的开发过程中（以隐性的方式）改变企业的整个文化。下面讨论有关企业文化变革的三个案例，并得出一些理论性的结论，以证明上述观点。这些企业的文化变革都是创新项

---

[1] Donny Miller and Jon Hartwick, "Spotting Management Fads," Harvard Business Review 80, no. 10 (2002): 26-27; David Collins, "The Branding of Management Knowledge: Rethinking Management Fads," Journal of Organizational Change Management 16, no. 2 (2003): 186-204.

目所带来的意想不到的后果。

3. 一个不同的观点：设计是组织变革的隐性原动力

从组织变革的视角分析设计，有助于重新认识设计文化与企业文化之间的关系，即设计挑战维持现状抵制变革的天性，在寻求创新和必须依靠既定的思路和解决方案之间产生一种恒定的张力。这种恒定的张力在设计实践及文化与组织变革管理之间形成了重要的联系。

我们讨论的假设是，每一个导致显著性创新的项目都在企业内部产生矛盾，因而能够触发不同层次的企业文化变革，这就像多米诺骨牌效应一样。我们把这些矛盾定义为开发新产品所需要的企业文化变革程度（变革的触发因素）与企业现有文化（变革的制约因素）之间的张力。在任何情形下，矛盾都是变革之源。创新带来新的造物、知识、信仰、流程、结构和技术，它们改变企业文化，并成为企业文化的一部分，这样创新克服了制约自身发展的因素。

3.1 设计与文化：新产品目的地背景和产地背景之间的辩证关系

有关设计与文化关系的论述通常都是基于这样一种观点，即我们应该把设计和它所处的或作用的文化背景联系起来，以便更好地理解和指导设计。因此，我们往往把文化背景理解为产品设计的接收器。如果我们把产品设计与文化背景联系起来，就可以更好地构思产品设计（如果我们从专业的角度看待这一过程）或更好地理解产品设计（如果我们从历史的角度看待这一过程）。因此，文化是最终用户在个体层面或社会层面的参照：我们可以把产品设计理解为包括文化维度在内的多维目的地背景的产物。

有学者提出了“文化导向的产品设计”概念，或者说如果设计师能够把特定的文化融入到产品设计之中，从而赋以地方特色阐释的空间，而不是解决方案的全球化，那么我们就可以把文化看作创新产品设计的催化剂。[1]我们可以把这种思路与使设计与目的地背景交互的动因及方式的大量研究联系起来，从而形成真正适合特定背景的解决方案。[2]这里的目的地背景主要是但又不仅仅是最终用户。如果我们假定设计师不仅要关注最终用户的需求还应关注最终用户的文化，那么我们就真正领略了“文化导向的产品设计”概念的真谛。

虽然我们不想忽略目的地文化背景的重要性，但是我们也注意到其中的问题，因为我们不仅可以把产品理解为目的地背景的产物，而且在某些情况下还可以把产品理解为主要是产地背景的产物。在这种情况下，我们还必须把新产品视为产品生产公司文化的产物。如果我们把目的地背景当作影响设计过程的主要力量，那么我们不得不考虑最终用户的文化。但是，如果我们把产地背景当作影响设计过程的主要力量，那么我们不得不考虑公司的文化，或者说“这里的做事方式”，这正是最

---

[1] Richie Moalosi, Vesna Popovic, and Anne Hickling-Hudson, “Culture-Orientated Product Design,” International Journal of Technology and Design Education 20, no. 2 (2010): 175-190.

[2] Donald A. Norman, The Psychology of Everyday Things (New York: Basic Books, 1988); Liam J. Bannon, “From Human Factors to Human Actors,” in Design at Work: Cooperative Design of Computer Systems, Joan Greenbaum and Morten Kyng (Hillsdale, NJ: Lawrence Erlbaum Associates, 1991), 25-44; Patrick W. Jordan and William S. Green, Human Factors in Product Design: Current Practice and Future Trends (London: Taylor & Francis, 1999); and Jorge Frascara, Design for Effective Communications: Creating Contexts for Clarity and Meaning (New York: Allworth Press, 2006).

著名的企业文化定义之一。

许多案例都说明创业理念都可以和特定的背景联系在一起，单个产品必定是其生产环境的结果。我们或许可以解释苹果采取封闭的软件解决方案是一种有意的选择，它和公司文化是密切相关的；或者我们可以描述意大利泰诺健公司（Technogym）的整个理念和供物，它们都和它们所处的地理区域密切相关。泰诺健是健身和生物医学康复器械领域的市场领军企业，它所在的区域是欧洲最重要的休闲活动区。

3.2 作为过程的设计文化

如果我们把产品看作企业文化的物证或产物，我们必须同时看到，新产品带来了文化转变，或者说这种因果关系也可以很容易地反转过来。这种观点认为，实施成功持久的创新需要强有力的组织变革和设计文化的转变，而且在企业引入（新的）设计文化的同时，往往需要有配套的组织变革管理。设计思维并非独立于设计实践；相反，我们认为设计文化是特定的知识、能力和技能系统。该系统作用于新产品和服务开发的具体背景，它是生产世界和消费世界的中介，并协调与技术、市场和社会相关的多种因素（参见图3-1）。设计文化涵括设计师们的实践，而不只是反映非情境化的创新程式的形式化和学习。设计文化包括解决复杂问题，以及“构思和规划尚不存在的事物”的那些能力和知识（特殊知识、工艺和工具的组合）。[1]随着企业开发产品，并在其经营和满足客户的社会环境中赋予它们以意义，企业可以形成和

[1] Richard Buchanan, “Wicked Problems in Design Thinking,” Design Issues 8, no.2 (1992): 18.

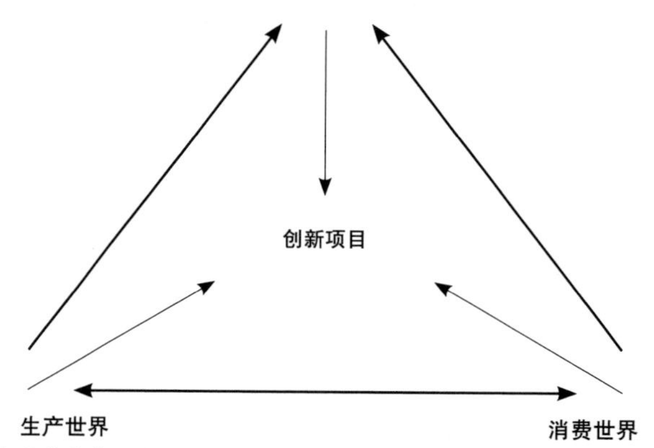

图 3-1

如图3-1所示，设计文化的作用在于调和生产世界和消费世界，是发生在创新项目之中的一个复杂过程。设计文化作为一种情境特征，因特定的企业文化状况的不同而呈现出不同的特点。企业通过启动特定的创新项目满足特定消费文化的需求。创新项目是由设计文化将行为情境化的能力主导的。设计文化通过激活反复试验的过程，将行为情境化，继而形成解决方案。这种解决方案能够囊入企业文化所造成的阻力和制约，从而满足消费世界所提出的需求和期望。

获得设计文化。

尤利尔（Julier）的研究强调把设计文化理解为一个过程：

> 这种用法或许是历史最为悠久的，它源自建筑和设计批评。具体而言，设计文化描述了设计过程中背景的直接影响和背景所透露的行为。意大利语的“cultura di progetto”（项目文化）一词与此类似，可以帮助我们理解这一点。“progetto”一词的内涵比设计中的赋形更广，而且可以引申到整个设计过程。例如，从物件的构思和与客户的谈判，到工作坊的组织，到设计的输出，再到设计的成型。所有这些都意

> 味着对谈判（往往是口头上的）系统的兴趣，共同定义和建构设计物件……因此，我们可以认为项目过程是由设计师周围的日常知识和实践网络产生的，也是在这一网络中产生的。[1]

设计文化的概念强调背景依赖型的“做事方式”[2]，它不仅涉及新产品和新的产品形式的起源，而且涉及它们的增值问题，或者说“构建系统理解物质和非物质关系动态及影响的方法，这种关系是由设计文化中的多项（物件）表现出来的”。[3]

从设计文化的角度来看，企业的创新可能会影响企业的既定结构和文化，并可能挑战人们的交往方式、现有能力以及日常活动中的成事方式。需要注意的是，要了解新产品开发背后的动因和设计文化理念，我们不仅要考虑“从外到内”的视角（即产品是不同的外部利益相关者、主要客户追求的产物），还要考虑“由内而外”的视角（即产品是公司文化的产物）。在新产品开发的研究中，我们注意到普遍存在高估第二个视角的现象，但在很多情况下第一个视角似乎又占优势，因此在任何情形下我们都应该运用综合的视角。

下面我们介绍三个案例：前两个案例描述了新产品的开发

---

[1] Guy Julier, “From Visual Culture to Design Culture,” Design Issues 22, no. 1 (2006): 70.

[2] Buchanan and Margolin, Discovering Design; Silvia Pizzocaro, “Research, Theory, and Design Culture: A Knowledge Growing Within Complexity,” in Proceedings of the Politecnico Di Milano Conference, Silvia Pizzocaro, Amilton Arruda, and Dijon De Moraes, eds. (Milano: Design Plus Research, 2000), 90-95; Flaviano Celaschi, I Design della Forma Merce [The design of the Form Goods] (Milano: Ilsole24ore, 2000); Paola Bertola and Carlos Teixeira, “Design as a Knowledge Agent: How Design as a Knowledge Process Is Embedded into Organizations to Foster Innovation,” Design Studies 24, no. 2 (2003): 181-194; and Flaviano Celaschi, and Alessandro Deserti, Design e Innovazione: Strumenti e Pratiche per la Ricerca Applicata [Design and Innovation: Tools and Practices for the Applied Research] (Roma: Carocci, 2007).

[3] Julier, “From Visual Culture to Design Culture,” 73.

过程，第三个案例描述了通过新产品开发在科学和工程企业形成并推广设计文化的过程。这三个案例都是设计文化和实践在与企业既有文化的互动中以不同的方式改变文化的范例。这些案例阐明了这样一种观点，即设计文化能够完成复杂多变的调和过程，而这一过程又受到制造流程所涉及的技术开发和社会经济状况，以及激发新产品需求的文化背景的影响，其结果可能是导致公司文化的变化。

3.3 乐高Mindstorm案例

丹麦玩具公司乐高（LEGO）集团为我们提供了一个生动的案例。该案例表明新产品（乐高Mindstorm）开发可以重塑企业文化，完善企业的竞争策略，提高企业的市场地位。2009年以来，乐高产品在全球市场一直都很成功，企业的全球销售显著增长。乐高的业绩增长是在全球玩具市场陷于停滞的背景下取得的。增长率最高的发生在讲英语的市场，但几乎所有的市场都取得了两位数的增长率。然而，对于乐高公司的管理层而言，结果并不总是那么随其所愿。最近几年，新兴的视屏游戏市场对公司的生存一直是实实在在的威胁。

和许多组织一样，乐高把自己的商业模式建立在知识产权之上，因此产品创新过程属于内部管理：乐高进行了市场调研，了解客户对产品的看法，基于反馈信息开发了新产品，创新开展了营销宣传活动，围绕客户期望打造品牌。然而，随着计算机游戏人气的增长，该公司拼命努力适应新的市场趋势和机会。乐高最终决定开发乐高 Mindstorm，进军该市场。该产品主要使用机器人以及乐高积木和支持，但产品的核心是其软件。

本来客户已经能够使用乐高 Mindstorm软件对自己的积木机器人进行编程，但是因为可编程的功能有限，而孩子们又想要更多的功能，因此产品进入市场的时候并没有取得预期的成功。当时，乐高是一家以积木玩具见长的公司，但对电子游戏及其潜在用户几乎一无所知。

1998年，就在产品推出后两个星期内，成人黑客对固件进行了逆向设计，并开发了一些可用于机器人编程的其他软件程序，而且出现了可以添加到这些机器人的传感器和外部设备的小市场。

乐高试图通过Mindstorm产品线将客户群延伸到年龄大一些的孩子和成人，从而实现收入的大幅增长。虽然乐高最初的尝试在市场上失败了，但最终还是找到了把年龄大一些的孩子吸引到该市场的新策略。乐高从Mindstorm的开发中认识到，乐高并不需要给积木添加什么附加功能，而只需要利用客户的知识，让他们参与其中，这样就能让他们投入到复杂的、积极的、好玩的游戏之中。

黑客破解原创软件寻求Mindstorm的创新功能，这一点让公司看到了众包作为创新工具的潜力。凭借这种“开放式软件”方式，该产品的潜力暴涨，而且这在所有乐高产品线客户中产生了戏剧性的参与效果。该公司认识到，那些使用和改变乐高集团知识产权的人，甚至是在像Mindstorm的某些情况下侵犯乐高集团知识产权的人，他们并没有威胁到公司的文化、核心竞争力以及知识资产，相反，他们实际上对它们进行了重新定义，从而把公司引入了新的、有趣的、创新的领域。

如果乐高接受与客户群的这一新型关系，就意味着乐高需要改变有关创新流程的理念和方法，从由内部功能驱动的创新模式（例如，研发和市场营销）转变为主要基于与黑客、开发人员和设计师互动的开放创新模式。这群黑客、开发人员和设计师既了解乐高的产品又拥有技术，他们给予了乐高发展重要理念的机会。例如，乐高科技系列[1]就是与客户共建的产品线，这些客户非常了解乐高，能够自行设计复杂的模型。

通过对外开放让这些爱好者积极投入其中，公司能够挖掘丰富的创新思维之源，并且能够再次让品牌具有重大意义。[2]尽管原先的Mindstorm产品开发进展并不顺利，但是这一案例仍然非常清楚地表明了新产品开发过程对公司文化的潜在影响。在这种情况下，公司出现了戏剧性的转变，即从传统的版权和知识产权保护走向开放创新和共同创造。

我们不能把乐高的共同创造的价值简单地理解为定制这样的传统概念。相反，它与公司的一系列变化有很大的关系，例如，管理心态从以产品为中心到以客户为中心的变化；研发核心竞争力从封闭的内部团队到对等团队（客户和乐高人）的变化；产品组合从一组大大小小颜色不同的积木到以主题收藏为设计主线的产品线（如乐高科技、乐高都市、乐高工厂、乐高农场、乐高哈利·波特和乐高造物主）的变化。

3.4 索尼PlayStation案例

在索尼的整个发展历程中，从第一代小型晶体管收音机到随身听，从CD播放器到数码相机，索尼素以制造先进的科技产品著称。尽管索尼具有如此强大的制造能力，但是索尼在20世纪90年代却面临巨大的危机，公司被推到了经济灾难的边缘。[3]公司从1993年盈利13亿美元跌至1995年亏损33亿美元。

---

[1] http://technic.lego.com/it-it/default.aspx?icmp=COITFR15Technic（2012年7月27日访问）.

[2] Nicolas Ind and Majken Schultz, "Brand Building, Beyond Marketing," Strategy+Business, July 26, 2010, 23.

[3] This case is an elaboration of the "Ken Kutaragi: Sony's Digital Bandit" case study, discussed in Gary Hamel, Leading the Revolution, (Boston: Harvard Business School, 2002): 27-28、64、84.

公司在好莱坞的投资造成巨大的亏损，1995年一次亏损30亿美元。更令人担忧的是，索尼在那些年里已经痛失消费电子领域的三大商业机会：个人电脑、移动电话和视屏游戏。大玩家（惠普、康柏、戴尔、东芝）和小生产商（包括苹果）都击败了索尼，瓜分了个人电脑市场；诺基亚、摩托罗拉、爱立信占据了移动电话市场；而视屏游戏则落入了世嘉（Sega）和任天堂（Nintendo）之手。

所有这些新市场都是基于数字技术，而索尼的成功一直都是基于类比技术，如录像机和电视机。除了公司个别几个设计师之外，只有极少数员工熟悉这些新技术，而这些新技术给消费电子市场带来了革命性的变化。久夛良木健（Ken Kutaragi）是意识到这一巨大变化的为数不多的设计师之一。他当时在索尼研发实验室工作，是开发第一台数码相机“MAVICA”的科研团队成员。

在没有得到正式授权的情况下，久夛良木健在20世纪80年代末开始攻克一种新的电子产品，这在1993年最终促成了计算机娱乐事业部，并在1994年推出了PlayStation。不到五年，PlayStation 的收入占索尼总收入的12%（570亿美元），公司成为电子娱乐市场的领导者。

就在新设备开发项目上马时，任天堂推出了视屏游戏的8位产品GameBoy。久夛良木健决定开发16位的设备，改善GameBoy可怕的声音，并使游戏更容易存储，同时运用索尼已经掌握的CD播放器技术而不用磁带。该项目的上马是出于久夛良木健对视屏游戏的“好奇心”（他已经为女儿买了GameBoy，但对其性能很是失望），同时还因为参与了MAVICA项目的员工都具有相关的专业知识。当设计团队向管理高层通报这个新的16位系统的时候，管理层并不支持，认为该项目并不相符公司的现有活动和利益。这一决定表明了管理层的看法，即视屏游戏市场有点“轻浮”，它不符合索尼基于成熟技术产品的形象。企业文化的核心内涵是完全以类比技术强悍的核心竞争力为基础，生产小而可靠的产品。尽管管理层拒绝了该项目建议，该项目和设计团队的工作还是给一些高级管理人员留下了深刻的印象。他们看到了该项目会提供的新的可能性。1986年，这些高级管理人员安排了一次会议，与设计师讨论该项目。该团队及其负责人久夛良木健坚信，在前几年的危机和一系列“传统”产品的失败以后，索尼应该进军数码娱乐市场，并发展新的“数字”文化。事实上这一进程已经开始，只是没有正式组织而已：索尼卖出了数以百万计的CD播放器等产品，包括新的数字组件，但是并没有制定数码市场远景规划及其在剧烈竞争的舞台上应该扮演的角色。例如，在索尼看来，CD只是取代了黑胶唱片，而不是数字革命的产物。

设计团队的设想打动了一位高管，他决定以个人创业的形式支持该项目上马，但对公司其他人员保密。由于MSX项目的失败（家用计算机架构从来没有成为预期的国际标准），消费类电子产品缺乏坚实的内部专业知识，以及缺乏富有远见的领导，公司没有能够发起真正的组织变革以应对潜在的新市场。

在此背景下，由久夛良木健开发的新的16位系统仍然无法成为索尼的产品，但它是数字娱乐世界的桥头堡。由于缺乏行业经验，高级管理人员决定让久夛良木健与任天堂开展合作研究，共同开发新的芯片以便更好地处理GameBoy的声音。然而，由于担心该项目会产生内部冲突，这种新的芯片的设计和开发仍然处于保密状态。大多数管理层并不能理解为什么研发部门在帮助竞争对手为其产品开发更好的解决方案。

1991年，任天堂与索尼就该协议进行了重新谈判，因为该公司担心索尼一直致力研究的CD播放机技术会削弱其在视屏游戏市场的主导地位。事实上，CD技术在作为视屏游戏支持方面具有巨大的潜力，但它并不符合当时运用磁带盒的标准。

新芯片的开发几乎陷于停顿状态，但管理层的视野发生了一些变化，而且设计团队能够让高层管理人员相信，该芯片的设计，作为一个新的平台，将使索尼有机会顺利进入数字娱乐市场。该公司渐渐看到了这款新产品的潜力。设计团队所开展的工作以极具创新高效的方式对公司的未来进行了重新定位。任天堂担心失去其强大的市场地位，与任天堂交易的失败，以及从事该项目的索尼设计师的傲骨和远见等一系列事件，助推了索尼计算机娱乐事业部的诞生。经过两年的工作，索尼PlayStation横空出世。塑料护罩下的晶体管是第一个将32位处理器（一个图形芯片）和数据解压缩系统集成到单片硅上——“芯片上的系统”。1994年12月，PlayStation在日本上市。整整18个月以后，任天堂才推出了类似的产品“任天堂64”。这种延迟可谓生死攸关：索尼在关键市场上获得了霸主地位。成倍增长的销售体现了索尼的品牌价值和技术优势。PlayStation迅速成为最畅销的游戏机控制器，并在随后的数年中，索尼通过一系列的组织和市场变革，使公司一跃成为全球消费电子产品的领军企业之一。[1]

3.5 3M的全球战略设计案例

2011年，3M公司的年收入超过290亿美元，经营的产品组合范围广泛，超过5.5万种。[2]公司拥有4万多项全球专利和专利申请，已经掌握了传统的研发过程，并以“15%规则”闻名

[1] 1999年末，索尼公司售出了5500万台控制器，4.3亿个PlayStation游戏，提供了3000多个视屏游戏名，实现了65亿美元营业额，17%的利润率。

[2] 3M，2011 Annual Report：Inspired innovation，http：//media. corporate-ir. net/ media_files/ irol/80/80574/Annual_ Report_2011. pdf (accessed August 2，2012)，4.

于世。“15%规则”是威廉·麦克奈特（William McKnight）于1948年提出的，这是研究人员可用于个人感兴趣的东西的时间，最近谷歌（Google）等公司也采用了这一策略。[1]

但2001年至2005年，3M面临严重的财政困难。注意力从创新转向应用六西格玛管理策略。该策略是由詹姆斯·迈克纳尼（James McNerney）从通用电气公司引入的，所依据的理念是：通过找到和消除缺陷产生的原因并尽量减少在制造和业务流程的变化，来提高过程产出的质量。由于公司专注于执行环节，效率提高了。但与此同时，公司的核心特征——创新则拉低了业绩。2006年，过去五年里推出的产品一般实现的三分之一的销售额降到了四分之一：“六西格玛制度的影响在于……更可预见的渐进的工作优先于蓝天研究。”[2]

变革和回归到以创新为重点很有必要，这一点也很明确：“重任已经转移到增长和创新，尤其是在当今基于理念并痴迷于设计的经济中。虽然流程卓越要求精度、一致性和重复性，但是创新要求变化、失败和偶然性。”[3]在随后的数年中，3M引入了设计作为一种新的文化，并与公司的传统研发和工程背景相结合，所处环境就是效率与创造力之间的不断斗争。[4]设计的现有功能就是设计，并由六西格玛设计（DFSS）主导，

---

[1] Kaomi Goetz, “How 3M Gave Everyone Days Off and Created an Innovation Dynamo,” Co Design, www. fastcodesign. com/1663137/how-3m-gave-everyone-days-off-and-created-an-innovation-dynamo (2012年7月30日访问).

[2] Brian Hindo, “At 3M, a Struggle Between Efficiency and Creativity,” BusinessWeek, June 11, 2007, www. businessweek. com/ stories/2007-06-10/at-3m-a-struggle-between-efficency-and-creativity (accessed August 2, 2012).

[3] Brian Hindo, “At 3M, a Struggle Between Efficiency and Creativity,” BusinessWeek, June 11, 2007, www. businessweek. com/ stories/2007-06-10/at-3m-a-struggle-between-efficency-and-creativity (accessed August 2, 2012).

[4] Brian Hindo, “At 3M, a Struggle Between Efficiency and Creativity,” BusinessWeek, June 11, 2007, www. businessweek. com/ stories/2007-06-10/at-3m-a-struggle-between-efficency-and-creativity (accessed August 2, 2012).

其中新产品开发过程的主要目标就是从一开始就引入六西格玛质量。在3M公司消费和办公设备处全球战略设计负责人莫罗·波尔奇尼（Mauro Porcini）看来，“3M公司聘请我的时候，他们并不知道如何用我，他们只知道希望有更多的设计存在，给予设计更多的关注。在3M公司设计师是有的，但他们往往到解决方案开发结束的时候才能参与”。[1]他说：“我的最大障碍就是负责新产品创造的实验室主管。‘这里来了个意大利的小家伙，从3M公司帝国的边边儿上来的，还用得着他来告诉我们怎么创新吗？’”[2]

凭借他在意大利的工作经验，波尔奇尼懂得出台新的设计方法并不仅仅是设计部门的事情，相反，这应该影响到整个公司，从而挑战公司的文化和变革的阻力。正如一位技术总监所报道的：“起初我们在想：‘这家伙在说什么？’莫罗问我：‘顾客买东西的时候，货架上的拖把给她什么信息？’我在想：‘那就是一把拖把；能挤出多少水呀？’”[3]

通过让不同的实验室、外部顾问和利益相关者从一开始就参与进来，采用参与式的方法实施并行的设计过程，让大家朝新的视野看齐，波尔奇尼把设计文化引入了3M公司。如波尔奇尼所述，融入设计文化并非基于自上而下地介绍理论问题、方法或技术，而是基于自下而上的方法，在此新产品的开发过程可以成为公司文化变革的原动力。新产品设计是用新的方法和视野团结每一个人的机会。波尔奇尼早期引进

[1] Braden Kelley, “Optimizing Innovation-Mauro Porcini of 3M,” Blogging Innovation, October 27, 2009, www.business-strategy-innovation.com/2009/10/optimizing-innovation-mauro-porcini-of.html (2012年8月2日访问).

[2] Chuck Salter, “The Nine Passions of 3M’s Mauro Porcini,” Fast Company 159; www.fastcompany.com/design/2011/3m-mauro-porcini (2012年7月30日访问).

[3] Chuck Salter, “The Nine Passions of 3M’s Mauro Porcini,” Fast Company 159; www.fastcompany.com/design/2011/3m-mauro-porcini (2012年7月30日访问).

设计驱动的创新观失败了，但这却有助于指明正确的路径，而且根据新的“设计师式”的方式进行设计或重新设计的一些产品在商业上的成功起到了一个转折点的作用，有助于改变人们对产品开发的成见。[1]

4. 案例研究讨论

虽然设计思维的概念是基于这样一种信念，即任何人都可以有创意并有助于创意的产生，但它在企业的应用主要是让高层管理者诚心把设计师当顾问，把设计思维过程和技术应用到开拓创新理念之中。公司应该形成这些理念，以便创新和开拓市场。推进这些过程的目的是要推动创新思维。这样，在这种框架内，我们可以把设计思维主要看作为了构建新的解决方案而引入或激发创造力的一种方式。

上面介绍的三个案例说明，组织变革远比简单地引导人们跳出日常环境去思考复杂得多。有关组织变革的研究发现了严重影响组织创新的诸多问题，包括跨部门的工作、跨学科的工作、变革的阻力、教条主义思维、需要新的能力和技术以及生产和业务流程方面的低效率。[2]

虽然设计思维作为一种“柔道”在引导组织变革朝着创新的方向发展方面的作用和有效性仍有待证明，但是这三个例子表明在新产品开发（乐高Mindstorm和索尼PlayStation）中所运用的设计文化和引入的设计能力（3M公司）引发公司文化发生动态变化和突变的方式。具体地讲，它们显示出以下内容：

---

[1] Chuck Salter, “The Nine Passions of 3M’s Mauro Porcini,” Fast Company 159; www.fastcompany. com/design/2011/ 3m-mauro-porcini (2012年7月30日访问).

[2] Hamel and Prahalad, Competing for the Future.

- 我们可以把所描述的创新项目看作是设计文化在行动的实例。
- 我们可以把设计文化在行动看作一个过程，其创新主要源自原型打造、反复试验，并且只在满足产品要求的基础上才采用聚合思维方式。[1]
- 设计文化在应对企业创新的时候，它可能会影响到公司的既定结构和文化，挑战人们的交往方式、现有能力，以及日常活动中的成事方式。
- 组织变革的发生可能是创新开发项目计划外的结果。

设计文化在行动是一个通过反复试验产生显著性创新的过程，它承认通过不断发现新的微解决方案，通过不断地调和参与者与所涉能力的过程，而不是采用预设的开发平台，种种制约因素都是可以克服的。

这三个案例表明设计文化在公司能够发挥更大的作用，明确说明设计文化并不是引领创造过程，而是暴露出公司现行文化与需要创新的能力、知识和造物系统之间的矛盾。要解决这些矛盾，就会触发开拓创新所需要的组织和文化变革。

现有研究已经意识到矛盾在引发变革和促进创新方面的“积极”作用，以及新产品开发作为产生这些矛盾的源源不断的原动力。竹内（Takeuchi）和他的同事们明确承认，激起创新的火花意味着不断地管控张力和矛盾，并使他们的创造和对他们的赏识成为企业文化一部分：

---

[1] 需要注意的是，设计师往往采用发散思维和聚合思维相结合的思维方式，而且设计活动需要通过探索解决方案形成创意的能力以及遵循逻辑步骤细化解决方案的能力。两种能力都必须根据项目的目的和所处阶段、以可变组合的方式进行调配。

> 很简单，（丰田生产系统）那是一项“硬”创新，它使公司能够不断改进车辆的生产方式；此外，丰田汽车已经掌握了一项‘软’创新，它涉及到企业文化。该公司的成功，我们相信，是因为它在组织生活的许多方面产生了矛盾和悖论……人们经常会问我们：“能不能跟我讲讲该向丰田学习的一件事儿。”这就没有抓住要领。仿效丰田不是照搬丰田的任何做法，关键在于营造一种文化。这需要时间，需要资源，是件不容易的事情。[1]

需要注意的是竹内的思想变化，即从最佳实践的可转让性发展到另一种观点——要不断开拓创新，公司就需要把知识创造形式、管理模式以及新产品开发生产置于特定的背景之中。

在乐高Mindstorm案例中，公司未能开发出新产品反而意外地成为公司从根本上改变公司信条和价值观的机会。公司能够从创新源自内部功能（如研发）并受复杂的版权系统保护的模式，转变为主要基于与外部黑客、开发人员和设计师群互动的开放创新模式。该案例中的文化变革与以下因素有关：推出新的能力、新的内部设计中心、新的生产流程、新的分销链和新产品，所有这些又都是基于与外部群体建立伙伴关系的新的商业模式。

在PlayStation案例中，在新产品开发中采取以设计为主导的方法及其在市场上的成功是在不信任和抵制变革的氛围中取得的。早在PlayStation项目得势并成为近17年来索尼最大的成

---

[1] Hirotaka Takeuchi, Emi Osono, and Shimizu Norihiko, “The Contradictions That Drive Toyota’s Success,” Harvard Business Review 86, no. 6 (2008): 96-104.

功之前，这种氛围就似乎是PlayStation项目失败的先兆。与索尼的案例相关的是施恩所说的有关文化和变革阻力的一席话：

> 随着公司变老，企业文化元素或亚文化的失调可能成为组织生存的严重隐患，特别是在技术、市场状况和财务状况生变的情况下。企业文化的主要内容可能成为学习和变革的严重制约因素。什么能让组织成功，它就攀附什么。文化造就了企业的成功，却又使得组织成员难以察觉到需要作出新的应对的环境变化。文化成为战略上的制约因素。[1]

3M的案例证明了我们的观点，即企业文化上的变化可能会导致出台自下而上的设计流程，并且这种变化可能是突变的（已有文献也已经认识到这一点），而不是有计划的和以自上而下出台新方法和流程为基础的。[2]该案例也表明，在把设计文化强行引入已经表现出浓厚文化气息的公司（如3M公司）的时候，这种文化引入必然会产生跨职能和文化的冲突，而设计师是解决这种冲突的不二人选，因为他们能够就融入和参与过程进行调解和磋商。虽然3M公司决定投资设计的方式仍然有些天真，但是说明那些传统上远离设计的公司和部门可以渐渐地了解设计的战略作用，理解引入设计实质上是个文化问题，而文化的培育是需要时间的。

> 波尔奇尼最近转战百事公司任首席设计官，这是

---

[1] Edgar H. Schein, The Corporate Culture Survival Guide (San Francisco: Jossey-Bass, 1999), 17-18.

[2] Mintzberg, Mintzberg on Management, and Nadler, Discontinuous Change.

> 一个新设的岗位，目的是要在尚无设计文化的公司创建设计文化。这一工作变动不仅肯定了我们的看法，也肯定了一种基本趋势，即公司已经开始把设计视为一种普遍存在的特定的内部文化，而不是作为只有在特定情境下才能外化和应用的一组服务。百事公司全球饮料集团的总裁布拉德·杰克曼（Brad Jakeman）在接受《广告时代》（*Ad Age*）记者采访时宣称：我们坚信设计和设计思维是创新因而也是经济增长的显著载体。我一直在找一个不仅能够策划惊人的设计，而且能够……在组织内部建设设计文化的人。波尔尼奇凭借他在3M公司所取得的成就，一跃成为绝佳人选。[1]

在3M公司的案例中，我们发现了一种结构性的干预，这是本质上会干扰公司文化的东西，但是在这三个案例中我们还指出，新产品的开发可能会为企业文化变革打开意想不到的空间。具体而言，所研究的新产品开发流程发挥了以下作用：

- 迫使员工克服其局限性和教条；
- 让员工向潜在的新视野看齐；
- 鼓励企业转变生产、分销和沟通过程；
- 帮助企业调整战略并营造自己的设计文化。

这三个案例清楚地表明，设计文化处理创新的方式不同于传统的管理方法。我们要特别强调以下鲜明的特征：

（1）产生新的见解。以非常直接但又天真的方式密切注

---

[1] Natalie Zmuda, "Pepsico Creates Chief Design Officer Role," Advertising Age, http://adage. com/article/global-news/ pepsico-adds-chief-design-officer-role-taps-3m-s-porcini/235264/ (2012年8月3日访问).

视并确定新的需求——没有受到既有程序和行为方式的过滤和影响——是设计对待创新的关键所在。追求创新是对需求的直观认识和响应，从而迫使公司作出相应的变化。推动整个PlayStation的开发过程的是久夛良木健对更好的游戏体验的追求。

（2）感知失败是一种作业工具。管理对待创新的方式常常靠的是这样一句口头禅，“失败不是一个选项”。与此同时，设计文化却认为，通过原型学习、接受变化，甚至是接受激进的变化，并把失败看成该过程的一部分，将有助于设计师摆脱对组织惩罚的畏惧心理。由于管理人员认为，避免这种惩罚的最好办法就是努力取悦公司内部的所有职能部门和关键人物，采用维持现状的保守的解决方案，因此这种畏惧心理限制了管理人员应对变革和创新的方式。无论是乐高的案例还是索尼的案例都把设计文化中的失败视为创新博弈的一部分，而不是必须不惜代价避免的对象。在很多情况下，都有早期失败通往成功的先例。事实上，2011年4月号的《哈佛商业评论》（*Harvard Business Revies*）就专门讨论失败这一主题。

（3）集成视野优先于功能视野。对于创新项目，设计文化采用系统的整体的方法，这种方法界定了项目所需的整个利益相关者平台。与此同时，管理的方法构建往往是通过任务的功能细分实现效率。为了提高效率并避免失败，管理人员往往依靠已有的知识和资源，并在新产品开发过程中实施功能分割，结果极大地降低了在此过程中取得突破或应对意外变化的可能性。

5. 结论

近年来，设计思维作为企业变革和创新的驱动力已经受到多方关注。这种关注导致在创意领域运用一系列的技术和工具。由于采用设计师式的思维方式可能是创造和培育创新的关键，因此一般认为管理人员似乎应该学会这些技术和工具，并在不同的情况下轻松地重复运用这些技术和工具。这些工具和技术反映了一种严重误解：设计对于创新的贡献不在于产生创意，而在于切实建构新的可行的解决方案。事实上，只有在我们所定义的真正的设计文化环境中，通过可能引发或要求同时实施组织变革的新产品开发，这种建构才会发生。因此，能够从根本上改变公司、能力和流程甚至改变组织的人的真正的创新助推器在于使用情境化的设计文化管理创新项目。

把设计思维和“设计实践”割裂开来是错误的，这并不能正确体现设计对于创新和组织管理的潜力。有关组织文化及实践导向的文化的最先进研究成果表明，有必要避免割裂隐性知识和显性知识的现象。[1]

以上讨论的三个案例表明，新产品开发和新的内部流程都为变革提供了机会，而非仅仅是设计思维本身。显著性创新项目推动了三家公司满足基于设计文化隐性作用的意外变革需要。

在此框架下，设计文化的理念绝不是在公司引入设计的捷径。设计文化是以设计必须在企业内扎根为基础的，这既需要

---

[1] Michael Polanyi, The Tacit Dimension (Cambridge, MA: Blackwell, 1966); Nonaka and Takeuchi, The Knowledge Creating Company; and John Seely Brown and Paul Duguid, “Knowledge and Organization: A Social Practice Perspective,” Organization Science 12, no. 2 (2001): 198-213.

漫长的时间，又要能够使设计文化适应具体的情境。我们相信，只有“走自己的路”（以情境化的方式），通过研究组织环境（公司）、技术和生产环境（技术和生产），以及使用环境（社会和市场），创新才能得到充分的开发利用。

设计实践和组织变革可以同时进行，我们看到了对此展开讨论的巨大机遇，也有机会从新的视角讨论设计文化（应对创新的相关能力和知识领域之一）与组织变革现象之间的关系，这种机会着实耐人寻味。

在上述案例中，组织变革的出现方式都是不可预见的，但是如果我们假设显著性创新必然会带来组织的变革，那么我们就能够预见到变革的需要，从而把变革视为新产品开发的自然结果，期待它的到来并接受它。组织变革是很有前途的研究对象，但我们能在多大程度上对组织变革的行动进行规划，并有意地使之与新产品开发并行不悖呢？在共同行动框架研究方面，设计研究和管理研究出现了巨大的合作潜势。如果有共同行动框架，企业就可以以自己的开发、生产和供给方式实施变革（组织变革），同时对自己的供给物实施变革（产品和服务创新）。

四、创事：社会创新与设计

Making Things Happen: Social Innovation and Design

埃齐奥·曼齐尼[1] (Ezio Manzini)

本文译自《设计问题》杂志2014年（第30卷）第1期。

---

[1] 埃齐奥·曼齐尼：米兰理工大学设计学教授（2010年退休），格拉斯哥艺术学院名誉教授（2009年）。2006年，被纽约新学院授予名誉博士学位。2008年，被伦敦金史密斯学院授予名誉博士学位。2000年至2010年，担任米兰理工大学设计学博士点负责人。目前主要研究兴趣为社会创新设计。他创立了旨在推广社会创新和可持续设计的国际网络DESIS（http: //www. desis-network. org），并致力促进该网络的发展。他在不同的国际会议上做过很多场主题演讲，在国际期刊和论文集发表了很多篇文章。社会创新和可持续发展设计（DESIS）是基于设计学院（或其他设计型大学）设计实验室网络，旨在促进面向可持续发展的社会创新。DESIS实验室的教授、研究人员和学生团队以启动及/或促进社会创新过程为导向，开展教学和研究活动。每个实验室都根据自身的资源和潜能从事项目开发和研究，同时充当由类似实验室组成的更广泛网络（DESIS Network）的节点，以便交流经验，共同开展更大的设计和研究计划。

1. 社会创新与设计

简而言之，社会创新就是“满足社会目标的新思路”。[1]当然，也可以给社会创新一个更加详细的定义：社会创新是一个变革的过程，该过程源自对现有资产（从社会资本到历史传承，从传统工艺到已有的先进技术）的创意重组，其目的是以新的方式达到社会公认的目标。借助于该初步定义，我们不难发现社会创新一直是并将继续是一切可能社会的正常组成部分。虽然社会创新一直存在，但是笔者还是看到重视社会创新的两大理由。首先，为了应对持续经济危机的重重挑战，满足向可持续发展过渡的迫切需要，社会创新举措日益增多，并且在不久的将来将变得更加普遍。其次，伴随着当代社会的变化，社会创新本身的性质也在发生变化，从而产生新的迄今无法想象的可能性。[2]

这里所给的社会创新的定义很广，包括一系列的事件。我们可以从两条线把这些事件归纳如下：

- 渐进与激进。渐进和激进这两个形容词在这里的用法类似于技术创新领域里的用法，是指现有思维方式范围内的变化（渐进性创新），或超出现有思维方式范围的变化（激进性创新）。

---

[1] Geoff Mulgan, Social Innovation: What It Is, Why It Matters, How It Can Be Accelerated (London: Basingstoke Press, 2012).

[2] Michel Bauwens, Peer to Peer and Human Evolution (London: Foundation for P2P Alternatives, 2006), p2pfoundation. net (2013年7月6日访问);Don Tapscott and Anthony D. Williams, Wikinomics: How Mass Collaboration Changes Everything (New York: Portfolio Hardcover, 2009);Charles Leadbeater, We-Think (London: Profile Books, 2008);and Robin Murray, “Danger and Opportunity: Crisis and the Social Economy,” www. young-foundation. org/publications/reports/ danger-and-opportunity-september-2009 (2012年6月30日访问).

- 自上而下与自下而上。这条线涉及变化的始点，因而也涉及原始驱动力。如果他们是专家、决策者或政治活动家，那么创新在很大程度上是自上而下的。如果他们（主要）是直接参与创新的人民和群体，那么创新就（主要）是自下而上的。

笔者在此研究激进性创新的范例，它们既有源自自上而下过程的，也有源自自下而上过程的，还有源自上述两者的组合过程的。我们把这种组合称为混合过程。对于每一个范例，笔者都将讨论设计师的角色，力求对设计之于社会变革的作用提供一个宽泛而有条不紊的视角。笔者把这些设计活动称为社会创新设计，它包括设计为了启动、促进、支持、加强和复制社会创新可做的一切。[1]在此框架内，笔者也用“设计行动计划”一词，意指一系列具有明确的设计方法、使用具体设计手法（如原型、实物模型、设计游戏、模型和草图）的行动。

2. 自上而下：社会创新由战略设计驱动

让我们先来介绍一下两位伟大的意大利创新者佛朗哥·巴萨戈利亚（Franco Basaglia）和卡罗·彼得里尼（Carlo Petrini）的经验。这两位男士都是非凡的人物，他们各自攻克的是迥然不同的问题（一个是精神疾病，另一个是食品质量和食品系统），但他们采用了类似的方法，并从根本上改变了当时占主导地位的观世和处事方式。为了避免误解，笔者必须断然强调

[1] Ezio Manzini，“Design as a Catalystof Social Resources：How Designers Can Trigger and Support Sustainable Changes，” www. designresearchsociety. org/docs-procs/paris11/paris-procs11. pdf (2012年6月30日访问).

的是，无论是巴萨戈利亚还是彼得里尼其实都不是设计师。不过在笔者看来，不管他们的意图和目的如何，他们两位都是伟大的创新者和事实上的设计师。他们的故事很好地诠释了设计师在这个领域可为又该为的事情。

2.1 民主精神病学

佛朗哥·巴萨戈利亚是一位非常特殊的精神病医生。20世纪70年代，他发起了民主精神病运动。实际上，巴萨戈利亚身为精神病医院的主管，他所做的是要把里雅斯特（意大利东北部城市）的精神病医院对外“开放”，同时兴办合作式生产和服务集团，把康复的患者、护士和医生组织到经济效益向好的企业。（这些集团是真正的企业单位，而不是依赖国家财政支持的实体）他为什么要这样做呢？答案既简单又具有革命性：“把机构（精神病医院，编者注）对外开放并不意味着开门而已，而是意味着我们对‘病人’开放。我想说我们对这些人开始有信心了。”[1]

我们不妨把这段话好好地解释一下。巴萨戈利亚主攻精神疾病，他的革命性的（在当时看来）理论是：患有精神障碍的人不仅是病人，也是有能力的个人。如果我们把他们仅仅看作病人，他们就退隐到自己的病情；但是，如果我们把他们看作人，我们可以帮助他们克服问题，并让他们在一些积极的活动中实现自我。巴萨戈利亚40年前在里雅斯特制定的路径从此在意大利成为通常的做法（或至少应该是）。由于他的努力，1978年意大利通过了一项法律，据此所有的精神病医院都对外开放，并对精神病患者提供新的援助形式。从那时起，意大利建起了全部由“疯子”经营的餐馆、度假村、酒店及木工坊。

---

[1] Franco Basaglia，L’Istituzione Negata (Milano：Baldini Castoldi Dalai，1968).

许多这些活动都运转良好，有的成为真正成功的商业企业。例如，某个精神病康复者的合作社目前在米兰的前精神病医院经营一家酒吧、餐厅和书店，而且每年都举办盛大的文化节。

2.2 慢餐

1989年，卡罗·彼得里尼发起了国际“慢餐”运动。该运动的宣言开宗明义指出：“我们相信，每个人都有享乐的基本权利，因此都有责任保护使这种快乐成为可能的食品、传统和文化遗产。”[1]然而，这种享乐的概念并不是他们唯一关心的事情，其愿景还有：“通过知晓我们的食物是如何生产出来的，并积极支持那些生产商，我们已经成为生产的一部分，一个合作伙伴，因此我们认为我们都是合作生产商，而不是消费者。”[2]换言之，“慢餐”提出了一种对待食品“消费”的新方式，但又不仅仅是一种新的方式。在同样的基本动机驱使下，“慢餐”研究并支持了一些食品的供应和物价稳定措施。因为在占主导地位的农业产业经济体系中，这些食品在经济上并不可行，所以如果不对这些食品采取措施，它们将逐渐消失。实际上，通过消费者—生产者组织Condotte（意大利以外被称为Convivia）的行动，“慢餐”已经在需求侧培育了食品意识，因此“慢餐”已经刺激了这些高品质产品市场的成长。在供给侧，“慢餐”已经与农民、育种者、渔民和产品加工企业联网，并组建了当地组织（Presidia），通过互连和与市场对接，支持供应商和加工企业。

巴萨戈利亚、彼得里尼以及与他们一道发起“民主精神病

---

[1] Carlo Petrini, Slow Food Nation: Why Our Food Should Be Good, Clean and Fair (Milano: Rizzoli, 2007).

[2] Petrini, Slow Food Nation: Why Our Food Should Be Good, Clean, and Fair (Milano: Rizzoli Ex Libris, 2007).

学”和“慢餐”运动的团队，一直是意义重大且激进的社会变革的驱动力，而他们所带来的变革是通过两项非凡的战略设计举措实施的。事实上，两人都成功地把他们所参与的实实在在的地方活动与最终把人们团结起来的远大设想联系在一起，通过阐明他们每个人力所能及的大凡小事所具有的共同意义，唤起人们内心深处最美好的向往。

通过民主精神病学，巴萨戈利亚赋予了民主和文明更通俗的解释。（民主精神病学这个运动的名称并不是偶然的）与此同时，其言外之意是变革的过程必须得到充分的支持——必须有设施（服务、地点和工具）使得人们（在此情况下指精神病患者）能够克服困难，发挥自己的潜能。

通过“慢餐”运动，彼得里尼采用了类似的方法给先进可持续的食品系统提供了一个全新的视野。同时，彼得里尼和“慢餐”的支持者们还采用战略设计方法创建了两个组织（Convivia&Presidia），使得从前脆弱的农民能够生产出高品质的产品，并以公平的价格找到销售渠道。这样，“慢餐”建立了——用设计语言来说使能系统——旨在增强相关社会参与者能力的产品和服务系统。[1]

通过以下三个相辅相成的行动描述，我们可以总结一下民主精神病学和“慢餐”在设计策略方面所取得的成绩：（1）认清现实问题，最重要的是或许能够解决此问题的社会资源（个人、社区及其能力）；（2）拟建激活这些资源的组织和经济结构，帮助他们组织起来，经受住时间的考验，并在不同情况下自我复制；（3）树立（并宣传）全局观，把无数的地方活动联合起来，并对它们进行相应的定位。

---

[1] Francois Jegou and Ezio Manzini，Collaborative Services：Social Innovation and Design for Sustainability (Milano：Polidesign，2008).

3. 自下而上：社会创新由地方社区驱动

笔者本可以引用日常生活中的各种创新说明自下而上的创新，但是为了更好地解释自下而上的创新及其特殊性，笔者首先看看两则在当地产生激进变化的成功又美丽的故事。

3.1 纽约市社区花园（美国）

社区花园是一些园丁志愿者小组，他们在“园艺好手”（Green Thumb）的支持下对纽约市的公共花园进行养护。“园艺好手”是公园娱乐部的一个计划，该计划为园丁提供材料、技术和资金支持。该举措是为应对20世纪70年代的城市金融危机而推出的。那场金融危机造成了公共和私人土地的废置现象。大多数“园艺好手”花园都是废弃的空地。

1973年，当地居民和一群叫作“绿色游击队”的园艺活动人士开始在废弃的空地种植“种子炸弹”，并在该区域挖坑种树。一年后，纽约市房屋保护与开发局批准了第一个出租地块——“包厘-休斯顿街社区农地与花园”——租金每月1美元。如今，纽约市五个区已有数百个社区花园，这些花园举办多种多样的活动。

园丁志愿者是这个系统的骨干力量，他们年龄悬殊，背景多样。他们种植树木、灌木和花卉并对它们进行养护，举办活动，组织教育工坊，生产城市特色食品，并每天在固定的时段向公众开放花园。他们把这些活动视为一个整体，发动全市社区和市民积极参与。[1]

---

[1] Giorgia Lupi，Cases of Service Co-Production—working document （New York：Parsons DESIS Lab，Parsons the New School for Design，2011）.

3.2（中国）农民协会“爱农会”

2005年，广西柳州的一群市民发现，他们无法在城市普通市场上获得好而安全的食品。于是，他们去了距离城市两小时车程的村庄，发现偏僻的乡间依然保持着——虽然挣扎着——传统的农业模式。出于对贫困农民的帮助，同时开发有机好食品的稳定渠道，他们成立了一个社会企业：一个叫作“爱农会”的农民协会。

如今，这个农民协会经营了四家有机餐厅和一个社区有机食品店。通过向市民出售传统食材，协会还向他们传授传统/有机农业，并把可持续的生活方式引入城市。由于“爱农会”及其与市民和农户建立的直接联系，农户能够靠收入维持传统的耕作方式，过上更好的受人尊敬的生活。一些农户已经回到农村加入有机食品网络。[1]

这两个例子都很典型，反映了世界各地采取的越来越多的相关举措。例如，协作服务，其中老年人自发组织起来互相帮助，推进福利的新理念；家庭团体，他们决定分享一些服务以降低经济和环境成本，同时创造新型街区；新形式的社会互动和互助（例如，时间银行）；移动性系统，为个人用车提供了其他选择（从拼车到重新发现自行车所提供的可能性）。这些例子不胜枚举，触及日常生活的各个领域。[2]

从这些例子我们可以看到，每个例子背后都有一群能够想象、开发和管理新鲜事物的人，他们能够摆脱常规的思维和处事方式——打破解决问题的主流观点。要做到这一点，他们必须：（1）（重新）发现合作的力量；（2）创造性地

---

[1] Fang Zhong，Community-Supported Agriculture in China—working document (Milano：DIS-Indaco，Politecnico di Milano，2011).

[2] 详细内容参见DESIS网站，www. desis-network. org (2012年6月30日访问).

重组现有的产品、服务、地点、知识、技能和传统；（3）依靠自有资源，而不坐等政治、经济或者体制及基础设施上的变化。我们把这些团体称为创意社区，即为了新的（可持续的）的生活方式而在创建、改善以及管理可行的解决方案的过程中进行合作的人。[1]

这些创意社区的共同特点主要是，它们都发自当代日常生活所带来的问题：我们怎样才能在我们的街区有更多的绿色空间呢？如果家里不再提供其传统上提供的支持，国家也不再具有组织所要求的服务的手段，那么我们如何才能组织老年人的日常功能呢？生活在全球性的大都市，我们怎样才能响应对天然食品和健康生活条件的需求呢？这些问题既很平常，也很激进。尽管这些占主导地位的生产消费系统能够提供绝大多数产品和服务，但是它们却无法解答这些非常基本的问题。然而，这些团体已经为这些问题找到了答案，那就是运用自身的创造力摆脱主流的思维和处事模式，基于现有产品、服务和知识的原创性组合谋划并改善新的处事方式。[2]

这些自下而上的社会创新案例因而似乎是设计主导的过程，但是它们可谓是特色鲜明的设计主导的过程："设计师"是百态纷呈的社会人，他们有意或无意地同时应用那些无论从哪个方面来看都算是设计活动的技能和思维方式。[3]在这种新的背景下，专业设计师还可以通过两种主要运作方式发挥重要

---

[1] Anna Meroni, Creative Communities: People Inventing Sustainable Ways of Living (Milano: Polidesign, 2007).

[2] Jegou and Manzini, Collaborative Services (Milano, Polidesign, 2008).

[3] Colin Bruns, Hilary Cottam, Chris Vanstone, and Jennie Winhall, RED Paper 02: Transformation Design (London: Design Council, 2006); Hilary Cottam and Charles Leadbeater, "Open Welfare: Designs on the Public Good," www. designcouncil. info/mt/red/ archives/2004/07/open_welfare_de. html. (2012年6月30日访问); and Ezio Manzini, "New Design Knowledge," Design Studies 30, no. 1 (2009): 4-12.

作用：与社区共同设计和为社区而设计：

- 与社区共同设计。这意味着以其他参与者同行的身份参与创意社区建设和合作式服务协同设计。在这种方式下，设计师必须促使各合作方朝着共同的想法和潜在的解决方案靠拢。这种活动需要一套新的设计技能：促进不同社会人（当地社区和企业、机构和研究中心）之间的合作；参与共同愿景和方案的建设；把支撑创意社区成员的现有产品及服务与他们的合作方相结合。
- 为社区而设计。这种设计意味着研究具体类型的合作式服务，并在分析它们的优势和劣势之后，对服务的背景进行干预以使它们更为有利，并制定解决方案以便增强它们的可及性和有效性，从而提高它们的可复制性。在这种模式下，设计师必须为具体的合作式服务和其他使能项（如数字化平台、场景定向和催化剂事件，包括展览、节庆和其他文化活动）谋划和制订解决方案。

4. 混合型：自下而上和自上而下相结合

我们一直都把社会创新描述为要么是自上而下要么是自下而上的举措，即要么是“自上的”能够产生重大社会转型的行动，要么是“自下的”产生诸多局部变化的行动。然而，仔细观察发现无论是在其启动阶段还是在其长期存在的过程中，社会创新往往都依赖于非常多元化举措之间的更复杂的相互作用。由人民直接推行的举措（自下而上）往往得到机构、民间组织或公司提供的不同类型的介入（自上而下）的支持。我们将这些相互作用称为混合过程。

例如，因为相关家长的积极参与，微型托儿所得以保留下来。但是，可能是借鉴了其他团组的经验（且最终与其中的一些团组交互）之后，这些家长才开始积极参与的，并且他们可能得到特定的自上而下的措施和使能工具的支持，如一本指南明确说明兴办管理这样一个托儿所应该一步步地履行的步骤，地方当局在评估方面给予的支持（以保证其符合既定标准），以及集中式服务的支持（托儿所本身无法解决的教育或医疗问题）。

随着有待实现的变化规模的扩大，这些社会创新过程的混合性质也变得越来越明显。以区域范围内的社会变革为目标的一个项目更加清晰地说明了社会创新的混合性质。

滋养米兰（意大利）

滋养米兰是米兰理工大学设计系、美食科学大学和慢餐意大利推广的一个战略设计项目。该项目的创意源于这样一个实情，即尽管有南米兰农业园之称的大型“城市食品柜”的存在，米兰市区对高品质新鲜食品的需求还是远远超过实际有效的生产数量。

该项目的战略眼光集中体现在城市邻近园区所代表的共同利益上，通过消除农业食品链的中间环节，促进了城市消费与乡村生产之间的关系。该项目顺应了城市对新鲜高品质食品的需求，帮助园区生产找到了新的商业模式。该项目的最终目的是要创建一个可持续的创新的都市农业区域模式。为了实现这些目标，该项目的倡导者在米兰理工大学的设计师/研究者小组的带领下，倡议市民农民群体与设计师及食品专家群体开展合作，发起了项目实施框架的一系列设计举措。

设计师使用场景构建的方法与注册的利益相关者展开讨论，并让感兴趣的群组认同某个远景规划和一些方向。与感兴趣社区的交谈安排在一系列的情境工坊中，设计研究人员为此准备了专门设计的工具（如故事板、实物模型、情绪板、视频和草图）。

借助服务原型滋养米兰已经推行了一系列新的设计举措，使一些解决方案从设想变为现实。这些举措是和城市的一系列事件同步推出的，包括米兰地球市场、农夫市场（让农民从园区进城进行产品销售）、蔬菜市场（本地蔬菜生产和配送项目）和本地面包链（其目的是恢复本地从农作物到最终消费者的面包链）。数字平台支持并巩固滋养米兰参与者和其他可能感兴趣的利益相关方之间的联系。[1]

滋养米兰只是一个典型案例，这样的项目越来越多，而且从本文角度来看它们都具有类似的特征。最近，欧洲“佩尔（PERL）/可持续每日探索”项目对五个类似的项目进行了研究。[2]该项目研究了我们已经讨论的滋养米兰（意大利）、时光设计（Designs of the Time）品牌：Dott07计划（英国）、崇明可持续社区（中国）、Amplify（美国）和马尔默生活实验室（瑞典）。[3]从社会创新的角度可以看出这些项目具有三个共同特点：（1）它们都以区域范围内的可持续变化为目标；（2）它们的明确目标都是通过激活公民参与热情实现既定目标；（3）它们都是由一些具体的设计举措启动和驱动的，也就是说，它们都已经或明或暗地受设计机构及/或设计学院或研究机构所主导。

从设计师的角色来看，佩尔研究表明了以下两点：（1）所有这些项目都是小规模的系列举措所导致的大规模创新过程

---

[1] Daria Cantù and Giulia Simeone，“Feeding Milan，Energies for Change. A framework project for sustainable regional development based on food de-mediation and multifunctionality as design strategies，” in Proceedings of Cumulus Conference，(Shanghai，DRS press，2011)，289-298.

[2] PERL European Lifelong Learning Programme，www. perl. org (2012年6月30日访问).

[3] Ezio Manzini and Francesca Rizzo，“Small Projects/Large Changes：Participatory Design as an Open Participated Process，” CoDesign 7，nos. 3–4 (2011)：199-215.

（地方性项目都是由较大的框架项目协调、整合和扩充的）；（2）所有这些项目都主要是设计驱动的方案，旨在触发、协调并扩充地方项目，从而产生更大规模的可持续改革。[1]

最后，需要注意的是，这些设计举措一些是自上而下的过程，一些是自下而上的过程，还有一些是两者的组合。在任何情况下，考虑到它们的目的和效果，我们都应该把这些举措视为更大的参与过程的组成部分，它们都是有所为和如何为的更大社会对话的一部分。

5. 结论：一大批设计活动

笔者在文章的开头介绍了社会创新设计的概念，所利用的是泛而散的初步定义，即社会创新设计是设计为了启动、促进、支持、加强和复制社会创新而可为的一切。

现在，在以上讨论的基础上，特别是在研究支持大规模的变革所需的混合社会创新之后，我们必须进一步扩大社会创新设计概念的外延。实际上，在每一个社会创新过程中，特别是在大规模的社会创新过程中，不同的参与者都在不同的时刻以不同的方式参与了不同的有时甚至是对立的系列事件。所涌现的设计过程绝对是一个动态的不可预见的过程，其中不同群体的公民，无论是有没有得到设计师的支持，都可以在设计和实施新解决方案的过程中充当领导者的角色。这样每个人都有机会看到、体验和评价为人处事的新途径——已有问题的新的可

---

[1] Ezio Manzini and Francesca Rizzo, "The SEE Project: A Cases Based Study to Investigate the Role of Design in Social Innovation Initiatives for Smart Cities," in Planning Support Tools: Policy Analysis, Implementation and Evaluation Proceedings of the Seventh International Conference on Informatics and Urban and Regional Planning INPUT (Cagliari, Franco Angeli, 2012), 1402-1417.

行的解决方案或迄今为止难以想象的新机遇。

根据以上观察，我们可以调整一下社会创新设计的初步定义，即社会创新设计是使得社会创新概率更高、效果更佳、时效更久、推广更易的一大批设计活动。有了这个新的定义，社会创新设计和参与式设计的概念在很大程度上就是重叠的，至少从马尔默大学佩尔·恩（Pelle Ehn）及其同仁所言的角度来看是这样的。[1]也就是说，无论是社会创新设计还是参与式设计都可以归纳为：

- 高动态过程。它们包括线性的协同设计过程和达成共识的方法（即最传统意义上的参与式设计），但它们可能会远远超出这一范围，成为复杂的、相互关联的而且往往是矛盾的过程。[2]
- 积极的创意活动。设计师在此的角色包括（不同利益之间的）调解人和（其他参与者的创意和举措的）推动者，但还涉及更多的技能。最重要的是，设计师的这两个角色都包括设计师在（谋划并实现设计举措及其相应的设计手法所需的）创造性和设计知识方面的特殊性。
- 复杂的协同设计活动。这些活动要得到推广、得以维持和适应形势，就需要原型、实物模型、设计游戏、模型、草图和其他材料——一组专门设计的人工制品。

设计活动（以及为此而要求的能力和技能）的范围很广。当然，设计师可以充当推动者的角色，支持正在推行的举措，

[1] Pelle Ehn，“Participation in Design Things，” in 10th Biennial Participatory Design Conference Proceedings (New York：ACM，2010)，92-101；Erling Bjorgvinsson，Pelle Ehn，and Per Anders Hillgren，“Participatory Design and Democratizing Innovation，” in 10th Biennial Participatory Design Conference Proceedings (New York：ACM，2010)，41-50.

[2] Manzini and Rizzo，Small Projects/Large Changes：192-215.

但他们也可以是开启新的社会对话的触发器。同样，他们可以是协同设计团队的成员，与明确的最终用户群合作，但他们也可以表现为设计活动家，积极开展具有社会意义的设计计划。目前，设计师作为协同设计团队的成员扮演调解人的角色已经得到最广泛的认可。然而，他们作为触发器以及作为设计活动家的角色似乎也很有前景。[1]事实上，这样设计师可以人尽其才，最大限度地发挥他们的特有能力和灵敏性。因此，他们能够非常有效地发起新的举措，就有所为和如何为组织动态的社会对话。换言之，“创事”似乎是体现设计师最有效和最具体的潜在角色的最简洁的方式。

[1] Anna Meroni, “Design for Services and Place Development,” in Proceedings of Cumulus Conference (Shanghai, DRS press 2010), 95-102;Eduardo Staszowski, “Amplifying Creative Communities in NYC: A Middle-Up-Down Approach to Social Innovation,” SEE Workshop Proceedings, (Florence, Italy, May 13-15, 2010);and Giulia Simeone and Marta Corubolo, “Co-Design Tools in ‘Place’ Development Project,” Designing Pleasurable Products and Interfaces Conference Proceedings (New York: ACM, 2011), 134-142.

五、移情设计研究进展如何？

What Happened to Empathic Design?

图丽·马特尔马基[1]（Tuuli Mattelmäki）
克斯卡·瓦加卡里奥[2]（Kirsikka Vaajakallio）
艾尔坡·科斯基宁[3]（Llpo Koskinen）

本文译自《设计问题》杂志2014年（第30卷）第1期。

1. 引言

20世纪90年代末，设计师渐渐遇到了新的挑战。设计师、

[1] 图丽·马特尔马基：芬兰阿尔托大学艺术设计与建筑学院设计系副教授。早年受过工业设计师教育，一直从事设计研究，特别是移情设计方法研究，如探针与协同设计。

[2] 克斯卡·瓦加卡里奥：曾获工业设计专业硕士学位，2012年8月通过《设计游戏作为一种工具、思维和结构》博士论文答辩。她专注于以用户为中心的设计，重点研究创意团队，尤其是设计游戏等游戏类方法如何促进设计过程早期阶段的合作。瓦加卡里奥是阿尔托大学艺术设计与建筑学院协同设计研究（ENCORE）团队成员，同时也是芬兰设计机构对角线心理结构（Diagonal Mental Structure）的服务设计师。

[3] 艾尔坡·科斯基宁：社会学家，工业设计教授（1999年起），主要研究兴趣为移动多媒体、设计与城市的关系，以及设计方法。

设计研究者和产业界希望研究感觉和情绪及其与设计解决方案的关联，这激发了人们对新的设计方法的兴趣。这些方法能够深入研究一些更加含混的主题，如体验、有意义的日常实践和情感，并把它们与创新解决方案联系起来。但是当时尚没有现成的构式可以依赖，而且人体工程学和以用户为中心的设计的一些概念又过于僵化。这种状况要求寻求新的方法，一方面，理解人；另一方面，为设计创造机会。

伦纳德（Leonard）和瑞波特（Rayport）对此做出了回应，他们提出“通过移情设计激起创新的火花”。他们认为，移情设计不仅需要了解公司的现有能力，需要用户视角的“全新观察者的眼光”，尤其需要“非凡协作能力的技术”“开放的心态、观察能力和好奇心”，并善于利用视觉信息。许多从业人员和研究者因而采取了把主客观方法与实地研究中的设计能力相结合的思维方式，并对此进行了精心的设计。[1]

本文介绍了赫尔辛基的一个设计研究团队的情况，看看他们是如何构建移情设计的诠释方法的。移情设计源于设计实践，它是诠释性的。但是与人种学研究不同，移情设计侧重于日常生活体验以及人类活动中的个人欲望、情绪和情感，把这样的体验和情感转化为灵感。本文表明移情的理念能够成为长期的研究计划。这种围绕一些关键理念形成的计划能够应对很多新的挑战，并保持核心的关键理念。该计划的新应用都是围绕这些核心的关键理念建立起来的。为了说明这一发展历程，我们将结合实例阐述研究在三个关键领域（研究实践、方法和主题）所做出的贡献。该计划的演变过程不仅表明设计师的使命已经从产品设计转向各种各样的主题，包括公共机构的服务

[1] Dorothy Leonard and Jeffrey F. Rayport, “Spark Innovation Through Empathic Design,” Harvard Business Review 75, no. 6 (Nov-Dec, 1997): 10-13.

网络和服务开发，而且表明设计师和用户的角色和关系已经发生了变化。从更广意义上讲，我们认为，设计研究的发展在于把先行研究视为设计研究所涉的对象和先例。设计研究受到现行研究的影响，但不是把先行研究当作研究积累的事实。这样，设计研究就关涉到设计实践，并且属于社会科学和人文科学的范畴。

2. 移情设计作为研究计划

移情设计建立在长期以人为中心的设计基础之上。[1]然而相比之下，移情作为设计基础的历史并没有那么长，这可以追溯到伦纳德和瑞波特的营销学著述、帕特里克·乔丹（Patrick Jordan）在飞利浦的工作、利兹·桑德斯（Liz Sanders）在SonicRim的工作、简·富尔顿·苏里（Jane Fulton Suri）及艾莉森·布拉克（Alison Black）在IDEO的工作，以及用户体验的概念。[2]交互技术使得认知模型脱颖而出，并在设计中大行其

[1] 从亨利·德莱弗斯（Henry Dreyfuss）的《为人设计》（*Design for People*）到托马斯·马尔多纳多（Tomas Maldonado）在20世纪50年代中期为国际工业设计协会所界定的工业设计的定义，以及斯坦福后来所采纳的"以人为中心的设计"这一术语。

[2] Leonard and Rayport, "Spark Innovation Through Empathic Design," Patrick Jordan, Designing Pleasurable Products (London: Taylor and Francis, 2000); Elizabeth B. N. Sanders and Ulau Dandavate, "Design for Experience: New Tools," Proceedings of the First International Conference on Design and Emotion (Delft, The Netherlands: TU Delft, 1999): 87–92; Jane Fulton, "Physiology and Design: Ideas About Physiological Human Factors and the Consequences for Design Practice," American Center for Design Journal 7 (1993): 7-15; Alison Black, "Empathic Design: User Focused Strategies for Innovation," Proceedings of New Product Development (IBC Conferences; Darrel K. Rhea, "A New Perspective on Design: Focusing on Customer Experience," Design Management Journal (Fall, 1992): 40–48; B. Joseph Pine, II and James H. Gilmore, The Experience Economy (Boston: Harvard University Press, 1999); Jodi Forlizzi and Shannon Ford, "The Building Blocks of Experience: An Early Framework for Interaction Designers," Proceedings of DIS2000 (New York: ACM Press, 2000): 419-423.

道，而把移情作为设计的基础正是对认知模型的不满所致。尽管很多时候设计所面临的主要问题其实是理解问题的本质，但是这些认知模型把设计看作为一种解决问题式的参与。再者，由于这些模型并不是以设计为基础，它们对设计中的重要问题并无多大益处。这些问题包括对产生创新性设计创意的探索的好奇心，以及对感官和肉体存在的敏感性。

移情设计也有这些猜想，但是移情设计是通过不同的概念透镜发挥作用的。移情设计师研究人们如何理解情感、谈论情感并分享情感。[1]对于我们来说，设计成了一种诠释性的活动，它必须建立在与人交谈并互动的基础上。移情设计是面向背景敏感性设计大运动的一部分，但它建立在设计能力基础之上；移情设计既没有参与式设计运动和活动论的理论，也没有它们的政治谋略。[2]移情设计与参与式设计的确存在联系，但

[1] 这一信念主要来源于这些争论背后有关情感的社会学研究和心理学文献。具体而言，我们受到以下文章的影响：Stanley Schachter and Jerome E. Singer, "Cognitive, Social, and Physiological Determinants of Emotional State," Psychological Review 69 (1962): 379-399; and Susan Shott, "Emotion and Social Life: A Symbolic Interactionist Perspective," American Journal of Sociology 84 (1979): 1317-1334.此外，罗森伯格（Rosenberg）还对这场争论的基本论题做了较好的评述，参见Morris Rosenberg, "Reflexivity and Emotions," Social Psychology Quarterly 53 (1990): 3-12.

[2] 如Hugh Beyer and Karen Holtzblatt, Contextual Design: Defining Custom-Centered Systems (San Fran- cisco: Morgan Kaufmann, 1998); Pelle Ehn, Work-Oriented Design of Computer Artifacts (Stockholm: Arbetslivscentrum. 1988); Douglas Schuler and Aki Namioka, eds., Participatory Design Principles and Practices (1993; Boca Raton, FL: CRC Press, 2009); Kari Kuutti, "Activity Theory as a Potential Framework for Human- Computer Interaction Research," Context and Consciousness: Activity Theory and Human-Computer Interaction, Bonnie A. Nardi, ed., (Cambridge, MA: MIT Press, 1996); Carolien Postma, Kristina Lauche, and Pieter Jan Stappers, "Social Theory as a Thinking Tool for Empathic Design," Design Issues 28 (2012): 30-49.在理论方面，我们多次运用了帕洛阿尔托研究中心（Palo Alto Research Center）的民族方法论研究（主要参见Esko Kurvinen, Katja Battarbee, and Ilpo Koskinen, "Prototyping Social Interaction," Design Issues 24, No. 3 (2008): 46-57）. 当然，民族方法论既不是诠释性的，也不是移情性的，但是我们仍然很受启发。有关参与式设计的最新运用，参见Kirsikka Vaajakallio, "Design Games as a Tool, a Mindset, and a Structure" (Doctor of Arts dissertation, Aalto University, 2012).

这也只是最近才发生的事情。虽然移情设计师从诠释的角度而不是从情境主义的角度看待文化探针，但是移情设计从一开始就受到文化探针的启发。[1]

这些因素促成了一项重大的研究计划。该研究计划以四大信念为基础。第一，人们赋予事物以意义，并以这些意义作为行为的指南。这些意义来源于交互，并在交互过程中得到修正。第二，既然设计来自设计在现实生活中的意义，就必须在现实生活中进行设计研究。第三，研究方法应该源于设计，看得见摸得着，增进灵感，处心积虑地降低价格和技术要求，有趣好玩，在现实中检验，并以设计过程中的模糊前端为目标。研究分析旨在阐明设计的意义而不是就事论事地进行解释。第四，我们认为设计研究者需要使用设计特有的手段，如通过创造过程、使用可视化、通过制作、实物模型和故事板，对这些意义进行探索——同时也意味着需要对可能的未来进行探索。[2]移情设计是围绕这些核心信念发展而来的，并且已经经历了一系列的发展历程。移情设计的发展体现在一些变量（围绕核心）随着时间的推移而变化。这些变量包括研究问题、主题和研究方法，等等。

当我们从这些方面去看移情设计的时候，我们看到了它

---

[1] 尽管比尔·盖弗（Bill Gaver）及其同事有关探针的研究（William Gaver, Toni Dunne, and Elena Pacenti, “Design: Cultural Probes,” Interactions 6, no. 1 (1999): 21-29;and William Gaver, Ben Hooker, and Anthony Dunne, “The Presence Project” (London: RCA CRD Research Publications, 2001)是以情境主义和超现实主义等艺术理论为基础的，但是马特尔马基 (Tuuli Mattelmäki, Design Probes, Doctor of Arts dissertation, Helsinki: UIAH, 2006)）还是从这些研究中得到了启发。她的探针过程包括对探针回报的诠释，并在与用户的访谈中进一步地详细阐述探针回报，即探针研究参与者，所谓“移情探针”就在这些详细阐述中产生的。通过与合作公司的不断对话和共同诠释，文化探针中的一些含混不清的内容也相应减少了。

[2] 参见Ilpo Koskinen, Katja Battarbee, and Tuuli Mattelmäki, eds., Empathic Design (Helsinki: IT Press, 2003).

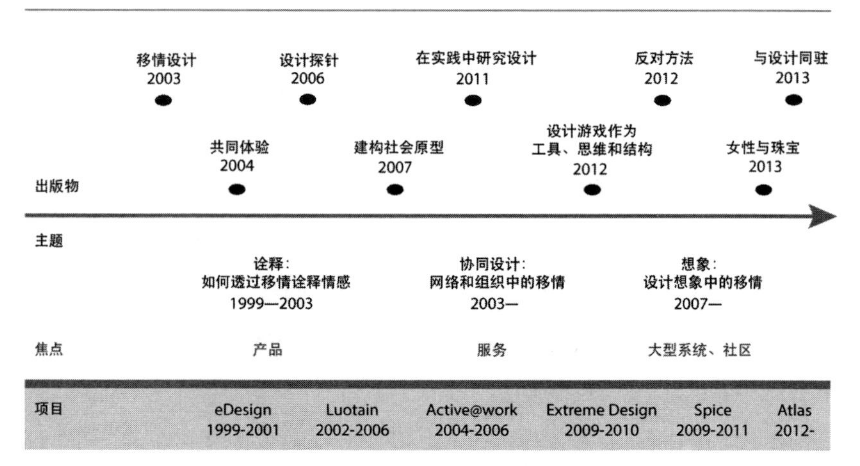

图5-1 移情设计作为研究计划

自左下角起：焦点、重点项目、推手问题、重点出版物

在几个层面上的发展。在底部，通过移情设计，我们已经开发了处理不同类型问题的方法。早期的研究集中在以诠释性的方式阐明种种体验。从那时起，研究演变成了协同设计，其中专业设计师和普通公众之间的差异已经变得不那么明显。在此层面所面临的挑战就是如何来促进组织和网络设计活动。在过去的数年中，核心问题就是如何跃过单纯的诠释进入更富有想象力的模式。

重点项目一直集中解决这些问题。这些项目试图了解适合于研究设计中的情感体验的种种方法（eDesign项目，1999—2001）；这些方法在公司环境中的效果如何（Luotain项目，2002—2006）；如何扩充这些方法把社会创新设计纳入进来（Active@work项目，2004—2006）；如何将这种方法运用于服务（eXtreme Design项目，2008—2009）；大型系统中的本地特色设计，如赫尔辛基地铁，如何应用讲故事的方式（Spice项目，2009—2012）。

一些主要出版物中已经运用了这些方法，如《移情设计》（2003）和《设计探针》（2006），或是创设了进一步开展这些研究所需的概念，如《共同体验》（2004），或是探讨了移情设计与设计游戏之间的关系，如《设计游戏作为协同设计的工具、思维和结构》（2012）。[1]如果把移情方法和住宅产业中的战略转变联系起来，移情方法又可能成为一种战略，即将面世的卡佳·索伊尼（Katja Soini）的博士学位论文《设计移情和住房改造》（2014）对此进行了研究。此外，马塞洛（Marcelo）和安德烈·朱迪斯（Andrea Judice）的博士学位论文《你很重要！》（2014）和《为了希望而设计》（2014）则研究了如何在里约热内卢的贫困地区设计医疗保健系统。[2]其他一些不含设计元素的研究探讨了一些物件能够变得意义非凡、代代相传的缘由，如佩特拉·阿德·迪尔（Petra Ahde-Deal）的《女性与珠宝》（2013），以及设计在家居中的重要性，如海蒂·帕维莱宁（Heidi Paavilainen）的《与设计同驻》（2013）。[3]再者，其他一些著作以民族方法学为基础，试图理解情感与互动，从而创建可以替代诠释方法的方法，如艾司科·库尔维宁（Esko Kurvinen）的《建构社会行动原型》（2007）以及荣裕利（Jung-joo Lee）的《反对方法》（2012）。[4]该计划还成了近期方法学研究的重要背景，如《在实践中研究设计》（2011）。[5]此外，还出现了一系列的由学生制作的案例和小型研究项目，如瓦伊诺（Väinö）项目

[1] Koskinen, Battarbee, and Mattelmäki, eds., Empathic Design; Mattelmäki, Design Probes; Katja Battarbee, Co-Experience (Doctor of Arts dissertation, Helsinki: UIAH, 2004); Vaajakallio, Design Games.

[2] 这些出版物都是阿尔托大学艺术设计和建筑学院即将面世的博士学位论文。

[3] Petra Ahde-Deal, Women and Jewellery (Doctor of Arts dissertation, Helsinki: Aalto ARTS, 2013); Heidi Paavilainen, Dwelling with Design (Doctor of Arts dissertation, Helsinki: Aalto ARTS, 2013).

[4] Esko Kurvinen, Prototyping Social Action (Doctor of Arts dissertation, Helsinki: UIAH, 2007); Jung-joo Lee, Against Method (Doctor of Arts dissertation, Helsinki: Aalto ARTS, 2012).

[5] Ilpo Koskinen et al., Design Research Through Practice: From Lab, Field, and Showroom (San Francisco: Morgan Kaufmann, 2011).

研究衰老和老年应对解决方案。[1]这些项目都以强烈的情感状态为焦点，没有或很少有直接的生物学或神经学基础。

3. 设计中的情感及体验诠释

eDesign项目（情感体验设计）是研究与体验相关问题的首个研究项目，为移情设计研究奠定了基础。该项目得到了某计划的资助，试图回答把艺术和研究关联起来的研究问题，对制定超越测量和可用性的研究目标产生了影响。

eDesign项目出台于20世纪90年代末，其研究兴趣是交互产品，在当时称作智能产品。该产品类别不仅包括移动电话，而且包括各种小型界面。这项工作的主要驱动力来自信息技术产业，其灵感来自诸如麻省理工学院媒体实验室、IDEO公司、RCA的计算机相关设计和代尔夫特理工大学等地。[2]关键词一开始是情感，后来不久变为用户体验。

该项研究认为，设计师越贴近真正的用户，就越容易进入用户的世界。设计师对用户的情感体验越多，就能更好地把创意和制约因素转变为令人心怡、赏心悦目的设计解决方案。[3]该项目还假定，了解情感有助于设计师创造出合用可爱的产品。[4]早期有关可用性的研究过时了（其理性的工作议程也落空

---

[1] Väinö project see e. g. Mattelmäki, Design Probes.

[2] 参见Caroline Hummels, "Engaging Contexts to Evoke Experiences," in Proceedings of the First International Conference of Design and Emotion, Cees J. Overbeeke and Paul Hekkert, eds. (Delft, The Netherlands: TU Delft, 1999), 39–45;and S. A. Wensveen, "Tangibility Approach to Affective Interaction" (PhD thesis, TU Delft, The Netherlands, 2005)。

[3] 这里的小结主要出自布莱克（Black）的《移情设计》（1998）、桑德斯（Sanders）与丹达瓦特（Dandavate）的《体验设计》（1999），以及布赫瑙（Buchenau）与富尔顿·苏瑞（Fulton Suri）的《建构体验原型》（2000）。

[4] 这种提法出自图丽·马特尔马基（Tuuli Mattelmäki）1998年的研究计划和博士学位论文。

了），取而代之的是采用更具探索性的方法研究用户体验。

该过程的核心在于角色沉浸（通过种种自我尝试，理解他人）以及深刻理解他人可能具有的种种体验。[1]这些方法必须能够帮助设计师透过自己的双眼看清他人的世界，因此都是开放不定的。有关移情探针的首次实验（即文化探针的应用）是在公司内部合作进行的。该探测过程与用户产生了有礼有节的互动，其目标在于提高用户的敏感度以便对自身的体验进行反思，并邀请公司内部设计师参与连续的移情对话。

虽然精心选择的方法变成了文化探针，但是它们绝不是我们采用的唯一方法。设计研究人员还研究了视频在诠释和构想中的应用，试用了体验原型，并运用Make Tools和情境访谈（虽然一般认为后者源自社会科学而非设计，因而不那么普遍）探索了图形和概念。[2]

或许选择以布鲁斯·汉宁顿（Bruce Hanington）所谓的"创新方法"为基础的主要原因在于，这些方法在设计团队成员内部以及与其他利益相关者之间形成了经验共享和共同参照点，同时创造性探索可以具有开放性。在研究项目中，在吸引合作伙伴参与探索的同时，移情设计态度还试图让设计研究人员具有对人和设计潜力的敏感性。在这个意义上，我们一般将移情

---

[1] Koskinen, Battarbee, and Mattelmäki, eds., Empathic Design;Peter Wright and John McCarthy, "Empathy and Experience in HCI," in Proceedings of CHI 2008, Dignity in Design, (New York: ACM Press, 2008), 637-646;Jane Fulton Suri, "Empathic Design: Informed and Inspired By Other People's Experience," in Empathic Design, 51-65.

[2] Salu Ylirisku and Jacob Buur, Designing with Video: Focusing the User-Centred Design Process (London: Springer, 2007);Marion Buchenau and Jane Fulton Suri, "Experience Prototyping," in Proceedings of DIS 2000, Dan Boyarski and Wendy A. Kellog, eds. (New York: ACM Press, 2000), 424-433;Sanders and Dandavate, "Design for Experience: New Tools," 89-90;Hugh Beyer and Karen Holtzblatt, Contextual Design: Defining Customer-Centered Systems (San Francisco: Morgan Kaufmann, 1998).

设计方法视为发挥设计师才能的工具。[1]

4. 协同设计：网络和组织实践中的移情

从2003年左右，设计概要开始从产品及交互转变为系统及服务。可以把什么样的人视为用户，可以把什么样的人视为设计师，已经不再有明确的答案。据此，移情设计从以用户为中心的设计转向协同设计，人们在设计过程中表达自身的体验。[2]

当然，协同设计是个总称。马特尔马基（Matlelmäki）和斯利思维克·维瑟（Sleeswijk Visser）确定了协同设计的四个方向。在第一个方向中，设计师对用户进行观察和访谈以便了解他们的专长。第二个方向涉及生成方法，该方法旨在运用研究人员提供的工具促进或触发用户的想象力和表现力，而分析则留给专家进行。在第三个方向中，设计师不仅为集体创作提供方便，而且参与集体创作。在第四个方向中，设计研究人员为各种利益相关者之间（不只是与假想的用户）的合作过程提供支持和便利。[3]

所有这些不同的协同设计都相信：没有受过设计培训的人，无论是用户还是利益相关者，都必须促进设计活动的开

[1] Bruce Hanington, "Methods in the Making: A Perspective on the State of Human Research in Design," Design Issues 4, no. 19 (2003): 9-18;Jonas Löwgren and Erik Stolterman, "Design Methodology and Design Practice," Interactions 6, no. 1 (2004);Tuuli Mattelmäki, "Probing for Co-Exploring," CoDesign: International Journal of CoCreation in Design and the Arts 1 (2008): 65-78;Ilpo Koskinen et al., Design Research Through Practice: From Lab, Field, and Showroom (San Francisco: Morgan Kaufmann, 2011), e. g., 74.

[2] 参见Francesca Rizzo, "Co-Design versus User Centred Design: Framing the Differences," in Notes on Design Doctoral Research, Luca Guerrini, ed. (Milano: Franco Angeli, 2010), 125-132.

[3] Tuuli Mattelmäki and Fraukje Sleeswijk Visser, "Lost in Co-X: Interpretations of Co-Design and Co-Creation," in N. Roozenburg, L. L. Chen & P. J. Stappers (Eds.), Proceedings of the IASDR 2011, the 4th World Conference on Design Research. Delft: TU DElft/IASDR 2011), 1-12.

图5-2 设计游戏工作坊

设计游戏工作坊发挥了共同反思、构想和设计平台的作用。在理解复杂的服务网络和交互时，移情思维强调人学视阈。

展。他们自己必须主动成为移情设计师，而专业设计师的任务就是推动这一进程。当人们参与开拓创意时，创意就会根植于他们的体验，根植于他们对他人体验的诠释，根植于他们对手头主题的专业知识之中。此外，人们变得致力于创意以及以人为中心的移情思维。[1]

就其范围而言，在保持方法论基础基本不变的同时，该计划经历了21世纪初的重新规划过程。协同设计在很大程度上建立在合作工坊的基础上，工坊汇集了该过程不同阶段的多种利益相关者。凭借这一重新规划，移情设计获得了很多灵活性，赋予了设计研究者拓宽从产品到系统、组织以及组织背后的网

---

[1] 详情参见Katja Soini and Turkka Keinonen，“Building Up Commitment in the Finnish Renovation Industry,” in Proceedings of the Participatory Innovation Conference PINC 2011, Jacob Buur，ed．Sønderborg：University of Southern Denmark（2011），402-409.

络等一系列研究课题的手段。例如，移情设计还与来自丹麦的参与式设计师合作探讨了设计游戏。[1]

这些变化是21世纪初的时代精神的一部分。例如，在人机交互（HCI）中，赖特（Wright）和麦卡锡（McCarthy）认为，两类方法充当了移情感性的驱动力：基于对话的方法使得设计师和用户能够直接对话，而叙事的方法不涉及或很少涉及两者之间的直接联系。正如伦纳德和瑞波特所言，移情设计主要是对话性的，寻求用户之间的勇敢面对，它也鼓励用户在再度呈现、叙事或角色扮演等形形色色的工具的引导下间接地参与。北欧参与式设计本身已经演变成了一个事件驱动的过程，其中迭代开发过程在围绕协作探究和设计所组织的不同类型的事件中达到顶峰。在服务设计中，设计的利益相关者群体发展到了社区级。[2]然而，在协同设计事件中，这些活动的目的逐渐指向转变参与者的思想和敏感度。切实学习表演艺术和讲故事成为协同想象的平台。

5. 现实急转弯：设计想象中的移情

尽管移情设计促进了设计师对人的许多方面的理解，但是移情设计也带来了一些问题，特别是移情设计师可能会遇到所谓的“移情陷阱”。如果设计师不保持警觉，移情努力可能表达出来的是大众思维而不是创新发现更为激进的特征。罗伯

---

[1] 在丹麦设计研究者中，最知名的莫过于雅各布·布尔（Jacob Buur）、托马斯·宾德尔（Thomas Binder）和伊娃·布兰德（Eva Brandt）。

[2] Wright and McCarthy, “Empathy and Experience in HCI,” 637-646;References to participatory design draw from Eva Brandt, “Event-Driven Product Development: Collaboration and Learning,” PhD dissertation, Technical University of Denmark, 2001;and referencesto service design draw from Anna Meroni and Daniela Sangiorgi, eds., Design for Services (Adelshot: Gower Publishing, 2011).

托·韦尔甘蒂（Roberto Verganti）最近坚定认为，上乘的设计师不仅要倾听，而且要密切关注对方的推理和直觉。[1]

尽管设计师的想象力打一开始就是移情设计的基础，但到2007年才受到研究者的关注。然而，在过去的数年中，设计研究人员已经对把移情过程置于设计想象中的方式进行了研究。他们创造世界，把人们引入这些世界，按照协同设计的方法对人们的言行和创作进行观察。[2]

这一重新定位的种子是在2006年前后播下的，尤其是克斯卡·瓦加卡里奥的设计游戏研究成为协同设计与想象力之间的桥梁。她的研究紧紧依托协同设计，但游戏显然是虚构的。瓦加卡里奥熟悉丹麦设计游戏研究，但是对设计游戏提出了一种基于移情的独特方式。她没有使设计游戏成为对现实的模拟，而是试图把设计游戏变成创造性的活动，借此她有机会看到在复杂的设计背景下人们的所为情况。例如，角色游戏是瓦加卡里奥及其同事开发的一款设计游戏应用，诸如此类的多样化的角色扮演活动都建立在这样一种观点之上，即角色扮演允许参与者走出自己的日常认知。这种重塑的个人和集体体验为设计开辟了新的机会，增强了对话题的移情理解。[3]

游戏为Spice项目（空间精神化项目）中所采取的更加激进的措施扫除了障碍。Spice项目创造了把当地精神植入赫尔辛基西郊新建地铁站的愿景。在方法上，它与编剧、制片人及舞台设计师

---

[1] Roberto Verganti，Design-Driven Innovation：Changing the Rules of Competition by Radically Innovating What Things Mean（Cambridge，MA：Harvard University Press，2009).

[2] 桑德斯和丹达瓦特将“言、行、创”作为理解设计中的用户体验的途径，参见Sanders and Dandavate，“Design for Experiencing,” 87-92.

[3] Kirsikka Vaajakallio，Design Games as a Tool，a Mindset，and a Structure，204-209. 有关角色游戏详情，参见Kirsikka Vaajakallio，et al.，“Someone Else's Shoes：Using Role-Playing Games for Empathy and Collaboration in Service Design,” Design Research Journal no. 1 (2010) the Swedish Industrial Design Foundation（2010）：34-41.

图5-3 展示作为研究工具

（上）eXtreme项目、（下）Spice项目

合作。在他们手中，设计方案并非始于人们如何进入地铁的真实故事，而是始于剧本。如果你赶着去面试，领带或下摆却卡在自动扶梯了，怎么办？最糟糕的情况会是怎样？如果发生这种情况怎么办？如果发生那种情况又该怎么办？这些现实急转弯的好处

在于不受当今常规的约束。它们可以用来将生存的困境、超现实的体验和荒谬的事件变为设计探索。对可能的未来的富有想象力的建议触发了对日常生活的移情理解。[1]

另一个想象力的注入来源是布伦达·劳雷尔（Brenda Laurel）、丽莎·纽金特（Lisa Nugent）和肖恩·多纳休（Sean Donahue）的超级工作室[2]，这是加州帕萨迪纳艺术中心媒体设计专业为期一年的研究班。该工作室主要以文化探针为基础，其通过探针回报的斟酌方法完全是以设计和反思批判讨论为基础的，而不是以统计技术或分析归纳为基础，特别是宫崎（Miya Osaki）有关第二次世界大战期间日、美两国体验的硕士学位论文引导移情设计师探讨非同寻常的、体验丰富的、开放式的沟通形式。[3]

这些例子都让移情设计师重新考虑开放式的沟通形式。[4]例如，设计研究人员创建了可以做不同诠释的海报和小册子，诱导观众进行换位思考。他们还打造了展览以便触发对启发性设计机会的移情反应。这些实验旨在"保持这种天生的好奇心，想象着成为别人会是什么样"。[5]他们渴望触发对灵感的新的诠释，并使开发商和设计师就新的设计理念达成共识。

同样，所有这些事态发展都与2005年左右的时代精神高度吻合。例如，比尔·盖弗（Bill Gaver）在2004年倡导设计中的开放

---

[1] 有关Spice项目详情，参见Tuuli Mattelmäki, Sara Routarinne, and Salu Ylirisku, "Triggering the Story-telling Mode," in Proceedings of the Participatory Innovation Conference PINC 2011, 38-44.

[2] Lisa Nugent et al., "How Do You Say Nature: Opening the Design Space with a Knowledge Environment," Knowledge, Technology and Policy 20, no. 4 (2007): 269-279.

[3] Miya Osaki, "Retellings," MA thesis, Art Center College of Design, 2008, http: //people.artcenter.edu/~osaki/retellings/ index.html (2013年6月24日访问).

[4] Tuuli Mattelmäki, Eva Brandt, and Kirsikka Vaajakallio, "On Designing Open-Ended Interpretations for Collaborative Design Exploration," CoDesign: International Journal of CoCreation in Design and the Arts 7, no. 2 (2011): 79-93.

[5] Fulton Suri, "Empathic Design," 57.

性，伦敦戈德史密斯（Goldsmith）最近研究的特点是“专供辩论的设计”。同样，在荷兰最近很多讨论都围绕开放设计。具有判断力的设计师自己也在画廊、博物馆和市民集会展示自己的作品。

所有这些活动的背后是一个更加激进的急转弯，转向更具想象力的研究。[1]在想象的世界中，设计师可以展望城市上空清澈的高原，盘算着如果地铁站变成了社区中心或社交媒体中心，那会怎样？对想象力的关注增强了移情计划的灵活性，并使之转而依赖于能力，这种能力以设计更具表现力的一面为基础。正如我们所指出的，移情设计从不保守。不过，拓展该研究模型以适应对创新的召唤需要新的天地。现实急转弯提供了这种新的天地。

6. 移情设计研究进展如何？

本文介绍了移情设计在芬兰赫尔辛基的发展情况。即使移情设计在当下的研究中仍在幕后，但还是很盛行。移情设计的核心理念差不多是在15年前写就的，但是这些核心原则一直没有改变，并且已经带来了重大持续的研究计划，这一计划贯穿于若干应用设计研究和基础设计研究骨干项目。该计划已经产生了大约10篇博士学位论文和专著，并贡献了很多学术文章和会议论文。该核心团队拥有6位研究员和近25名其他人员，其资历水平从博士生到高级研究员和教授，分别担当着研究员、理论家和导师等角色。该计划一直能够吸引新的人才和资金，

[1] 参见Jacob Beaver，Tobie Kerridge，and Sarah Pennington．eds.，Material Beliefs（London：Goldsmiths，Interaction Research Studio，2009），http：//materialbeliefs. com/（2010年3月5日访问）.

以及众多企业的兴趣。用雷德斯特罗姆（Redström）和宾德尔（Binder）的话来说，这项工作具有示范效应。[1]

“计划”一词具有多层含义。如上所述，移情设计具有一个可识别的核心，围绕该核心有几大信念。通常情况下，这些核心信念并没有文字说明，它们通常只存在于高级研究员的心里。然而，正如我们在本文中所指出的，围绕这一核心已经取得了很多进展。我们已经能够回答新的问题，无论这些问题是来自计划内部还是计划外部。移情设计已经产生了较大体量的研究，为新的设计案例和研究提供了参照和先例。[2]

移情设计师一直试图淡化设计与研究之间的界限。这种路径承认诸如设计研究中的移情敏感性等个体能力。[3]目前，移情设计主要关注四层敏感性：

- 对人的敏感性：汇聚灵感，收集并理解人及其体验和背景信息；
- 对设计的敏感性：寻求潜在的设计方向和解决方案，并提出“如果……将会怎样”之类的问题；
- 对技术的敏感性：应用生成、原型设计和可视化工具，就特定的问题进行沟通和探讨；
- 对合作的敏感性：根据协同设计师、决策者和组织情况，调整进程和工具（这一层特别具有意义,超越了传统的设计疆域，例如，设计充当着变革的调停者，等等）。

---

[1] Thomas Binder and Johan Redström，“Exemplary Design Research,” DRS Wonderground Conference，November 1-4，2006.

[2] Koskinen et al.（2011），39-50.

[3] Turkka Keinonen，“Design Method-Instrument，Competence，or Agenda? ” in M. Botta ed., Multiple Ways to do Design Research. Researcwh Cases that Reshape the Design Discipline，Proceedings of the Fifth Swiss Design Network Symposium ‘09 (Lugano: November 12-13，2009)：Geneva Swiss Design Network and Milano：Edizioni.

该计划已经走出赫尔辛基。移情设计师一直都在借用其他研究者的做法。早在该计划的诠释阶段，文化探针和体验设计研究就是重要的影响因素。当协同设计成为核心概念的时候，移情设计师整合了参与式设计的实地调研法。最近，移情设计师一直在向更具艺术性的表现形式学习。他们也一直在向服务设计学习，并探讨关键设计中的新趋势。在荷兰、美国、意大利、丹麦和英国都能找到具有相近研究兴趣的研究人员。移情设计的火炬不只是在赫尔辛基传递。[1]

那么，移情设计的发展到底如何呢？对我们而言，赫尔辛基移情设计研究的重要特点在于核心与核心以外的影响及倾向之间的辩证关系。移情设计研究开始就有与情境及体验驱动的用户研究中的产品设计保持紧密联系的需要。方法和情感主题探索寻求通过背景理解和个人参与为设计找到灵感。移情设计研究的思维和实践是在产品设计中产生的，其重点主要放在智能产品上。然而，后来的注意力从日常生活探索转向社会问题和服务。实践和思维保持不变，但是研究转而面向设法激励设计师和其他利益相关者，并设法提高他们的敏感度。在过去的数年中，研究人员的兴趣在于寻求展望日趋激进的设计远景的方法。这种构想在设计中一直发挥着作用。最近的工作已经使得移情设计更贴近于艺术世界。

---

[1] 参见 Gaver et al. 1999 Cultural Probes;Sanders and Dandavate 1999; Nugent et al. 2007 How do you say nature and Osaki 2008 Retellings;Ezio Manzini’s and Anna Meroni’s work on service design，especially Meroni and Sangiorgi 2011 Design for Services;同时参见安德里亚·布兰奇（Andrea Branzi）的著述，尤其是Andrea Branzi，Learning from Milan：Design and the Second Modernity（Cambridge，MA：The MIT Press，1988);and Beaver et al., Material Beliefs.在代尔夫特理工大学、埃因霍温理工大学、米兰理工大学、卡内基·梅隆大学和伊利诺伊大学等地都能发现受到移情设计影响的人。

在这15年中，移情设计已经发展成为一项研究计划，拥有很多出版物、研究项目和研究人员。本文表明该计划的基石是对人、工具、协作和设计的敏感性。虽然这些敏感性一直处于移情设计的核心地位，但也一直很灵活，足以探索新的设计挑战和研究问题。

六、渐进性创新与激进性创新：设计研究与技术及意义变革

Incremental and Radical Innovation：Design Research vs. Technology and Meaning Change

唐纳德·A.诺曼[1]（Donald A. Norman）

罗伯托·韦尔甘蒂[2]（Roberto Verganti）

本文译自《设计问题》杂志 2014年（第30卷）第1期。

---

[1] 唐纳德·A.诺曼：尼尔森集团共同创始人，IDEO研究员，美国伊利诺伊理工学院（IIT）设计研究院（芝加哥）理事，苹果公司前任副总裁，西北大学计算机科学名誉教授，加州大学圣地亚哥分校心理学与认知科学名誉教授，美国国家工程院院士，美国艺术与科学院院士。诺曼一直担任韩国科学技术院（KAIST）工业设计特聘客座教授，曾荣获计算机与认知科学本杰明·富兰克林奖章，以及帕多瓦大学（意大利）和代尔夫特理工大学（荷兰）荣誉学位。其著作包括《日常用品设计》（*Design of Everyday Things*）、《情感化设计》（*Emotional Design*）和《好设计不简单》（*Living with Complexity*）等。

[2] 罗伯托·韦尔甘蒂：意大利米兰理工大学创新管理学教授，哈佛商学院、哥本哈根商学院以及瑞典梅拉达伦大学访问学者，欧盟委员会欧洲设计创新领导委员会委员，在哈佛商业出版社出版的专著《设计驱动的创新》（*Design-Driven Innovation*）获美国管理学会乔治·R.特里图书奖提名，是2008年和2009年出版的六部最优秀图书之一。

1. 研究背景

我们的研究工作是自主发起的。诺曼等学者开创了一类设计研究，目前一般称为以用户为中心或者说以人为中心的设计（HCD）。[1]这些方法都有一个共同的架构，即一个迭代的研究周期，其特征通常表现为观察、意念阶段、快速原型和测试。每次迭代都建立在前一个周期的经验教训基础之上，并且该过程在结果适当或已经用完规定时间的情况下即行终止。

诺曼意识到与预期用户不断校验的过程的确能够渐渐地完善产品；他还意识到这一过程实际上就是一种爬山形式——一个大家熟知的发现局部优化的数学方法。在把爬山应用到设计的时候，我们不妨设想一座多维度的山，其中一个维度上的方位——纵轴上的高度——代表产品质量，其他维度上的方位代表各种设计参数之间的选择。如图6-1所示，该图通常只以两个轴表示：沿纵轴的是产品质量，沿横轴的是设计参数。把爬山用于如设计这样的情形是因为事前并不了解山形地貌。因此，我们在所有设计维度一点点地移动，选择能够提高高度的维度，不断重复，直到满意为止。这一动作也正是HCD中反复的快速原型和测试所做的事情。我们想象一下，一个蒙着眼睛的人试图通过摸出当前位置四周的地面，然后爬到最高位置，不断重复，直到四周的“地”都比当前低：该位置就是山顶了。

---

[1] Donald A. Norman and Stephen W. Draper, Centered System Design: New Perspectives on Human-Computer Interaction (Mahwah, NJ: Lawrence Erlbaum Associates, 1986); Donald A. Norman, “Human-Centered Product Development,” Chapter 10 in The Invisible Computer: Why Good Products Can Fail, the Personal Computer Is So Complex, and Information Appliances Are the Solution (Cambridge, MA: MIT Press, 1998), 128-137.

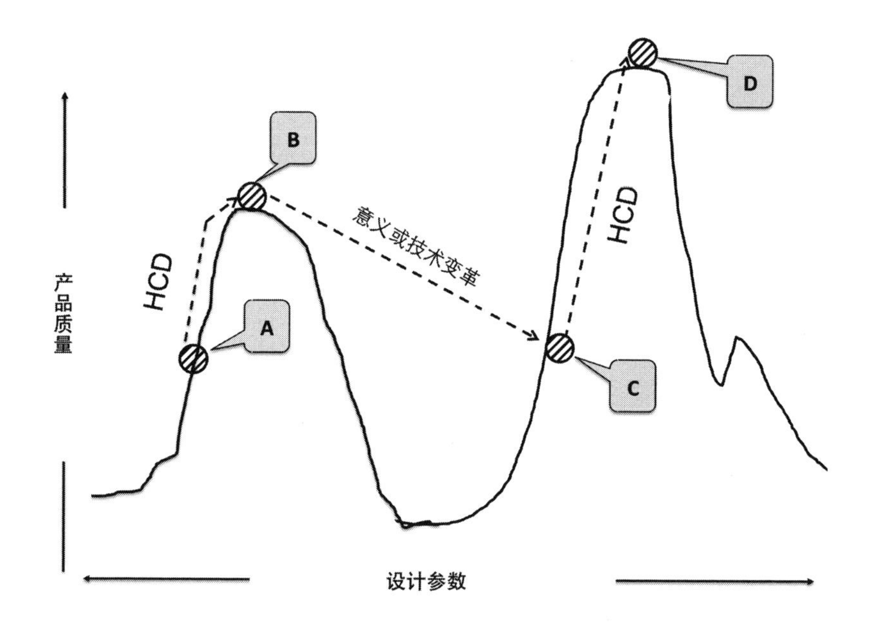

图6-1 应用于渐进性和激进性创新的爬山范式

某产品可能始于“A”点。通过以人为中心的设计和设计研究（DR），该产品将经过一系列的渐进性创新，最终达到该设计空间的最高质量，即“B”点。要爬到具有较高潜力的不同山上，就需要激进性创新。通过技术或意义变革实现激进性创新，通向更大山上的“C”点。请注意，初始结果往往不如先前达到的高度（“B”），因此需要HCD和DR进行必要的渐进性创新以达到最大的潜力。使问题更加复杂的是，当产品位于“C”点时，并没有办法知道是否确实有一个高点（“D”）或者这是否就是设计空间的低点。

虽然爬山的过程能够保证持续改善，最终到达山的顶峰，但是它有一个大家熟知的极限：“登山者”并不知道在设计空间的其他地方是否会登上更高的山。爬山方法被困在了局部顶点。渐进性创新试图到达目前山上的最高点。激进性创新寻求最高的山。这对设计的启发是明确的：由于HCD是一种爬山形式，因此它只适用于渐进性创新。

诺曼被他的分析所困，试图找到推翻这一结论的例子，但是他却没有找到。他调查的每一个激进性创新都没有经过设计研究，都没有仔细分析个人甚或社会需求。这一连串的创新早在设计研究存在之前就有了，诸如室内管道、家居电气照明、汽车、飞机、广播和电视等技术。但是，即使在今天，像脸谱（Facebook）和推特（Twitter）社交网络开发这样的激进性创新，也只是因为它们的发明人认为那种尝试很有意思而已。诺曼无法找到因HCD过程而起的任何激进性创新的例子。他认为HCD只适合渐进性创新。诺曼认为，激进性创新是由技术变革驱动的，并没有任何设计研究或正式的需求分析。但是一旦形成激进性创新，HCD就很有价值，是改进产品提高其吸引力的一种方法。谷歌、脸谱和推特自问世以来一直在自我完善，汽车制造商慢慢地不断地改进自己的产品，这些都是很好的例证。

诺曼在首尔举办的国际设计研究学会联合会（IASDR）大会[1]、伊利诺伊理工学院举办的设计研究大会、2010年的设计资源协作（DRC）大会[2]、美国计算机协会（ACM）的《交互》（*Interactions*）杂志[3]上发布了自己的研究结果。在此过程中，诺曼无意中看到了韦尔甘蒂的《设计驱动的创新》（*Design-Driven Innovation*）[4]以及他在哈佛商学院的博客[5]，其中的论点与诺曼所提出的论点非常相似。我们应该把诺曼和韦尔甘蒂分别阐述的两条思路结合起来，这一点似乎非常清楚——这是诺曼在2010设计资源协作大会发言的一项任务。

韦尔甘蒂是创新管理领域的学者，在从事技术创新管理

---

[1] Donald A. Norman, "Science and Design," (paper presented at the annual meeting of the International Association of Societies of Design Research, Seoul, S. Korea, October 18-22, 2009).

[2] Donald A. Norman, "The Research-Practice Gulf," (paper presented at the IIT Institute of Design, Design Research Conference, Chicago, IL, May 10-12, 2010).

[3] Donald A. Norman, "Technology First, Needs Last: The Research-Product Gulf," Interactions 17, no. 2 (2010): 38-42.

[4] Roberto Verganti, Design-Driven Innovation: Changing the Rules of Competition by Radically Innovating What Things Mean (Boston: Harvard Business Press, 2009).

[5] Roberto Verganti, "User-Centered Innovation Is Not Sustainable," Harvard Business Review Blogs, http://blogs.hbr.org/cs/2010/03/user-centered_innovation_is_no.html (2010年3月19日访问).

的研究后涉足设计领域。在搜索设计的定义以便弄清设计对创新的贡献并把它和其他驱动力（如技术或市场）区分开来的时候，他把自己的研究扎根在设计的这一定义上，即如克劳斯·克里鹏多夫（Klaus Krippendorf）和约翰·赫斯克特（John Heskett）（他们与诺曼也有个人通信）所言，设计就是“理解事物”：

> 英语中的设计（design）一词的词源可以追溯到拉丁语的de + signare，其含义是制作，用符号对它进行区分，赋予它意义，指定它相对于其他的事物、所有人、用户或神的关系。在此本义的基础上，我们可以说：设计就是理解（事物）。[1]

> 设计：谨慎合理地塑造和创造我们的生存环境，其塑造和创造方式能够满足我们的需求，并赋予我们的生活以意义。[2]

韦尔甘蒂的观点与诺曼相似。二人都认同HCD对于渐进性创新的重要性以及HCD在激进性创新中的劣势。他们认同技术变革在推动激进性创新方面的重要性。但是，韦尔甘蒂更进了一步：他证明激进性创新也可以通过意义变革来实现。一旦两人发现了彼此的作品，他们就在2011年米兰“设计愉悦产品与交互”的大会发言上进行了合作[3]，这让很多与会者大失所

---

[1] Klaus Krippendorff, “On the Essential Contexts of Artifacts or on the Proposition that ‘Design is Making Sense (of Things),’” Design Issues 5, no. 2 (1989): 9-38.

[2] John Heskett, Toothpicks & Logos: Design in Everyday Life (New York: Oxford University Press, 2002).

[3] Donald A. Norman and Roberto Verganti, “Innovation and Design Research,” (lecture presented at the Designing Pleasurable Products and Interfaces Conference, Milan, June 23-24, 2011).

望，他们本来希望二人就以人为中心的设计的重要性展开舌战。本文正是脱胎于那次发言。

按照我们的观察，我们确信需要更好地理解设计研究和设计创新以及它们之间的相互关系。我们在讨论中认为设计就是“理解事物”的过程。因此，我们的问题变成了以下一些具体问题。有关事物的意义我们在做什么样的研究？该研究能够带来哪类创新产出？设计研究和设计创新这两个概念的关系如何？

我们回答这些问题的目的不是要提供具体的工具和步骤，这在其他研究中已经做得很好了，而且需要较大的篇幅进行说明，不是一篇文章能够完成的。（因此对于这些工具，我们希望读者参考现有的理论和出版物。）相反，对于所提出的问题，我们的回答方法是分析所有创新者在使用特定的工具之前必须做出的基本决策：应该采用哪种一般方法应对创新挑战？应该考虑哪一套理论、过程和工具？

本文旨在提供区分渐进性创新和激进性创新过程的理论框架，并讨论创新的基本活动。为此，我们提供了对待创新的三种不同方式：试图在种类未知的新型丘陵地带找到顶点，在由“技术变革”和“意义变革”两轴所界定的产品空间移动，以及基于斯托克斯（Stokes）的“理解上的进步”和“实用性考虑”两个维度的设计研究四边形。

本文开门见山地指出，激进性的产品创新是由技术进步或审慎的产品意义变革驱动的，而不是由广泛应用于产品设计的以人为中心的设计理念驱动的。在我们对现有的产品和创新文献的考察中，我们无法找到任何反证。渐进性创新是审慎的设计研究战略的结果，或通过产品开发者和使用群体的一系列相互调适，使两者更加趋向一致的结果。与此相反，激进的产品推出总是可以追溯到新技术的引入，该技术可以给设计师或给产品及其用途的新的意义提供新的启迪，以致使用现有的技术也能带来激进性变革。当然，某些激进性变革既包括新技术也包括意义变革。

请注意，相对于时下技术和社会决定论的相对重要性之间的争论，我们的观察和诠释都是中立的。我们可以把技术驱动的激进性创新解释为技术决定论的例子，把意义驱动的激进性创新解释为社会决定论的例子，把以人为中心的渐进性创新解释为技术或者社会决定论，这都取决于所涉及的理论偏向。我们相信，与技术和社会决定论相关的因素始终都在发挥作用。

2. 设计研究分类

在设计研究中，研究的概念有两种不同的形式。一种观点认为，研究是带来知识进步、理论发展和理论应用的探索和实验。这种观点一直是设计理论家反思、定义、有效分类的对象。例如，大家熟知的弗雷灵（Frayling）的设计研究分类由三部分组成，包括深入设计的研究、基于设计的研究和为了设计的研究。[1]有关此分类，还可参见克洛斯（Cross）[2]、弗里德曼（Friedman）[3]以及菲斯特（Feast）和梅勒斯（Melles）[4]的论述。这些定义都以认识论为基础，旨在推动知识的进步。

另一种观点认为，研究是为了更好地理解某个主题而进行的数据采集和分析活动（因此这包括一名小学生为了写一篇有关

[1] Christopher Frayling, "Research in Art and Design," Royal College of Art Research Papers 1, no. 1 (1993): 1-5.

[2] Nigel Cross, "Design Research: A Disciplined Conversation," Design Issues 15, no. 2 (1999): 5-10.

[3] Ken Friedman, "Theory Construction in Design Research: Criteria, Approaches and Methods," Design Studies 24, no. 6 (2003): 507-522.

[4] Luke Feast and Gavin Melles, "Epistemological Positions in Design Research: A Brief Review of the Literature" (paper presented at Connected 2010: 2nd International Conference on Design Education, University of South Wales, Sidney, Australia, June 28-July 1, 2010).

老虎饮食的文章而进行的研究）。从业者一般使用这种观点标示他们的研究活动。例如，他们可能会运用人种学，研究或观察人的活动，从而了解用户需求；以产品研发为手段，找出可能的解决方案；运用市场调研，了解人们具有购买欲望的产品类别以及他们对价格的敏感度；运用可用性研究，说明人与产品之间的交互。在这第二种观点中，设计研究主要关注如何改进产品以及如何提高销售。我们在本文中集中讨论第二种设计研究观点。

3. 两种类型的创新：渐进性创新与激进性创新

我们可以发现很多种创新，分类也可能因创新对象而有所不同。例如，创新类别包括社会文化制度创新、生态系统创新、商业模式创新、产品创新、服务创新、流程创新、组织创新、制度安排创新，等等。分类也可能因创新的驱动因素（技术、市场、设计、用户等）而有所不同，或因创新的力度而有所不同。我们在本文中重点关注产品及服务的两类创新：

- 渐进性创新：给定解决方案框架内的提高（即“把我们已经做的做得更好”）；
- 激进性创新：框架的变化（即“做我们之前没有做过的”）。

两类创新之间的主要区别在于，是把创新视为对以前认可的做法的不断改进，还是认为创新就是新的、独特的、非连续的。达林（Dahlin）和贝伦斯（Behrens）提出了激进性创新的三个识别标准[1]：

---

[1] Kristina B. Dahlin and Dean M. Behrens, “When Is an Invention Really Radical? Defining and Measuring Technological Radicalness,” Research Policy 34 (2005): 717-737.

- 标准1：发明必须具有新颖性：它应不同于以往的发明。
- 标准2：发明必须具有唯一性：它应不同于当前的发明。
- 标准3：发明必须得到采用：它应影响到未来发明的内容。

前两个标准界定了激进性，第三个标准界定了成功。虽然标准1和标准2在任何时候都可以达到，但是只有当社会、市场和文化力量基本处于同一水平时，才会达到标准3。这是社会决定论发挥重要作用的地方。正确的想法在错误的时间也会失败。例如，苹果公司在20世纪90年代推出了QuickTake数码相机和牛顿个人数字助理，尽管满足标准1和标准2，两个产品在市场上都失败了，因此失败在标准3上面。虽然失败的原因很复杂，但是诺曼作为当时苹果公司的高管认为，这些失败将成为社会决定论信徒的绝佳案例。

设计和管理界有关创新的很多论述都聚焦在激进性创新上。激进性创新常常被定性为颠覆性的或能力摧毁型的，或者是一项突破。所有这些标签都有一个相同的概念，即激进性创新意味着与过去的不连续性。[1]数十年来，激进性创新一直是创新研究关注的焦点。[2]设计和商学院都开设激进性创新课程，讨论创新与“设计思维”的人最近也很推崇激进性

---

[1] Rosanna Garcia and Roger Calantone, “A Critical Look at Technological Innovation Typology and Innovativeness,” The Jour- nal of Product Innovation Management 19, no. 2 (2002): 110-132.

[2] William J. Abernathy and Kim B. Clark, “Innovation: Mapping the Winds of Creative Destruction,” Research Policy 14 (1985): 3-22;Michael L. Tushman and Philip Anderson, “Technological Discontinuities and Organizational Environments,” Administrative Science Quarterly 31, no. 3 (1986): 439-465;James M. Utterback, Mastering the Dynamics of Innovation (Boston: Harvard Business School Press, 1994);Clayton M. Christensen, The Innovator's Dilemma: When New Technologies Cause Great Firms to Fail (Boston: Harvard Business School Press, 1997);Henry Chesbrough, “Assembling the Elephant: A Review of Empirical Studies on the Impact of Technical Change upon Incumbent Firms,” in Comparative Studies of Technological Evolution, Robert A. Burgleman and Henry Chesbrough, ed. (Oxford: Elsevier, 2001), 1-36.

创新。虽然激进性创新具有显著的分化潜力，每个人都希望激进性创新，但是令人惊讶的是，成功的激进性创新非常罕见，大多数尝试都是失败的。[1]事实上，据德布林（Doblin）集团总裁拉里·基利（Larry Keeley）估算，失败率高达96%。[2]成功的激进性创新在所有领域都不常见——也许每隔五年至十年才会发生。

大多数激进性创新都花了相当长的时间才为人们所接受（即满足达林和贝伦斯的第三个标准）。此外，完全新颖的创新是不可能的：所有的创意都有前人的影子，总是基于以前的工作——有时是细化，有时是若干既有创意的新颖组合。苹果公司所推出的基于手势的手机表明，创意并非无中生有。苹果公司开发了多点触控界面及其相关手势来控制手持式和桌面系统，这是当今激进性创新之一。然而，苹果公司既没有发明多点触控界面也没有发明手势控制。多点触控系统在计算机和设计实验室已经存在20多年了，手势也有很长的历史。此外，其他几家公司也在苹果公司之前在市场上推出了使用多点触控的产品。[3]虽然苹果的创意对于科学界来说并非激进性的，但是它们确实在产品世界以及人们与产品的交互方式方面实现了重大转变，并赋予产品以意义。

爱迪生开发的电灯泡也有类似之处，这项发明在家庭和企业掀起了一场大革命。但是，爱迪生并没有发明灯泡，他只是通过延长灯泡寿命，改进了现有的灯泡。他认识到提供所有必

---

[1] Birgitta Sandberg, Managing and Marketing Radical Innovations (New York: Routledge, 2011).

[2] Bruce Nussbaum, "Get Creative: How to Build Effective Companies," Bloomberg Business Week, www. businessweek. com/magazine/content/05_31/b3945401. htm (2012年8月1日访问).

[3] Bill Buxton, "Multi-Touch Systemsthat I Have Known and Loved," www.billbuxton.com/multitouchOverview.html (2012年3月11日访问).

要的基础设施的重要性，这一点也一样重要。爱迪生让人们看到了发电厂、配送系统，甚至是室内布线和安灯泡的插座的所有系统要求。因此，他的努力彻底改变了产品空间以及家庭和企业的生活和运行模式。

渐进性产品创新是指产品的细小变化，这些变化有助于提高产品的性能，降低产品成本，并增强产品的合意性，或者直接导致新型号的发布。大多数成功的产品都经历了不断的渐进性创新，意在降低成本，提高效能。这种创新的主导形式并没有激进性创新那样激动人心，但也同样重要。激进性创新最初推出时很少能够实现它们的潜能。它们往往难以使用，价格昂贵，性能有限。与此同时，需要渐进性创新把激进的创意转化为消费者可以接受的形式，因为消费者往往都是跟着尝鲜的。这里的本质内容就是两种形式的创新都是必要的。激进性创新带来了新的领域和新的范式，为重大变革创造了潜能。渐进性创新就是如何抓住这种潜能的价值。没有激进性创新，渐进性创新就达到了极限。没有渐进性创新，就无法抓住激进性变革所带来的潜能。

4. 技术与意义驱动的创新

在介绍了设计、研究和创新的一些基本概念以后，我们现在可以把这些概念联系起来了。我们首先确定技术、意义和创新之间的关系，包括渐进性创新和激进性创新。我们研究技术变革和意义变革这两个创新驱动力是如何一起追踪创新的轨迹的。我们将举例说明产品在技术和意义这两个维度所界定的空间的移动，着重介绍两个不同的领域：视频游戏机和手表。

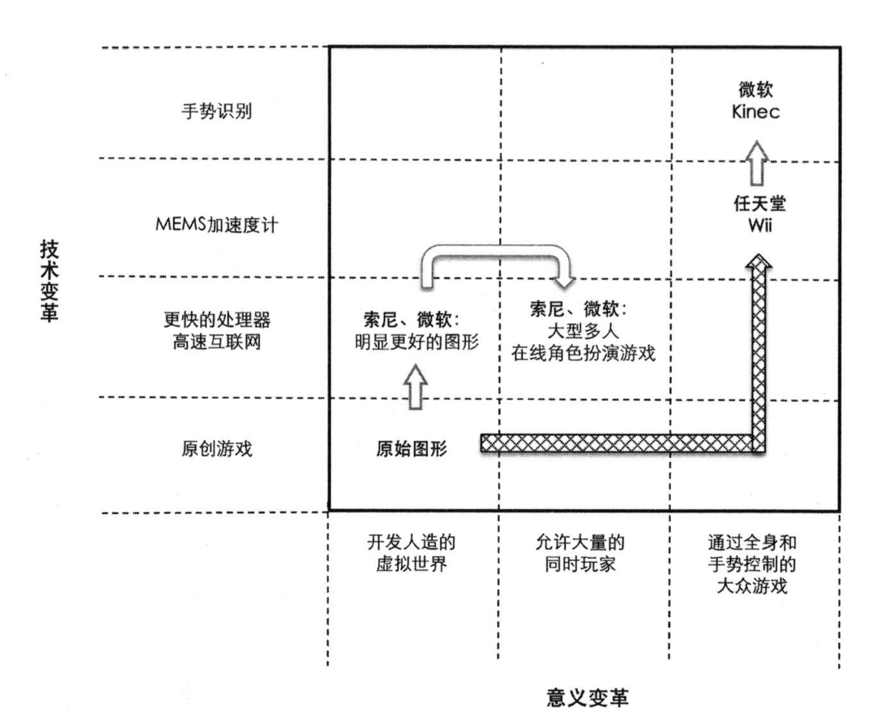

图6-2 视频游戏机在技术变革和意义变革两轴的创新

早期的游戏是每次少数人聚在一台游戏机周围玩，而且图形粗糙。索尼和微软跟踪技术变革，引入了图形功能显著增强的强大处理器，继而垄断了游戏产业。后来，随着高速互联网成为可能，他们转战到了多玩家游戏，100万人即使是在世界各地也可以玩同样的游戏。任天堂利用新型传感器技术——加速度计和红外成像——改变了意义，从高手游戏变为大众游戏，并通过全身运动来控制游戏，从而彻底改变了视频游戏市场。最终，索尼和微软都被迫跟风，其中微软的Kinect最为成功。

4.1视频游戏

图6-2显示了技术变革和意义变革这两个独立的维度是如何追踪创新的轨迹的。早期的商业视频游戏都配置在专业游戏机和家用电脑上。我们在本例中只关注专业游戏机。家用游戏机成功推出后不久就被三个主要玩家垄断了：索尼及其PlayStation，微软及其Xbox，任天堂及其GameCube。我们的故事就从这里讲起。用游戏控制器玩，为进入新的虚拟世界提供了机会，而且只有娴熟的玩家才能得到进入这个世界的特权。

用户界面需要专业知识，而这种知识需要花费大量的时间和实践才能掌握，其目的（意义）在于让玩家进入一个虚拟的世界，一个他们从来没有生活过的世界（如汽车赛道、神话战场，或者充满危险、魔物和魔力的复杂的迷宫般的路径）。因为评论家和游戏玩家都表达了需要更好的图形和更快的响应时间的愿望，产品创新就朝着创造速度更快的处理器和质量更高的图形方向努力。

当计算机芯片技术的进步使得制造商能够提供必要的计算机性能时，由于提供这种技术的费用巨大，微软和索尼这两家最大的公司为争夺霸主地位展开了一场技术大战。索尼推出的PlayStation和微软推出的Xbox都代表了技术的激进性创新，都非常强大，足以推出一批全新的游戏，而且能够使这两家公司垄断视频游戏机市场。图6-2用左下角的早期游戏沿着技术变革维度向上移动说明了这一发展路径，其中的技术变革就是开发更快的处理器和更好的显示器。与此同时，任天堂决定走不同的路。

一个相关的变化就是引入了通过互联网连接的大量玩家可以同时玩的游戏容量。这些类型的游戏被称为大型多人在线游戏（MMOLG）和大型多人在线角色扮演游戏（MMORPG）。这种游戏吸引了数量巨大的玩家，即使个别玩家注销系统，游戏仍可继续。该系统构成了图6-2中向右侧移动所示的意义变革。尽管多玩家游戏业已存在，这种向大型同时玩家（高达数十万人）的转变仍然构成了电子游戏玩法本质的重大变化。

任天堂拒绝参与技术维度的角斗，而是集中在意义维度，为非专业玩家开发更具可玩性和过瘾的游戏。任天堂趁着廉价的加速传感器和红外成像传感器的问世，运用这些简单廉价的技术发起了重大的意义变革：大众化游戏。随着任天堂Wii的推出，主机游戏在熟练高手小众市场之外开辟了一片天地，让整个家庭玩体育，做运动，相互交流，而无须专业技能。通过简单的技术转变与巨大的意义转变的结合，Wii重新定义了游戏场。后来，索尼和微软奋力追赶。数年之后，微软以其Kinect的技术进步做出了回应，该技术允许通过肢体动作和手势完全控制游戏环境，不再需要任天堂Wii所要的手柄。

有趣的是，任天堂在重新定义视频游戏的意义方面取得了成功，而其背后的故事就是，其他主要的视频控制台公司的抵制使得新的意义成为可能的技术。他们过于专注于自己的熟练高手玩家市场，认为传感器过于原始，毫不相干。

任天堂Wii的成功在于他们巧妙地应用了微机电系统（MEMS）加速度计和红外传感器。这些组件使得游戏机能够感测到控制器的速度和方向，从而为游戏玩家开创了一种全新的体验。例如，他们可以移动手臂和身体，模仿真实网球选手的发球，然后发球。在Wii游戏机发布之前，所有游戏机厂商都已经了解MEMS加速度计，但是微软和索尼却无视它们的潜力，因为这些设备无助于他们瞄准现有的用户需求。他们的设计研究表明，小众的游戏高手需要更尖端的虚拟现实，因此微软和索尼投入了大量资源开发更强大的处理器。与此同时，任天堂挑战了游戏控制台的现有意义，并提供了突破性的体验——从被动地沉浸在虚拟世界，转而让身体主动地参与“真实”的世界。尽管Wii使用了较次的处理器和质量相对较低的图形，但这都没有问题，它（Wii）彻底改变了游戏的活力，从而吸引了大量的受众。他们不仅包括游戏高手，而且包括那些不觉得自己是在玩游戏的各个年龄段的人。

既然这一意义已经占据了主导地位，竞争对手就都在同一方向进行投资。例如，通过手势识别，微软的Kinect能够使得游戏更高级更积极。创新的演变又回归到技术维度，而意义保持不变。从图6-2可以简略地看到视频游戏机的发展，通过技术变革向上移动，通过意义变革向右移动。

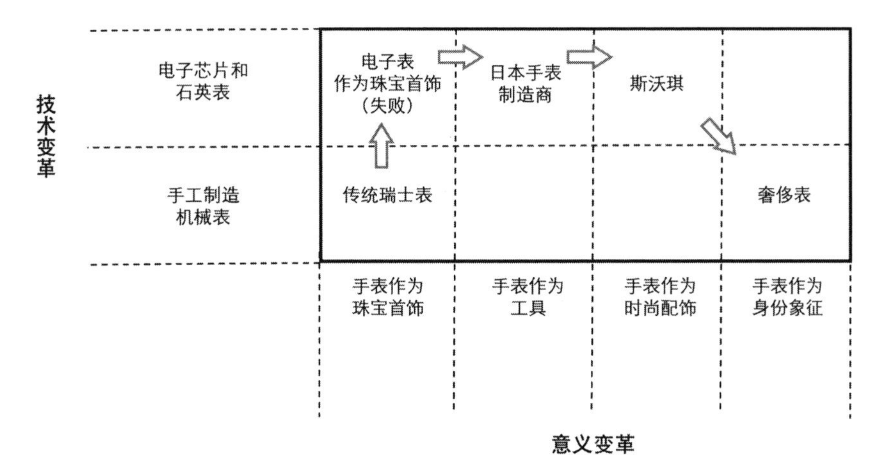

图6-3　手表行业的创新动力

过去，手表被认为是珠宝首饰，在珠宝店里购买，并传给自己的子女。当电子电路使得人们能够放弃复杂的手工制造的机械手表时，就发生了技术变革。人们一开始尝试使用电子器件复制作为珠宝首饰的手表，但没有取得成功。后来，日本制造商重新把手表定义为报时的工具：相对便宜，但非常准确，并具有很多附属功能。这将行业的中心从瑞士转移到了日本。然而，斯沃琪（Swatch）重新把手表定义为时尚配饰，又把制表业中心带回了瑞士。如今，瑞士奢侈手表制造商都恢复了昂贵的手工制造手表，但把它定义为一种身份的象征。

4.2 手表

20世纪70年代电子表问世之前，手表被认为是珠宝首饰，主要在珠宝店销售，主要出产国是瑞士。出现数字技术以后，早期的数字技术应用试图用新的组件代替机械运动，但意义不变。

少数日本企业（主要是精工、西铁城和卡西欧）使用了新的电子技术，把手表从珠宝首饰转变为工具。他们开发了计时准确的廉价手表（通常甚至好于更昂贵的机械表），并且添加了多种附加功能，如定时器、秒表、闹钟、游戏和计算器。随着意义的这一变化，日本的手表生产占据了世界领先地位，将中心从瑞士转移到了日本。瑞士传统的老式的制表商遭受了巨大的损失（见图6-3）。

通过另一种激进性意义变革，瑞士斯沃琪手表公司重振了瑞士制表业。在此之前，日本钟表行业一直处于支配地位。这种意义变革就是手表代表情感，手表代表时尚。[1]斯沃琪被标榜为时尚配饰。尽管人们习惯于只有一只手表，但是斯沃琪鼓励人们拥有多只手表，就像拥有多双皮鞋、多根皮带、领带和多条围巾一样。他们鼓励客户换表，做到表和衣服彼此匹配。需要注意的是，顾客并不要买时尚手表；事实上，斯沃琪的首发销售不温不火。20世纪80年代的社会正在朝着更加个性化的后现代文化方向发展，斯沃琪的意义变革正是建立在对此深刻理解的基础之上。有关斯沃琪的更为详细报道，可以参见泰勒（Taylor）[2]、布凯（Bouquet）和莫里森（Morrison）[3]以及拉多夫（Radov）和图什曼（Tushman）[4]的论述。斯沃琪的创新也伴随着技术变革，特别是在生产过程的技术变革。斯沃琪减少了手表的零件数量，使用廉价新材料，并组建了钟表装配自动化工厂，使得他们能够以非常低的成本实现变革。十年之内，斯沃琪集团成为世界领先的钟表制造商。斯沃琪成功地重新定义了手表的意义，这推动了瑞士钟表业的复苏。

如今，钟表行业正在发生另一种转变：奢侈品牌正在推销价格昂贵、手工制作的机械手表，标榜它们概念珍贵，是身份的象征，特定生活方式的象征。

---

[1] Amy Glasmeier, “Technological Discontinuities and Flexible Production Networks: The Case of Switzerland and the World Watch Industry,” Research Policy 20, no. 5 (1991): 469-485.

[2] William Taylor, “Message and Muscle: An Interview with Swatch Titan Nicolas Hayek,” Harvard Business Review 71, no. 2 (March-April, 1993): 99-110.

[3] Cyril Bouquet and Allen Morrison, “Swatch and the Global Watch Industry,” Case 9A99M023 (London;Ont., Canada: Richard Ivey School of Business, University of Western, 1999).

[4] Daniel B. Radov and Michael L. Tushman, “Rebirth of the Swiss Watch Industry, 1980—1992 (A),” Case 9-400-087 (Boston, MA: Harvard Business School, 2000).

5. 以人为中心的设计

视频游戏和手表的两个故事为激进性创新提供了范例，但是这些创新似乎都并非源自用户。当然，所有这些公司都关心产品开发，开发人们喜欢并愿意购买的产品，但是创新并非始于设计研究。这种分析对以人为本的设计理念提出了重大挑战。

以人或用户为中心的设计是一种理念，而不是一套精确的方法，但是它倾向于认为创新应该从接近用户开始，并对用户的活动进行观察。这种简化的观点立足于几个来源：如前所述，我们中的一位（诺曼）是HCD的创始人之一；这一描述也与国际标准化组织的定义（交互系统的HCD）相一致[1]；可用性专家组织的网站上对此也有很好的描述。这些来源提出了HCD过程的两个关键要素：

（1）从用户需求分析开始，然后搜索可以更好地满足这些需求的技术（或方法），或者更新产品语言，对现有的发展趋势作出回应。

（2）然后，经过快速原型设计和测试的迭代过程，每个周期都开发出更加精致更加完整的原型。这个周期保证用户的需求得到满足，而且保证相应的产品是可用的，可以理解的。

第一步始于广泛的设计研究，确定用户的需求。然而，就其本质而言，这一过程着重于人们已经了解的事物，因此它不

[1] ISO，International Organization for Standardization，"ISO 9241-210：2010：Ergonomics of Human-System Interaction—Part 210：Human-Centred Design for Interactive Systems,"(March 3，2010).

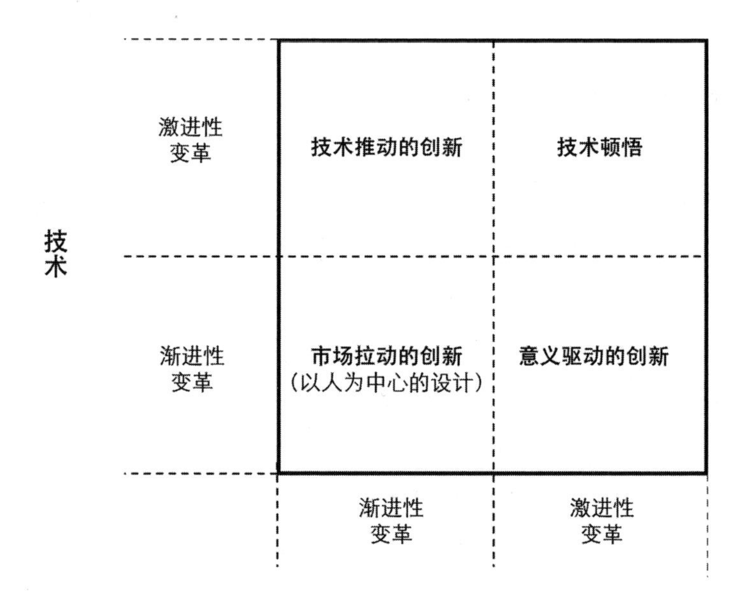

图6-4 两个维度和四种创新

HCD导致渐进式变革。虽然HCD允许技术和意义维度的局部线性变化，但基本上将产品保持在左下区间内。技术维度的激进性变革导致技术驱动的激进性创新，如彩电的推出。意义维度的激进性变革会导致意义驱动的激进性创新，如从手表作为工具到手表作为时尚配饰的转变。当技术和意义都发生变革，就像Wii游戏机使用新技术和新的意义从根本上改变视频游戏空间的时候，就会发生最大的变革。这种双重变革是罕见的，而且更加危险：消费者往往抵制巨变。

知不觉地限制了渐进性创新的潜在解决方案。研究结果阐明了现有产品的困难和问题。探寻出这些困难和问题很重要，但解决这些问题就会导致渐进性的改进。由于产品用户完全沉浸在当前的背景和文化范式之中，他们很难想象新的激进性意义，而且设计研究人员越是沉浸在现有背景之中，他们也越容易陷入当前的范式之中。

第二步是迭代测试、评估和改进的方法，因此是爬山。如上所述，这种爬山保证持续提高到目前的山顶，但并不能导向另一座更高的山，更不可能导向最高的山。因此，第二步从根本上局限于渐进性变革：它不能导致激进性变革。

6. 渐进性创新和激进性创新的关系

现在我们已经介绍了两种理解创新的方式。一种是把HCD视作爬山的方法——表明渐进性创新如何会导致产品改进（渐进性的），但是如图6-1所示，通过技术或意义变革，才能实现向另一座新的可能更高的山的跳跃。

如图6-4所示，研究创新的第二种方法就是从技术和意义变革这两个维度。

图6-4的框架将创新的两个维度（技术和意义）和创新驱动力联系起来，这些驱动力包括技术、设计和用户（市场）。我们可以用这两个维度来定义四种类型的创新：[1]

（1）技术推动的创新源自技术上的激进性变革，而产品的意义没有任何变化。彩色电视机的发明（在现有黑白电视机的基础上）就是一个例子。技术推动的创新绝对不是来自用户。[2]

（2）意义驱动的创新始于对社会文化模式中微妙含蓄的动力的理解，并且导致全新的意义和语言——往往意味着社会文化制度的改变。20世纪60年代迷你裙的发明就是一个例子：它不只是不同的裙子而已，而是全新的女性自由的象征，标志着社会的激进性变革。意义驱动的创新并不涉及新技术。

（3）技术顿悟带来意义上的激进性变革。它源于新技

---

[1] Roberto Verganti, "Design, Meanings, and Radical Innovation: A Meta-Model and a Research Agenda," Journal of Product Innovation Management 25, no. 5 (2008): 436-456.

[2] Giovanni Dosi, "TechnologicalParadigms and Technological Trajectories. A Suggested Interpretation of the Determinants and Directions of Technical Change," Research Policy 11 (1982): 147-162.

术的出现，或者在全新的环境中应用现有技术。Wii视频游戏机和斯沃琪手表就是这种类型的创新的例子。“顿悟”这一术语应该解释为“处于优越地位的意义”以及“对某物的基本性质或意义的认识”。由于没有满足现有的需求，这种卓越的技术应用起初往往并不起眼。它并非来自用户。相反，它是一种静态的意义，只有当设计挑战对产品的主导诠释，并创造出人们时下尚未想到的而是主动提供的新产品时，这种意义才会显露出来。[1]

（4）市场拉动的创新始于用户需求分析，然后开发产品以满足用户需求。我们把HCD和传统的市场拉动方式都归于此类：两者都始于用户，从而确定创新的方向。

我们这里不是要说这四种创新模式彼此之间都不了解。技术推动的创新需要深刻理解市场动态，意义驱动的创新意味着分析人们的愿望和探索新的技术。所有成功的项目都具有所有这些维度的某些方面。然而，所不同的是驱动力，即起点。

7. 设计研究四边形

我们已经看到，激进性创新可以和技术变革或意义变革联系在一起。设计研究在导致这些类型的创新方面发挥了什么作用呢？在纯研究与应用研究关系的典型研究中，唐纳德·斯托克斯认为，研究的特点可以体现在两个维度：追求理解和考

---

[1] Roberto Verganti, “Designing Breakthrough Products,” Harvard Business Review 89, no. 10 (2011): 114-120;Roberto Verganti and Åsa Öberg, “Interpreting and Envisioning: A Hermeneutic Framework to Look at Radical Innovation of Meanings,” Industrial Marketing Management 42, no. 1 (2013): 86-95.

虑应用。[1]本着同样的精神，我们可以从两个维度来看产品研究：追求意义的新的诠释以及追求实用性（见图6-5）。

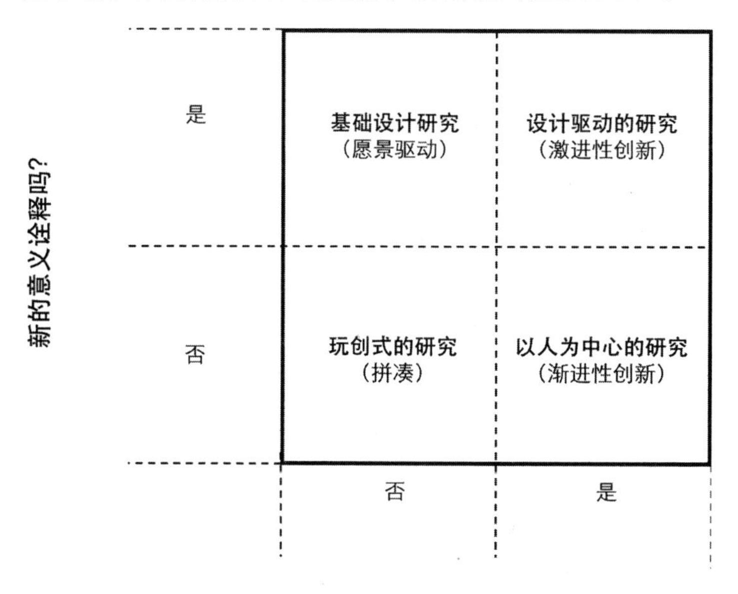

图6-5　设计研究四边形

我们可以从两个维度来看产品研究：一是对意义的新的诠释的追求；二是实用性的考虑。这种分析受到唐纳德·斯托克斯（1997）的启发，他认为研究的特征可以体现在两个维度，即追求理解和考虑应用。如果某人漫无目的地把玩某个产品或技术，既不是为了优化意义也不是出于实用性，那么我们称之为玩创。然而，玩创常常能够导致非凡洞见和新产品，但是就算是，那也纯属偶然。

我们在图6-5中应用产品研究的两个维度，把设计研究划分为四个区间，即基础设计研究、设计驱动的研究、以人为中心的研究和玩创式的研究：

（1）基础设计研究。该项研究旨在探索新的意义，而不具体考虑它在产品中的应用。一个显著的设计案

[1] Donald E. Stokes, Pasteur's Quadrant: Basic Science and Technological Innovation, Donald E. Stokes, ed. (Washington, DC: Brookings Institution Press, 1997).

例就是孟菲斯（Memphis）派开展的基础研究，这是建筑师埃塔·索特萨斯（Ettore Sottsass）于1981年在米兰创办的一个集体。与孟菲斯一道加入该集体的一些新秀还有米歇尔·德·卢基（Michele De Lucchi）、马休·森（Matteo Thun）、哈维尔·马里斯卡尔（Javier Mariscal）和安东·西比克（Aldo Cibic）。该新集体的使命是要挑战制度文化，尤其是在家具领域占主导地位的“好设计”的内涵。他们率先研究了应用于实验造物的后现代理念和语言。在多年的实验中，该圈子充当了实验室的作用，生产了约40件制品，其特点是轻松讽刺的语言，意欲产生情感上的而不是理性的、功利性的感染力。该活动是纯粹的基础研究；所生产的制品并不是面向大众市场——它们是其他阐释者讨论的论点。事实上，该集体的产出、视野和认识最终影响着设计师和公司的开发，后现代主义凭借其情感动力和象征语言进入了主流市场。我们还应注意到，这些实验是通过基础研究的深部动力学和慢动力学开展的。索特萨斯（Sottsass）及其弟兄并不认为自己是顽皮但富有创造力的团队，而是把自己看作挑战现行范式的激进派。他们不是在做快速头脑风暴（这对渐进性创新或许非常有用）。相反，他们连续7年深入探讨了后现代主义在产品中的前景。

（2）设计驱动的研究。本研究过程旨在想象准备在产品中应用的新的意义。[1]其中的一个例子就是“追梦家族”（F.F.F.）研究项目。这是意大利厨具制造商阿

[1] Verganti，Design-Driven Innovation.

莱西（Alessi）在20世纪90年代初从事的研究。该项目旨在创新理解意义，深刻理解人们的购买动机，深刻理解如何将厨具转化为这样的商品，即人们看中的不仅是其功能用途，还有其情感、俏皮和象征性成分。该研究最终重新定义了厨具的意义，即从工具到情感对象。这一点具有双重效果，在为阿莱西带来新的产品系列的同时，增进了我们的理论认识。这些产品都大受欢迎，在短短的三年里公司的销售增长了70%。如今，这些产品仍然在售。阿莱西因此利用了研究成果所产生的杠杆效应，这些研究包括与索特萨斯合作开展的后现代主义和情感研究，以及与其他学者开展的关于意义的基础研究［特别是儿科医生和心理分析学家唐纳德·威尼科特（Donald Winnicott）所开展的有关物体在儿童心理发展中的作用的研究］。

（3）以人为中心的研究。本研究探讨当下人们赋予产品的意义，旨在发现现有的意义和需求，从而设计出符合这些意义和需求的产品。由于该方法主要关注当前的意义和需求，加上该过程的迭代爬山本质，因此该方法的作用在于增强现有产品类别的价值，但不能得出全新的类别。应用人种学和以用户为中心的观察是这种方法的主要研究方法。

（4）玩创式的研究。如果一个人漫无目标地把玩某个产品或技术，既不是为了优化意义也不是出于实用性，那么我们称之为玩创式的研究。然而，玩创常常能够导致非凡的见解和新的产品，但是就算是，那也是纯属偶然。由于对模式和模型缺乏更深入的了解，这些想法都是即兴的，往往得不到认可，而

> 且难以复制。20世纪80年代，当索尼的竞争对手试图推出自己的产品与随身听竞争的时候，他们采取了这种“霰弹枪”策略。他们什么都试了，几乎是一种随机的尝试过程。他们有时候甚至在一些具体型号上取得了成功，但从未能够复制索尼的成功。[1]

这四种类型的研究是彼此相关的。具体而言，往往存在这样一种模式，基础设计研究（例如，索特萨斯在20世纪80年代进行的后现代产品研究）导致设计驱动的研究（例如，20世纪90年代初阿莱西所从事的“追梦家族”项目研究），设计驱动的研究又导致HCD（例如，阿莱西的“追梦家族”系列每年都在早期产品的反馈的基础上不断推出改进的新产品）。

8. 设计研究能够带来激进性产品创新吗？

本文的目的是要围绕用于支持各种类型的创新研究的技术，重新组织设计及管理界有关产品创新的研究。我们提出了理解这些类型之间差异的三个不同的概念工具。第一个概念工具是研究产品空间的拓扑结构，将每个产品机会都想象为一座山。我们发现，HCD方法是爬山的方法，最终能够到达当前的山顶，因此非常适合于持续的渐进性提高，但不能实现激进性创新——发现最高的山。激进性创新最终能够找到一座更高的山，但只有通过意义或技术变革才能实现。第二个概念工具是研究意义变革和技术变革这两个维度，并研究产品是如何穿越相应的空间的。第三个概念工具，我们证明可以认为是创新处

---

[1] Susan Sanderson and Mustafa Uzumeri, “Managing Product Families: The Case of the Sony-Walkman,” Research Policy 24, no. 5 (1995): 761-782.

于研究的两个维度所形成的空间：第一个维度旨在增进常识；第二个维度旨在将研究运用于实践。

渐进性创新在文献和实践中已有很多研究。HCD及其许多变体对渐进性创新都发挥了很好的作用，市场驱动的和技术驱动的过程亦是如此。现有的运营方法对制造、分销和供应链过程中的渐进性创新也非常有效。

与此同时，尽管引发创造力的种种方法已是众人皆知，但是激进性创新并未出现过一些成功的方法。我们在本文中提出，激进性创新是由两大可能性驱动的：开发新的使能技术，或者对象的意义变革。需要注意的是，按照我们的定义，只有当一项技术能够以可靠的经济的形式获得或使用时，该技术才是使能技术。有时候技术开发后很快就能达到这一阶段。其中的两个例子就是贝尔的电话和爱迪生的留声机，两者都在发明后几个月就进入了商业化生产。但在大多数情况下，从创意的首次演示到它十分强大且价格低廉能够充当开发的平台，可能需要数十年的时间。因此，传真机用了一百多年（首次获得专利是在1843年）；尽管家用视频会议在1879年潘趣（Punch）的年鉴中就有阐述，但它目前仍然不是标准产品；此外，如上所述，电脑显示器的多手指手势控制在实验室研究了至少20年，目前才成功运用到手机和平板电脑。即便如此，大家还是相当了解通往激进性创新的技术路径，即使大多数这样的创新首次推出时都是失败的。

意义作为一种创新的途径还没有得到很好的研究，或者说该问题的研究还处于萌芽阶段[1]，然而初步的认识和迹象正在不断涌现。导致阿莱西在其“追梦家族”项目中从根本上

---

[1] Verganti, “Design, Meanings, and Radical Innovation: A Meta-Model and a Research Agenda,” Journal of Product Innovation Management 25, no. 5 (2008): 436-456.

改变厨具意义的过程就是一个例子。[1]另一个例子是导致飞利浦在其“医疗保健的周围环境体验”项目中从根本上改变医疗成像系统（例如，CT扫描仪）的意义的过程。CT扫描仪存在一个问题。一般的扫描仪需要相对长的曝光，这意味着病人必须保持静止不动。此类设备供应商正在使用的技术驱动的解决方案就是增加成像源的功率以及探测器的灵敏度，试图缩短曝光的时间，但是所付出的代价是较高的辐射剂量。飞利浦决定改变体验的意义，使得一个危险、嘈杂、不舒适的医疗程序变为一次轻松愉快的体验。飞利浦没有改动技术设备，而是改变了扫描过程前、后及中间的就医环境。这种重新定义使得他们能够专注于病人的情绪状态，而不是技术。事实证明这种方法是成功的，并在这些昔日危险机器的设计领域掀起了一场革命。

飞利浦激进的重新诠释并不是快速的、用户主导的创新过程的结果，而是多年的设计研究结果。这些研究调用了众多领域的专家（诠释者），他们帮助飞利浦设计团队从新的视角诠释用户的需求和行为。有关该过程的详细描述，可以参见韦尔甘蒂的一篇文章。[2]

设计研究真的能够带来激进的产品创新吗？答案是肯定的，但这不可能通过HCD的方法。取得技术驱动的激进性创新有别于取得意义驱动的创新。设计研究在意义空间的潜力要大得多。

技术驱动的激进性创新往往是发明家、工程师及其他人的

---

[1] Roberto Verganti, “Innovating Through Design,” Harvard Business Review 84, No. 12 (2006): 114-122; Verganti, Design-Driven Innovation; Sisse Tanderup, “The George Jensen and Alessi Design: A Comparative Analysis Focusing on the Use of Memory,” Analecta Romana-Instituti Danici 34 (2009): 19-39.

[2] Verganti, “Designing Breakthrough Products,” 114-120.

探索和梦想的结果。他们往往在自我观察的驱动下，内心深处对可能的事物充满着想象。他们不是由正式的研究或分析驱动的。他们通常确实捕捉到了发明人所发现的需求，但是这种需求可能是真实的也可能是想象的。此外，很少有人研究创意的潜在效用，但是也只是因为这项工作可以做，才有人在做这项工作，或者是因为这是一个具有吸引力的挑战，令科学共同体的发明者们迷惑不解。[1]诺曼把这种观点称为“技术优先，需求靠边”。[2]请注意，这种拒绝做市场调研的做法通常是件好事。众所周知，很多非常成功的激进性创新当初都被营销专家拒绝了。这样的例子屡见不鲜。我们不妨看看切斯特·卡尔森（Chester Carlson）发明的静电复印机。最初它被多家公司拒绝，但今天被称为施乐复印机。还有惠普开发的电子计算器，最初也被公司的营销专家拒绝了。只是因为休利特（Hewlett）和帕卡德（Packard）——惠普公司英文名称中的两个人——想要这种计算器，这种电子计算器才被造了出来。

研究人员对现有的人类行为、活动和产品研究越多，他们受现有范式的限制就越多。这些研究导致渐进性的提高，使得人们能够把已经做的事情做得更好，但不可能导致激进性的变革。只有激进性的变革才能使他们做目前还没有做的事情。

通过更好地理解意义的潜在模式，由意义变革驱动的激进性创新也可以由设计驱动。通过根植于更广泛的社会文化变革的观察和研究，这种理解可以呈现为对社会文化正在发生的变革的理解。这种对新的突破性意义的求索必须避免渐渐地受制于普遍存在的产品和用途。

---

[1] Thomas S. Kuhn, The Structure of Scientific Revolutions (Chicago, IL: University of Chicago Press, 1962).

[2] Norman, “Technology First, Needs Last.”

当然，创新往往缘自不可预知的事件。因此，用户主导的创新——有时称为“领先用户”创新[1]——有时候能够充当很有见地的研究工具，引领设计师走向激进性创新。就看看自己动手做（DIY）的成果，或者看看黑客社区以及人们使用的变通之道和“黑客”，从而理解他们的生存世界，也能做到这一点。[2]偶然的发展和发现可能会导致设计师探索设计空间激进的新领域，从而偶尔带来激进的产品创新。这种创新也可能是偶发的，是玩创或以用户为中心的创新的结果。然而，真正在解决方案空间建构新的范式，或者说“一座新的山”，并取得突破性的成果，需要在重新深刻诠释产品意义中获得想象力。这应该是设计研究的目标所在。

激进性创新颇有前景的一个发展方向就是优化HCD过程，从而要求多种创意和原型同步发展。如果强行要求设计团队同时分散到多个方向，其中的某些尝试就更有可能在不同的设计空间启动。这样的设计空间或许会有新品成功的机会。用爬山的话来说，这种分散可能会把你带到一座更高的山。这项技巧在电脑爬山搜索中是一项标准型技巧：从随机的位置出发，看看所遇到的山与目前正在研究的那座山是否不同或更高一些。[3]当然，找到独特的新产品利基并不意味着人们会认同这是富有成效的工作，我们不妨想想卡尔森为让人们接受他的静电复印机所付出的艰苦努力。同样，认识到一座新的更高的山

---

[1] Eric von Hippel, The Sources of Innovation (New York: Oxford University Press, 1988).

[2] Donald A. Norman, “Workarounds and Hacks: The Leading Edge of Innovation,” Interactions 15, no. 4 (2008): 47-48, http: //doi. acm. org/10. 1145/1374489. 1374500 (2012年9月1日访问).

[3] 参见 Steven P. Dow, Alana Glassco, Jonathan Kass, Melissa Schwarz, Daniel L. Schwartz, and Scott R. Klemmer, “Parallel Prototyping Leads to Better Design Results, More Divergence, and Increased Self-Efficacy,” ACM Transactions on Computer-Human Interactions 17, no. 4 (2010): Article 18, 1-24.

的潜力，需要明确的模式诠释行动，而不只是随机的创造力。

因此，我们对问题的回答是，设计驱动的研究的确能够导致意义的激进性创新。要做到这一点，我们的研究方向必须是重新诠释那些对人可能有意义的对象。虽然传统的构思过程及其他创造性方法在程序上可以适当变更，但是它们并未强调诠释过程的重要性。基于诠释过程的研究能够得到认可的、可复制的激进性变革。[1]

[1] Roberto Verganti and Åsa Öberg, "Interpreting and Envisioning: A Hermeneutic Framework to Look at Radical Innovation of Meanings," Industrial Marketing Management 42, no. 1, (2013): 86-95.

七、阿波罗的可视化：人机关系的图形化探索

Visual Apollo：A Graphical Exploration of Computer-Human Relationships

雅尼·亚历山大·路凯萨[1]（Yanni Alexander Loukissas）

大卫·敏德尔[2]（David Mindell）

本文译自《设计问题》杂志2014年（第30卷）第2期。

---

[1] 雅尼·亚历山大·路凯萨：哈佛大学设计研究生院讲师，伯克曼（Berkman）互联网与社会研究中心迈科技（metaLAB）项目负责人，著有《协同设计师：建筑设计中的计算机仿真文化》（*Co-Designers: Cultures of Computer Simulation in Architecture*）。这部著作是对设计实践的民族志研究，探讨了职业生涯中持续的社会和技术转型。

[2] 大卫·敏德尔：麻省理工学院弗朗西丝（Frances）和戴维·迪布纳（David Dibner）工程与制造史学教授，航空航天学教授，著有《数字阿波罗：航天中的人与机器》（*Digital Apollo: Human and Machine in Spaceflight*）、《人类与机器之间：控制论前的反馈、控制和计算》（*Between Human and Machine: Feedback, Control, and Computing before Cybernetics*）、《莫尼特号战舰上的战争、技术和体验》（*War, Technology, and Experience aboard the USS Monitor*）。

1. 引言

美国航空航天局（NASA）一直在与不确定的国家政策环境作斗争，时下正在寻求新的人与机器人组合的探索模式。在阿波罗时代，在太空建立人类存在是NASA工作不可分割的一部分。[1]最近，火星探索漫游者任务已经表明对行星表面的远程探索可以做到非常丰硕和成功。[2]太空探索是在极端环境下进行的众多技术操作的范例之一。这种环境对人类和远程存在的相对重要性提出了新的问题。“到那里去”意味着什么呢？

情景机器人学和远程技术的研究者、设计师和操作者正在测试技术操作中人机团队日趋分布式的配置。这些技术操作范围广泛，从太空探索到手术治疗等。[3]然而，随着自动化新形式的出现，工作的社会组织发生了意想不到的变化。如果我们要了解控制、责任及安全自动化程度的提高所产生的影响，我们就需要突破传统的人机交互研究在人性因素和技术的社会研究两方面的方法论界限。

人性因素研究往往侧重于个体操作者和定量表示法[4]，强调

---

[1] 有关人类在航天中的角色变化的更多信息，参见David Mindell，Digital Apollo：Human and Machine in Spaceflight（Cambridge：MIT Press，2008).

[2] 参见 William Clancey，Working on Mars：Voyages of Scientific Discovery with the Mars Exploration Rovers（Cambridge：MIT Press，2012);William Clancey，“Becoming a Rover,” in Simulation and Its Discontents，Sherry Turkle，ed.（Cambridge：MIT Press，2008)，107-127;and Zara Mirmalek，“Solar Discrepancies：Mars Exploration and the Curious Problem of Interplanetary Time”（doctoral thesis，University of California，San Diego，2008).

[3] James Hollan，Edwin Hutchins，and David Kirsh，“Distributed Cognition：Toward a New Foundation for Human-Computer Interaction Research,” ACM Transactions on Computer-Human Interaction 7，no. 2（June 2000)：174-196.

[4] Raja Parasuraman，“A Model for Types and Levels of Human Interaction with Automation,” IEEE Transactions on Systems，Man，and Cybernetics 30，no. 3（2000)：286-297;Thomas B. Sheridan，Humans and Automation：System Design and Research Issues（New York：Wiley-Interscience，2002).

工作量、界面和情境意识，但是常常忽视人机团队的社会结构和操作者角色的文化生产。然而，这些因素会对工程决策和国家政策制定方面的新技术的认同产生深远的影响。尽管技术的社会研究探讨这些更广泛的社会文化问题，但是其研究方式常常重视定性数据、增值分析和线性解释，需要考虑事件的技术层和时间层。[1]研究分布式人机关系需要能够注意到多通道互动的新方法。在我们的协同研究中，我们正在研发以丰富的、图形化的、实时表示法汇集个人、社会、定量和定性数据的方法。[2]

我们在本文中阐明使用数据可视化作为一种方法研究以技术为中介的人际角色和关系。尽管很多定量研究者都使用可视化方法，但是他们往往没有整合该过程中的定性细节和社会文化背景，因为要做到这一点很不容易。特别是在宇宙飞行和航天领域，可视化被用于事故调查，但是研究者常常专注于机械而不是所涉及的网络中的人。[3]与此同时，总的来说定性研究者总是回避可视化。因此，尽管传感器数据和数值计算被图表化，但是仍然看不到人际沟通和人际关系。我们的方法是研发

[1] Bruno Latour, Science in Action: How to Follow Scientists and Engineers Through Society (Cambridge: Harvard University Press, 1988); Gary Downey and Joseph Dumit, Cyborgs & Citadels: Anthropological Interventions in Emerging Sciences and Technologies (Santa Fe, NM: School of American Research Press, 1997); Lucille Suchman, Human-Machine Reconfigurations: Plans and Situated Actions (New York: Cambridge University Press, 2007).

[2] 本文详细论述了首次登月单机版可视化的贡献和不足，曾在2012人机交互会议（CHI）的交互性小组宣读。参见 Yanni Loukissas 和 David Mindell, "A Visual Display of Sociotechnical Data," in Proceedings of the 2012 ACM Annual Conference Extended Abstracts on Human Factors in Computing Systems Extended Abstracts (CHI 2012): 1103-1106.此外，本文将该项目置于更宏大的研究策略之中，即研发一种可视化语言，让人们在数字文化的阐释性研究中看到定量和定性数据。

[3] 有关飞机事故调查中的动画运用，参见Colgan Air Flight 3407, National Transportation Safety Board, Public Hearing, May 12-14, 2009, www. ntsb. gov/news/ events/2009/ buffalo_ny (2012年3月4日访问).

一种能够分析所有这些数据的常见格式,从而揭示其中的社会动力和技术动力，这些用别的方法是很难想象或表达的。

首先，我们要以长远的观点看待人机关系并利用可用的数据，为此我们的首例可视化选自早期航天。我们以1969年阿波罗11号登月为例，不仅利用了新近恢复的下行数据，而且利用了《数字阿波罗：太空飞行中的人和机器》的前期成果。这些数据揭示了与登月舱和指令舱的宇航员以及地面控制人员之间的人际互动同步的阿波罗制导计算机的状态。[1]其次，我们详细描述阿波罗11号的可视化，并把它置于具有重大影响的历史先例之中。我们还要强调我们的可视化所揭示的人机交互模式，并且解释可视化所忽视的那些模式。数据可视化的好处很多：源头可以很广泛，呈现更易于访问，而且时间可以作为交互变量。然而，这种格式也存在一定的局限性。创建清晰的数据可视化要求省略掉很多东西，尽管它们能够丰富我们对事件的理解，但或许不适合图示。在此呈现的阿波罗11号可视化版本中（见图7-1），我们选择省略掉了有关设计师和技术研发者的身体互动、历史和文献信息以及虚拟存在。（未来的可视化中可以找到纳入这些数据的新方法。）最后，考虑到种种益处、缺失和不足，我们在文章的最后对数据可视化的必要步骤进行了解释，以使数据可视化成为跨域人机关系研究的普遍可行格式。

---

[1] 这些数据材料来自敏德尔的《数字阿波罗》及以下来源：NASA，Apollo 11 Descent and Ascent Monitoring Photomaps，NASA Manned Spacecraft Center，Houston，TX (1969a);NASA，Apollo 11 Technical Debrief，NASA Manned Spacecraft Center，Houston，TX (1969b);NASA，Apollo 11 On-Board Voice Transcription，NASA Manned Spacecraft Center，Houston，TX (1969c);NASA，Apollo 11 Range Data，NASA Manned Spacecraft Center，Houston，TX (1969d);NASA，Apollo 11 Technical Air-to-Ground Voice Transcription，NASA Manned Spacecraft Center，Houston，TX (1969e);and Spacecraft Films，Apollo 11：Men on the Moon，Twentieth Century Fox Entertainment (2002).

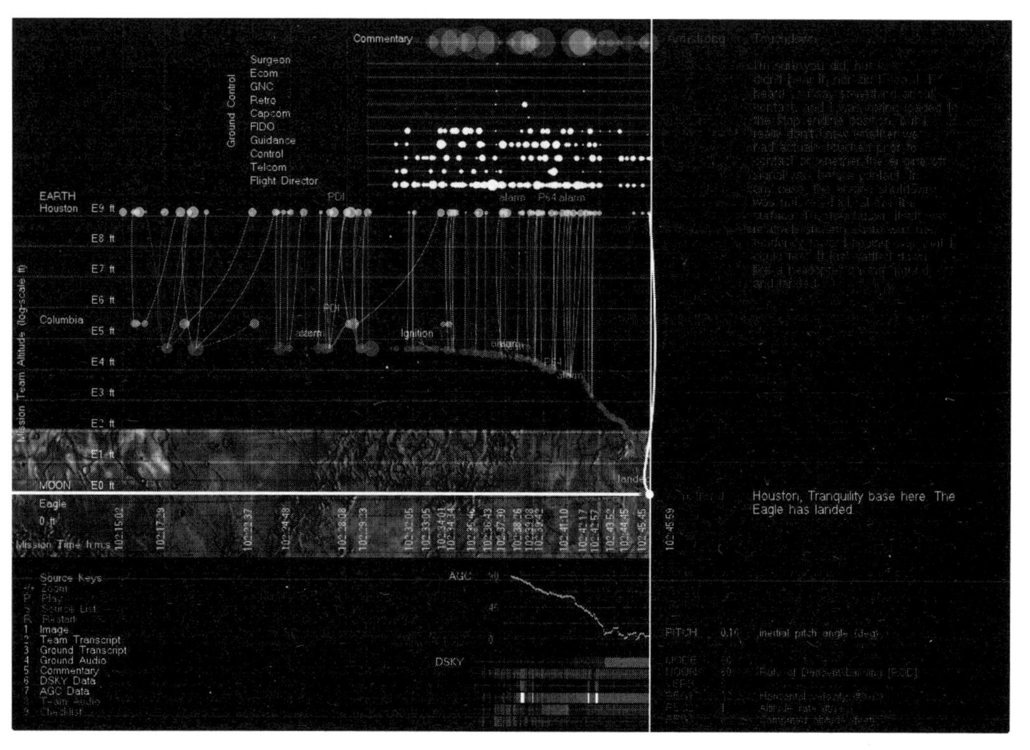

图7-1 阿波罗11号完成任务后的可视化屏幕截图

最初的可视化是一种带综合音频的交互彩色应用。有关该应用的视频快照，参见http://www.mitpressjournals.org/doi/suppl/10.1162/DESI_a_00258.版权©2014归雅尼 ·亚历山大· 路凯萨所有。

2. 方法

直到最近，数据可视化——数字化信息成像技术的设计——才被正式确立为独立的跨学科的研究方法。当今的可视化得益于科学制图法和地图学的长期发展。[1]在过去的十年中，学者们已经试图指定一些书籍作为可视化数字转向的基础

[1] 有关信息可视化的历史回顾，参见Edward R. Tufte, The Visual Display of Quantitative Information (Cheshire: Graphics Press, 2001); Edward R. Tufte, Envisioning Information (Cheshire: Graphics Press, 1990); and Anthony Grafton and Daniel Rosenberg, Cartographies of Time: A History of the Timeline (Princeton: Princeton Architectural Press, 2010).

文本。[1]我们的数据可视化方法利用了最近的技术进步，包括更好的编程工具以及对时间编码、视觉感知和阐释的细微差别的更深入的理解。[2]

此外，我们对可视化及其使用的数据持批判的观点。我们期望通过已有的可视化的社会研究，了解技术运用中的机遇和陷阱，使无形的世界为科学而变得有形——这里的科学包括人类研究和物质世界研究。[3]尽管可视化很多年来都是社会探究的对象，但是这种探索常常忽视了可视化可以作为潜在的工具。一些例外现象值得我们注意，包括网络分析、地理信息系统的使用以及最近数字人文中的自定义应用程序。[4]然而，所

[1] 值得注意的例子包括Stuart K. Card, Jock Mackinlay, and Ben Shneiderman, Readings in Information Visualization: Using Vision to Think (San Francisco: Morgan Kaufmann, 1999); Robert Jacobson, ed., Information Design (Cambridge: MIT Press, 2000); and Ben Fry, Visualizing Data: Exploring and Explaining Data with the Processing Environment (Sebastopol, CA: O'Reilly Media, 2008).

[2] 有关与我们的研究相关的技术范例，参见Casey Reas and Ben Fry, Processing: A Programming Handbook for Visual Designers and Artists (Cambridge: MIT Press, 2007); Adam Fouse et al., "ChronoViz: A System for Supporting Navigation of Time-Coded Data," in Proceedings of the 2011 Annual Conference Extended Abstracts on Human Factors in Computing Systems, CHI EA'11 (New York: ACM, 2011), 299-304; Colin Ware, Visual Thinking: For Design (San Francisco: Morgan Kaufmann, 2008); and Stephen G. Eick, "Engineering Perceptually Effective Visualizations for Abstract Data," in Scientific Visualization Overviews, Methodologies and Techniques, IEEE Computer Science (1995): 191-210.

[3] 有关科学技术实践中的可视化的社会研究，主要包括：Elspeth Brown, "The Prosthetics of Managements: Motion Study, Photography, and the Industrialized Body in World War I America," in Artificial Parts, Practical Lives, Katherine Ott, David Serlin, and Mihn Stephen, eds. (New York: NYU Press, 2002); Peter Galison and Caroline A. Jones, Picturing Science, Producing Art (London: Routledge, 1998); and Bruno Latour, "Drawing Things Together," in Representation in Scientific Practice, Michael Lynch and Stephen Woolgar, eds. (Cambridge: MIT Press, 1990), 19-68.

[4] 作为这种自定义应用的案例，参见Alice Thudt, Uta Hinrichs, and Sheelagh Carpendale, "The Bohemian Bookshelf: Supporting Serendipitous Book Discoveries Through Information Visualization," in Proceedings of the 2012 ACM Annual Conference on Human Factors in Computing Systems, CHI'12 (New York: ACM, 2012), 1461-1470; "Mapping Controversies," www.demoscience.org/ (accessed February 4, 2013); and "Hyper Studio—Digital Humanities at MIT," http://hyperstudio.mit.edu/ (accessed February 4, 2013).

有这些举措都没有专门设计人机系统中的分布式关系。

我们正在研发对应于具体操作的一系列可视化，把它作为建立更通用的工具和技术的途径，帮助他人看到一系列技术领域的人机关系。我们目前的重点主要集中在短时操作（大约10分钟），以捕捉发生在每时每刻的互动。我们的方法是把人机关系表示为对话的历史记录。阿波罗11号任务上连接登月舱的尼尔·阿姆斯特朗（Neil Armstrong）及巴兹·奥尔德林（Buzz Aldrin）、指令舱的迈克尔·柯林斯（Michael Collins）和地面控制的查理·杜克（Charlie Duke）的语音信道显然属于这一范畴。然而，有些方面就不那么明显。例如，这些工作人员也在和登月舱本身交流，在和设计硬件的人、写软件的程序员、培训人员、任务规划者以及其他许多参与者交流。他们的判断都或明或暗地为整个人机系统做出了贡献。在突出较为明显的对话的同时，我们试图突出这些隐形的对话。通过阐明嵌入复杂技术系统的人际关系，我们的方法试图让研究者和设计师更好地理解技术和社会系统之间的相互影响。

我们的数据可视化工具不仅仅是一种呈现方法，它们还是分析探究的空间，借以思考的对象。[1]事实上，我们的方法支持设计师式的工作和信息理解方式。设计师的方法是做中学的方法之一。[2]因此，我们感兴趣是以开放式的方法实现可视化，而不是遵循现成的模板。再者，除了研发我们自己的可视化，我们正在研发一种开放源代码的可视化工具包，它可以扩

---

[1] 有关创造与思维之间的生产关系的深度讨论，参见Seymour Papert，Mindstorms：Children，Computers，and Powerful Ideas（New York：Basic Books，1980).

[2] 有关设计思维的实践性本质，以下著述已有全面深入的讨论：Donald A. Schön，The Reflective Practitioner：How Professionals Think in Action（New York：Basic Books，1983).

展和改善现存的构建自定义信息可视化的系统。[1]

3. 阿波罗11号登陆可视化

敏德尔的《数字阿波罗》一书叙述了阿波罗制导和控制系统的历史，及其与围绕20世纪航空飞行员角色的辩论的关系。该书的后半部分着重于登月的最后10分钟——整个阿波罗任务最艰巨也是最危险的阶段——从10英里高的轨道到安全着陆。该书运用技术人种学，考察了执行登陆的计算机和软件设计。然后，通过分析数据、转录、音频、视频和技术报告，该书对登月的最后关键阶段进行了大量的实时描述。该书不仅描述了设计角度的运行方式，而且描述了6次登月任务中每一次的实际运行情况，突出了异常、错误、惊喜和富有创意的变通措施。该书还叙述了有关电路设计和软件主管的技术辩论、传统的诸如注意力和工作量等人性因素的考量，以及史学和社会学的技术观，比如有关机组人员专业身份的矛盾、国家政治目标及冷战议程、系统设计人员之间的辩论、机组人员与地面控制人员之间的知识分布和权力关系。

尽管《数字阿波罗》的叙述是以书面形式呈现的，但是我们试图以形象的交互格式，增强对阿波罗任务的某个事件的理解。这种格式使得我们得以显示固定时段内可用证据的丰富程度。《数字阿波罗》出版以后，作者经唐·艾尔斯（Don Eyles）许可，已经拿到了“绳儿”编目（见图7-2）。唐·艾

---

[1] 其他很多人已经建立了可视化工具包，但目的不同。参见 Jean-Daniel Fekete，“The InfoVis Toolkit,” in Proceedings of the IEEE Symposium on Information Visualization, INFOVIS ’04 (Washington, DC: IEEE Computer Society, 2004), 167-174;and Jeffrey Heer, Stuart K. Card, and James A. Landay, “Prefuse: A Toolkit for Interactive Information Visualization,” in Proceedings of the SIGCHI Conference on Human Factors in Computing Systems, CHI ’05 (New York: ACM, 2005), 421-430.

图7-2 “绳儿”编目
（包括阿波罗11号登月舱登陆编码）

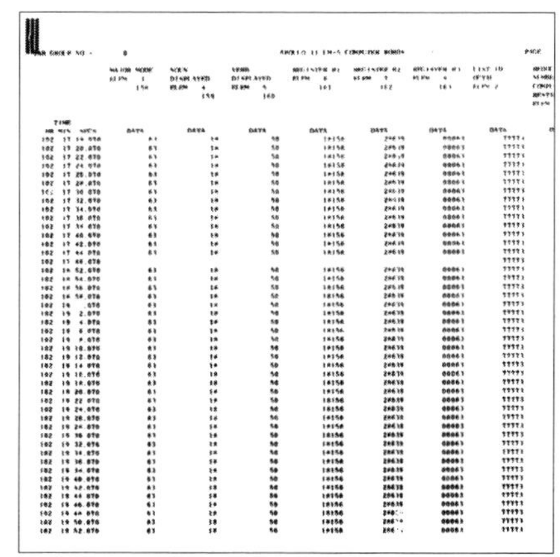

图7-3 下行数据样张
（显示来自DSKY的同步数值）

尔斯不仅是下行遥测的主要程序员之一，还是登月舱内置登陆编码的主要程序员之一。我们接到的遥测技术数据是老式计算机打印输出的微缩胶片副本形式（见图7-3）。这些打印材料包含登陆期间每两秒钟计算机系统的状态信息。

下行数据的单个页面被扫描为图像文件，扫描结果都经光学字符识别（OCR）程序检查。然而，即使提高扫描的对比度和清晰度，光学字符识别的可靠程度也只达到75%，必须把编目的每一个数字化页面与原来的文件进行比对，以找到其余的错误。修正后的编目数据最终被格式化为一系列的xml文件，但是很多编目数据仍未得到处理。将来或许需要针对扩展性文件的其他部分开展工作。我们已经处理了这些新数据，并结合通信转录、飞行后的情况汇报采访和其他的补充来源，创造出阿波罗11号登陆最后10分钟的交互式可视化。

图7-1是从整个可视化中摘录的数据流。X轴表示时间，在左边从任务时间102:15:20开始，就在下降轨道插入（DOI）燃烧后。（请注意，任务时间从发射开始，以“时:分:秒”的形

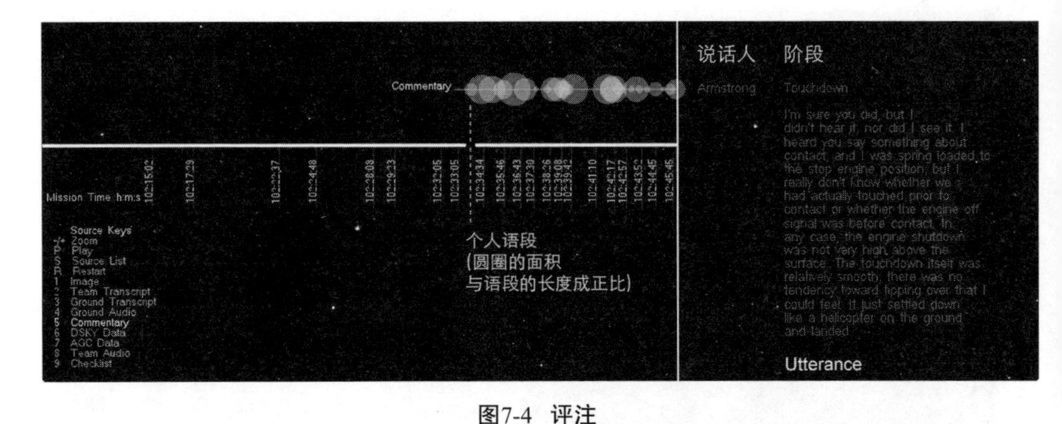

图7-4 评注

评注包括《数字阿波罗》中的历史反思以及与阿姆斯特朗和奥尔德林的任务报告访谈。

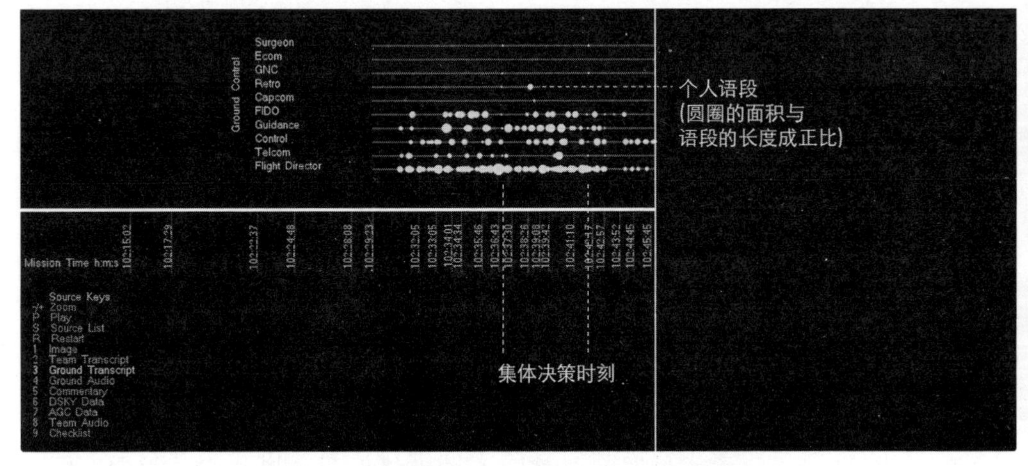

图7-5 地面控制通信与可视化的其他部分分离

垂直模式表示关键决策的瞬间，要求每位控制员给出“走/不走”的建议。

式显示。）登月舱此刻在月球表面上方相对安全的10英里轨道上。

图的纵轴被划分为多个部分。可视化的最顶端是评注功能（如图7-4所示），该部分提供了对登月期间与事件本身同步的重要时刻的反思。这些反思不仅来自《数字阿波罗》中的事件分析，还有对宇航员的任务报告访谈。总之，这些评注有助

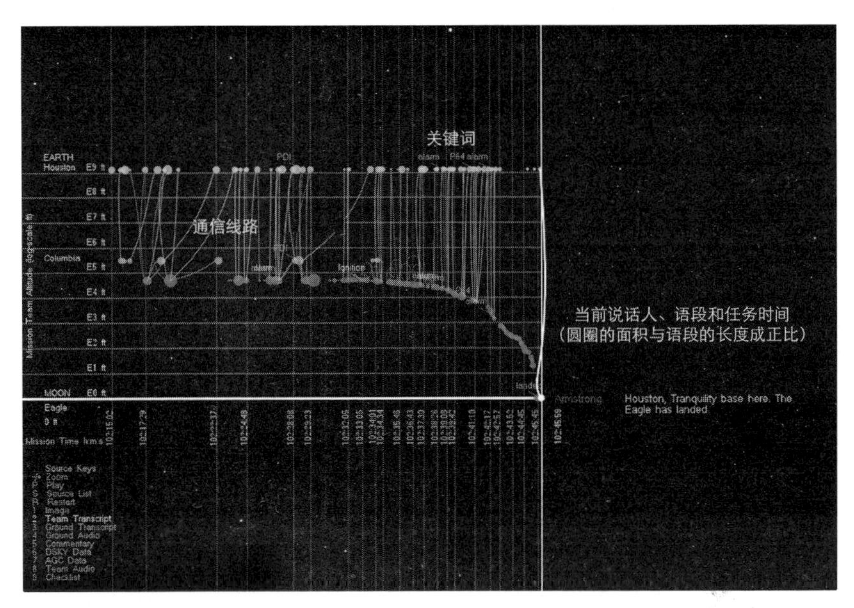

图7-6　任务团队通信所映射的对数刻度图

从登陆的最后关键阶段的通信中可以跟踪工作量和权威交换。

于表明兴趣点所在以及可能的数据阐释方式（见图7-4）。

评注的正下方是从任务的外科医生（顶部）到飞行指挥官（底部）在内的休斯敦任务控制成员。这些角色对应于在主要任务控制中心的控制台就座的个人。（纵轴的这部分如图7-5所示。）追加的支援小组没有表示出来，他们和密室的每一位小组成员进行沟通。

这些角色都处于完全不同的空间距离，为了在视觉上容纳下这些角色，我们选择了对数刻度的工程惯例。在聚焦于小端分辨率的同时，对数刻度可以描绘出较宽的值域。中间部分（如图7-6所示）是从月球到地球以英尺表示的海拔指数单位（大约109英尺远）。来自登陆舱通信（与太空机组人员沟通的地面宇航员）、指令舱飞行员、任务指挥官和登月舱飞行员的语段都标在了这张图上。

来自“哥伦比亚号”指令舱（在月球轨道）的通信被绘

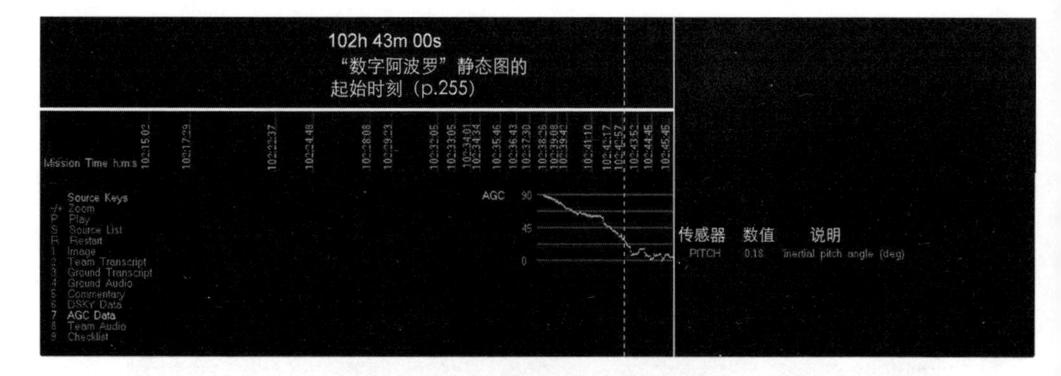

图7-7 来自下行遥测的姿态角数据

当阿姆斯特朗驾驶航天器穿越目标登陆区域内的一个大型火山口时，姿态角临近最后不规律地波动。

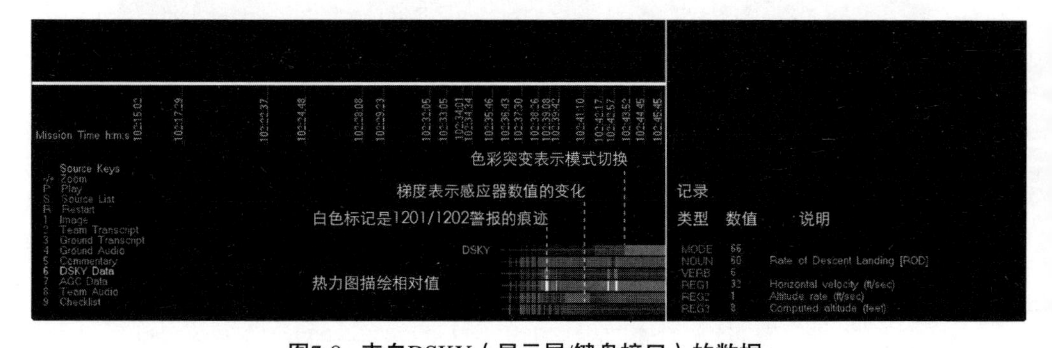

图7-8 来自DSKY（显示屏/键盘接口）的数据

来自DSKY的不断变化的变量用热力图显示，以便捕捉波动的模式和范围，而无须显示具体数值情况。

制在105~106英尺之间。来自“老鹰号”登月舱的对话始见于5万英尺的高度（在图左边的104~105英尺之间），止于月球表面（右边0英尺）。

在图7-1中，该图部分覆盖在月球表面的合成图像上。[1]两个图形都互相旋转90度，旋转轴穿过登陆点。可视化的底

---

[1] NASA，Apollo 11 Descent and Ascent Monitoring Photomaps，NASA Manned Spacecraft Center，Houston，TX（1969a).

部包含来自阿波罗计算机系统、阿波罗计算机（DSKY）的显示屏/键盘接口和阿波罗制导计算机（AGC）的数据。这些计算机系统把团队成员和由科学家、设计师和程序员组成的扩展网络置于对话框内，否则这些科学家、设计师和程序员就无法出现。航天器的姿态角变化（如图7-7所示）可以在月球表面登陆点图像下方进行监控。DSKY与人员对话同步显示模式和数值，它们代表来自遥不可及的阿波罗控制系统的设计师的声音（如图7-8所示）。

图中的每一个圆圈都代表一位团队成员或地面控制人员的语段，圆圈的大小和语段的长度成正比。后续语段之间的连接线代表团队成员之间的查询和回应。登月舱对话周围的小循环线代表机组人员之间的交流。具体的事件都有标记，如计算机程序的修改和著名的“1201”和“1202”程序警报，但它们在关键时候会对机组人员造成一些干扰。

阿波罗11号登陆可视化起初使用了Processing，即Java开发环境，后来使用了Open Frameworks，即图形C++库，运用了来自多个文件和文件类型的数据，即两个单独的通信转录、两个音频文件、一个月球表面图像和两个计算机系统（DSKY接口和AGC）的打印记录。我们的应用程序把这些资源读取到内存中，作为一系列通过共同运行时间协调的事件。我们已经选择了一种事件结构以突出人机之间的实时交互关系。我们的编码使用这一结构及时显示每个来源的数据，并显示与其他来源之间的关系。诸如语段或姿态角数据之类的事件都被映射到显示屏上,以表达它们作为操作序列的一部分的意义。

3.1登陆模式

图7-1所示的可视化使得我们能够看到阿波罗11号登陆的方方面面，否则这些都是很难理解的。如上所述，《数字阿波

罗》对同样事件的叙述往往要用整整一章，而且还没有呈现多少量化的数据。可视化显示覆盖定性和定量数据流的宏模式。例如，由于数据流失和调整登月舱的高增益天线问题，登陆第一阶段的通信明显稀少。事实上，通信信道的间歇性运转是机组人员的工作量和压力增加的显著源。在《数字阿波罗》的撰写期间，只有对这些转录进行长时间的研究和写到它们之后，才能辨别这些沟通模式，然而以可视化的形式它们就变得一目了然了。在某种程度上，可视化对学术研究进行了总结，这些研究涉及协调完全不同的数据组，包括轨道、通信、核查清单、计算机数据和任务报告。有了可视化呈现，也能够更加容易地追踪登陆最后关键阶段工作量和权威的协商方式，以及作为对程序警报的响应是如何将工作量从登月舱切换到休斯敦的。

我们对登陆的分析集中于三个重要阶段，可视化捕捉到了这三个阶段。第一阶段始于可视化的最左边，大约在102:33:05，就是显示可以动力下降（PDI）的时候。当计算机顺着飞行矢量点燃登月舱的火箭发动机，使其放慢速度，该事件就启动了正式登陆序列。速度的下降降低了登月舱的轨道，使它从轨道上掉下来。一旦PDI点燃开始，航天器就要么能够安全登陆，撞上月球，要么在接下来的十分钟内执行危险不定的中止计划。从PDI到登陆的这段时间是任务中最长、最困难、最关键的环节。按照1~10的难度等级划分，阿姆斯特朗把它的难度等级描述为13级。

第二阶段始于PDI 后不久，此时计算机开始发出一系列的1201/1202“程序警报”，说明计算机有问题。第一个问题发生在102:38:30，就在可视化的中部。随着机组人员决定是否执行紧急中止计划，随着地面控制人员试图诊断问题，沟通变得紧张起来。认知工作量从宇航员和机载计算机转移到地面控

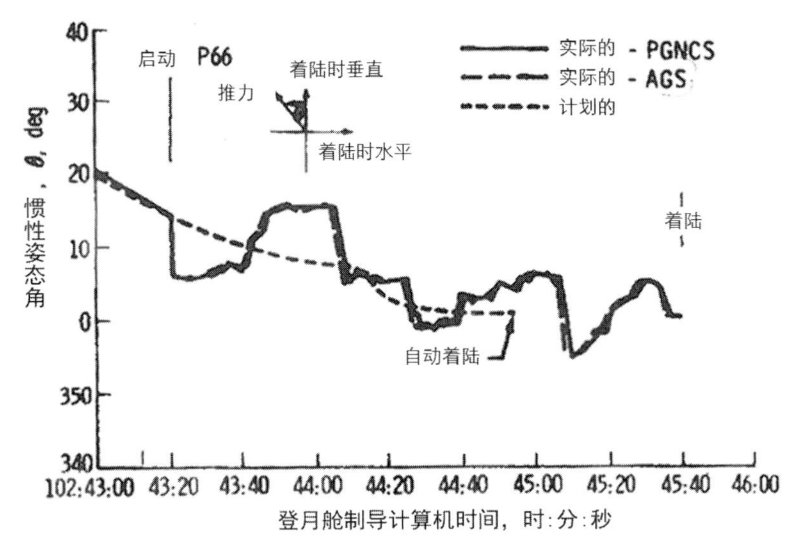

图7-9 来自阿波罗11号的姿态角数据

该图对应于可视化中的数据，从任务时间102:43:00开始。

制人员（“我们继续发那个警报”）。地面控制人员迅速准确地做出判断，认为计算机在对数据显示过程做出响应时超负荷了，但是计算机只是在放弃非重要任务。作为回应，地面控制接管了显示屏监视任务（杜克：“老鹰，我们将监控你们的德尔塔H”），这样就释放了像处理器周期和人员注意力等重要资源。

最终，最后的阶段始于102:41:35，此时可视化的转录和DSKY数据都是P64。计算机正在切换到新的程序（#64）,开始把航天器倾斜到垂直状态，机组人员因此可以看到窗外，并且目测他们的登陆地点。可视化显示了姿态角数据是如何开始变化的，如何协同程序修改以及机组人员对事件的口头认可的。

航天器的姿态角达到P64后，宇航员的注意力集中到他们与地形和计算机的交互上。与地面的通信被最小化，最终阿姆斯特朗决定关闭在P66的自动化目标，并以半自动化的“姿态保持”方式着陆。在图7-9中，当代的飞行后分析的姿态角图追踪了阿姆斯特朗最后努力飞过月球岩质表面的情况。登月舱的下降发动机被安装在太空船底部的一个万向节上。这样，姿态角（围绕水平轴旋转）控制了推力的方向，使得阿姆斯特朗能够通过旋转着陆器的方向改变着陆器的侧向加速度。《数字阿波罗》以及姿态角的静态图都对这些动态做了历史记述。[1]

我们新近发现的姿态角数据与《数字阿波罗》中的图形是一致的——这是下行数据准确性的一个重要标志。然而，当以可视化呈现时，加上对话框和其他指示器，在阿姆斯特朗指挥下的航天器旋转就显得非常逼真。当航天器接近月球表面时，阿姆斯特朗首先后调姿态角以便减慢前进速度，然后前调姿态角飞到大型火山口的另一侧（这在所附的月球图像中并非清晰可见）。在任务结束后的汇报中，他指出："我已经把它斜得像直升机了。"姿态角数据的突然波动反映了阿姆斯特朗对自己亲身经历的最后片刻的描述。他说他的表现就像"最后有点痉挛"；诺马尔·梅勒（Normal Mailer）等观察家说登月舱就像"半翅类水虫掠过水面，不知道该停在哪个爪垫上"。[2]但是没有一个描述能像我们的可视化那样传达了事件的速度和节奏，可视化将姿态角数据和转录协调起来了。实际上，姿态角和对话形成了有趣的对比。相比之下，对话对事件的报道要更加克制一些。事实上，阿姆斯特朗的犹豫不决大多体现在他处理着陆器的方式上，而不是口头表达上。只有在阿姆斯特朗道出那句名言"休斯敦，这里是静海基地，老鹰已经着陆"之后，转录中才充满了喜悦和慰藉。这种数据流之间的对比表明有必要通过多种渠道来全面报道此类事件。

我们围绕首次登月数据的可视化呈现为进一步探究打开了

---

[1] Mindell，Digital Apollo，254.

[2] Norman Mailer，Of a Fire on the Moon（Boston：Little Brown & Co., 1970），377.

丰富的空间，有助于就这三个时刻及其他进行持续的对话和分析。此外，这种可视化中所显示的人机之间的持续协商对所有工作领域的交互都很典型，分布式团队都在不确定的社会、技术和环境背景下寻找安全的轨迹。

3.2 机会和不足

我们的阿波罗11号登月可视化代表了人机关系研究的新篇章。我们在此突出了一些代表性的特征，而我们的方法又把这些特征运用到此类事件的分析之中。在这些特征中，多样化数据集、图形格式和时间交互这三个特点是最为突出的，它们对我们看待实时交互的方式也有重要启示。我们在本节将对这些优点作简要的说明，但同时也讨论我们的方法所遗漏的方面。

第一，我们的可视化以易解有序的方式整合了很多不同来源的数据集。阿波罗11号可视化描绘了数分钟行程内的同步通信、传感器数据和制导计算机的状态。可视化可以自动读取、同步和搜索来源完全不同的数据。如果人工完成的话，那是极其费力的。例如，无论“警报”出现在哪一个数据集，无论是通信转录还是计算机记录，每一次使用“警报”一词都会被突出显示。阿波罗11号可视化中所汇集的大量数据让观众有身临其境的感觉。

第二，我们的工作将大量的多格式数据转换成可以进行可视化分析的图示模式。这种表征形式涉及一些数据的扁平化。例如，把一个人的语段转换为相应比例的圆圈。尽管这种扁平化产生了很大的损失，但也创造了新的机会——在此例中是使观众能够同步看到所有的通信。我们的图形格式也保留了原始事件的很多空间关系，但进行了适当的缩放。然而，原始事件中的非空间条件也可以很容易地在空间上表示。例如，将语段扁平化为几何图形就是一例。另一个例子就是沿着可视化的X

轴描绘向月球表面下降速度的方式。时间在此是通过空间来表示的，事件出现得越靠右，那它就发生得越晚。这种转换的优势在于无须进行详细的解释。一旦坐标轴有了标记，时间和空间之间的图形关系就变得显而易见。

第三，我们是用时间来表示数据集。阿波罗11号可视化实时地呈现数据。登陆最后几分钟的交互速度是很难用书面形式表达的。我们将时间纳入进来作为表征的一个维度，使得观众能够直接体验人机交流的节奏。此外，可视化的交互特点允许把时间作为一个变量来操控。通过调整时间轴，或通过在应用程序的一个版本中放大看一下细节，观众就可以按照自己的节奏查看数据。他们也可以使用内置开关，选择联合查看哪些数据集。这种自主的数据接口可能会让一些人不知所措，但是如果观众得到充分引导或者知道自己在找什么，那它也可能很给力。

当然，即使是以这种丰富的格式，也只是包括了一部分可能有用的数据。一些我们想用的数据在这一历史事件中根本就没有。我们也仍然在学习，试图找到一种平衡，既要呈现所有相关的数据，又要做到有焦点，不透支观众的注意力。我们相信目前的可视化在信息和简练之间取得了很好的平衡。然而，我们也可以考察一些被撇开的数据：生理的、嵌入的、历史的和叙事的。

生理数据包括手势、注意力、取向，甚至心率等，传达了有关操作员的身份、社会关系，甚至是组织文化的大量信息。在阿波罗11号可视化的例子中，我们所掌握的奥尔德林和阿姆斯特朗在下降期间的微观行为的数据有限。关于他们身体配合的更多信息能够让我们了解那些非言语沟通和干扰，在紧张的着陆阶段它们很有影响。

此外，我们相信参与性技术的研发人员在此类事件中的存在是嵌入式的。事实上，在可视化中能够而且应该看到这些远程贡献者的身影。在这种情况下，我们有“绳儿”编目形式的登陆编码，但仍然需要整合。[1]与“自动化”的人际关系本质上就是与他人的人际关系。我们并不认为“自动化”是社会互动的外生变量，也不是需要从以人为中心的角度进行优化的“工具”。在我们看来，做事（和系统）的行为与处理人际关系的行为是相似的。用社会学家理查德·塞尼特（Richard Sennett）的话来说，“做事的难处和可能性完全适用于处理人际关系”，而且“我们的身体塑造有形事物的能力和我们利用社会关系的能力是一样的”。[2]因此，人与人之间的交互和人与计算机之间的交互可以而且应该采用同样的研究方法。例如，研发人员对于阿波罗宇航员的能力和不足的判断——他们的感知能力、认知能力，甚至是他们的活动范围——实现了同时也制约了首次登月期间的每一次人机交互。

再者，诸如人物传记、机器研发路径，甚至是组织和政治条件的演变等历史信息都是极其相关的。这些数据都有，主要在《数字阿波罗》中，但是我们仍然在研发使这些数据以有意义的方式图示化的方法。这些数据可以添加到小的文字说明里，但是却有使当前应用程序过载的风险。本文并没有描述可视化的另一个版本，它包括对数时间轴，因而长长的时标不仅包括像训练时间表这样的任务事件，而且包括文化、政治和个人数据，同时仍然允许以后以逐秒操作为重点。

最后，阿波罗11号可视化很少包括传统历史叙事的内容。

---

[1] 由于最终飞行时阿波罗计算机程序是用铜绞绳硬线连接的，因此这些程序过去被随口地称为“绳儿”。“绳儿”编目是着陆程序的打印文本版。参见Don Eyles，“Tales from the Lunar Module Guidance Computer.” Paper presented at 27th Annual American Astronautical Society Guidance and Control Conference（Breckenridge，CO，February 2004).

[2] Richard Sennett，The Craftsman（New Haven：Yale University Press，2009)，290.

当然，可视化设计本身以策划的方式呈现数据。然而，可视化并没有呈现显性的或线性的故事以便于单一观众的理解。我们相信，服务于更多普通观众的可视化能够从定向的故事情节中受益。很多观众对数据切换并不感兴趣，而只是想得到信息而已。可视化不应仅仅是浏览数据的研究工具，也可以帮助更广泛的观众了解复杂的事件。

在未来的工作中，我们将尝试数据可视化的替代手段，这为生理的、嵌入的、历史的和叙事的元素在视觉上和概念上都留出更多的空间。作为文章的结尾，我们现在再反思一下我们的可视化案例的贡献，包括对当前理解技术操作中的人机关系的方法的贡献，以及对那些能够刺激我们下一步的悬而未决的问题的贡献。

4. 结论

我们以阿波罗11号登月为例，阐释了使用数据可视化研究人机交互的优点。我们的方法融合了所有数据集、可访问的图形格式和身临其境的数据体验。数据可视化提供了重新呈现复杂的社会和技术数据的机会，而且广大观众都能访问这种呈现格式。然而，这种格式也表现出新的制约，即数据必须在图形上适合可视化。在所讨论的案例中，生理的、嵌入的和历史的数据还没有得到完全整合。此外，尽管这种格式为摆脱叙事型写作结构提供了机会，但是对于一般观众而言，某种有序的解释是有益的——或许是无价的。考虑到这些机会和不足，我们正在继续改进我们的方法，并在朝着更通用的系统努力，以可视化的形式重新呈现人机交互中的数据。我们目前正在同时研发数种可视化类型，每种类型都迎合了特定观众的期待和目的。

首先，我们必须意识到数据可视化复杂性的制约因素，这和观众的选择有关。社会科学家情愿忍受很多复杂性和模糊性；技术人员对有决策针对性的数据更感兴趣；普通观众想得到广泛的信息。为此，我们正在了解每一类观众以及他们从数据收集到最后呈现的种种需求。

其次，在各种参与层次上，我们都把可视化看作解释人机关系的更大工具包的组成部分。即使是现在，我们还在尝试种种方法，用以补充航空、外科和水下考古等方面的数据收集手段（如专家访谈）。事实上，我们的工具并不非要替代或复制人类学家、社会学家和历史学家的全部工作。相反，我们的目标是要帮助广大观众对人类操作员形成更丰富的视角，并诚邀更深层次的定性的和定量的联合研究。

总之，这项工作回应了一个普遍的问题：我们并不能轻而易举地理解人类的所有实时参与和在复杂环境中展开的技术活动。如果自动化系统的研究人员、设计师和操作者以及公众想要理解新技术对人的影响，他们需要更具包容性易于访问的方法，借以解释技术人员在技术操作中不同的分布式地位。数据可视化中新的研究机会关系到人类的种种努力，在此人类操作员在面对远程存在、仿真、自动化及相关技术的同时，将迎接种种社会挑战和技术挑战。

八、研究及设计在学界和业界中的定位问题

Positioning Research and Design in Academia and Practice: A Contribution to a Continuing Debate

马金·范·德·维杰[1] (Marijn van de Weijer)

康拉德·范·克里坡[2] (Koenraad Van Cleempoel)

希尔德·海嫩[3] (Hilde Heynen)

---

[1] 马金·范·德·维杰：曾在埃因霍温科技大学攻读建筑学，在鲁汶大学攻读城市化，目前为鲁汶大学和哈塞尔特大学的博士生。他在2010年攻读博士学位之前，曾作为建筑和城市设计竞赛和项目的设计师。目前主要研究法兰德斯住房和居住环境，特别是在人口、经济和生态环境变化情境下的设计策略。

[2] 康拉德·范·克里坡：曾在鲁汶大学、马德里大学和伦敦大学攻读艺术史，并在瓦堡研究所获得博士学位。自2005年以来，他一直致力于在哈瑟尔特大学（比利时）成立并指导室内设计研究室。他指导多名室内设计方向的博士生，从事再利用和基于设计的研究。他曾在多家刊物发表论文，包括《室内设计杂志》（*Journal of Interior Design*）、《内饰杂志》（*Interiors Journal*）和《文化遗产管理与可持续发展杂志》（*The Journal of Cultural Heritage Management and Sustainable Development*），并在牛津大学出版社出版专著《格林威治星盘：国家海事博物馆星盘编目》（*Astrolabes at Greenwich: A Catalogue of the Astrolabes in the National Maritime Museum*）。

[3] 希尔德·海嫩：鲁汶大学建筑系教授，系主任，主要研究建筑设计中的现代性、现代主义和性别问

本文译自《设计问题》杂志2014年（第30卷）第2期。

1. 引言

本文探讨研究在建筑设计学中定位的不确定性问题。由于业界、教育界及学术界对于建筑研究的性质存在多种不同的阐释，所以有关建筑研究的性质目前尚无定论。本文以此作为研究对象，试图揭开这些离散的阐释背后的不同逻辑，并指出前进的方向。本文试图建立一种理论框架，以便促进不同研究方法与研究模式之间的交流。

建筑实践依靠设计能力，具有自身的知识生产，这一概念常常被视为一扇机会之窗，借以概括建筑学作为一门学科应该具有的知识。因此，基于设计的研究已经成为一个热词，广泛运用于专业、教育及研究等环境中。[1]本文旨在理解，与其他形式的研究和其他形式的设计相比，我们应该如何定位基于设计的研究。

题，撰写了专著《建筑与现代性：批判》（*Architecture and Modernity: A Critique*），共同编写了《从乌托邦回归：现代运动的挑战》（*Back from Utopia: The Challenge of the Modern Movement*）、《家庭生活谈判：现代建筑中性别的空间生产》（*Negotiating Domesticity: Spatial Productions of Gender in Modern Architecture*）和《SAGE建筑理论手册》（*The SAGE Handbook of Architectural Theory*）。她还经常在《建筑学杂志》（*The Journal of Architecture*）和《家庭文化》（*Home Cultures*）等刊物发表论文。

[1] 基于设计的研究有别于深入设计的研究或为了设计的研究。很多出版物对这种区别都进行了讨论，如Bruce Archer, “The Nature of Research,” Co-Design, Interdisciplinary Journal of Design (January 1995): 6–13; Christopher Frayling, Research in Art and Design (London: Royal College of Art, 1993); Peter Downton, Design Research (Melbourne: RMIT University Press, 2003); Ken Friedman, “Research into, by and for Design,” Journal of Visual Arts Practice 7, no. 2 (2008): 153-160; And Nigel Cross, “Editorial,” Design Studies 16, no. 1 (1995): 2-3. See also, for a broad discussion of design knowledge, Imre Horváth, “A Treatise on Order in Engineering Design Research,” Research in Engineering Design 15, no. 3 (2004): 155-181.

研究作为专业建筑实践的一部分，我们可以把对此的兴趣与时下对学科专业身份的重新定义联系起来。历史上，建筑学与工程学的关系密切，这导致“设计和建造”过程不断互换职责。[1]然而，当人造建筑和物件日益构成日常生活的场景时，建筑学主要还是作为一门学科，解释如何在这样的环境中生活、居住以及工作的社会问题。[2]近几十年来，这些问题变得愈发复杂，继而促使建筑师把他们的部分行业实践界定为研究。因此，一些领先的建筑设计事务所近期已经设立了研究分支机构，并为之制定了具体的研究架构。这种研究轮廓有别于由设计和最终建筑所界定的传统建筑学的轮廓。[3]与此同时，由于高校鼓励它们的建筑系从事更多的研究，因此高校以及其他机构的建筑研究得以持续发展。

这一领域的学术活动与日俱增，其中有很多的缘由。在英国，理工院校和大学合并以后，自1992年以来，设计和美术就一直是在学术环境下教授的。[4]在欧洲大陆，博洛尼亚进程呼吁更加透明统一的高等教育体系，也形成了与英国类似的情况，此前的高等学校被转型整合到一个学术体系之中。因此，人们希望高等学校开展研究活动，并有研究产出。这一改变也提出了一些问题，比如如何充分地衡量“研究产出”。传统上，高校决策者都制定了基于索引（例如，ISI科学引文）的产出衡量体系。然而，这些方法在衡量设计产出方面却有所不

---

[1] Andrew Saint, Architect and Engineer: A Study in Sibling Rivalry (New Haven: Yale University Press, 2007).

[2] Rosalind Williams, Notes on the Underground (Cambridge, MA: MIT Press, 1990).

[3] 荷兰两大建筑设计事务所可以作为该趋势的例子：大都会建筑设计事务所（OMA）在AMO（这个名字实际上是OMA的镜像变位词，没有什么固定的含义）有一个合作伙伴，而Why Factory是MVRDV建筑设计事务所的合作伙伴。

[4] Michael A. R. Biggs and Daniela Büchler, “Rigor and Practice-Based Research,” Design Issues 23, no. 3 (2007): 62-69.

足。因此，基于设计的研究的倡导者们提议，如果通过展览、安装或专业出版等手段公开发布或同行评审，那么设计或设计项目就可以视为实质性研究。[1]如果能做到这一点，这就肯定了建筑学的特定学科身份和范围。[2]在近期的一篇文章中，弗兰克·范·德·胡芬（Frank van der Hoeven）重点讨论了荷兰代尔夫特理工大学建筑学院的地位，研究如何在学术环境下评价建筑研究的难题。在这种学术环境下，研究价值是通过在有限的同行评审科技刊物上发表而获得的。[3]他提议更多地强调设计实践的社会相关性，但以科学严谨性为标准。如此，设计将成为一种与社会角色有关的学术研究形式，而这种社会角色通常都与设计实践有关。

这一思路使我们意识到该学科中学术与行业之间明显的张力。传统上，高校建筑系的研究是通过改进相关学科（例如，社会学、艺术史或人类学）的研究方法进行的。格罗特（Groat）和王大卫（Wang）总结了一位建筑师的探究方法，认为我们很难把这些方法归类到传统的学术研究方法。[4]确实在很多设计师和学者看来，学术实践是一种与设计实践大不相同的知识生产模式。因此，我们可以把建筑学中的学术研究（例如,建筑史研究）看作是有关建筑学的研究（来自外部的研究），而不是建筑学内的研究（来自内部的研究）。[5]学术

---

[1] Archer, “The Nature of Research,” 10; and Frayling, Research in Art and Design, 5.

[2] Chris Younès, “Doctorates Caught Between Disciplines and Projects,” The Journal of Architecture 11, no. 3 (2006): 315–322; Matthew Powers, “Towards a Discipline-Dependent Scholarship,” Journal of Architectural Education 61, no. 1 (2007): 15-18.

[3] Frank Van Der Hoeven, “Mind the Evaluation Gap: Reviewing the Assessment of Architectural Research in the Netherlands,” arq: Architectural Research Quarterly 15, no. 2 (2011): 177-187.

[4] Linda Groat and David Wang, Architectural Research Methods (New York: John Wiley & Sons, 2002).

[5] Hilde Heynen, “Unthinkable Doctorates? Introduction,” The Journal of Architecture 11, no. 3 (2006): 277-282.

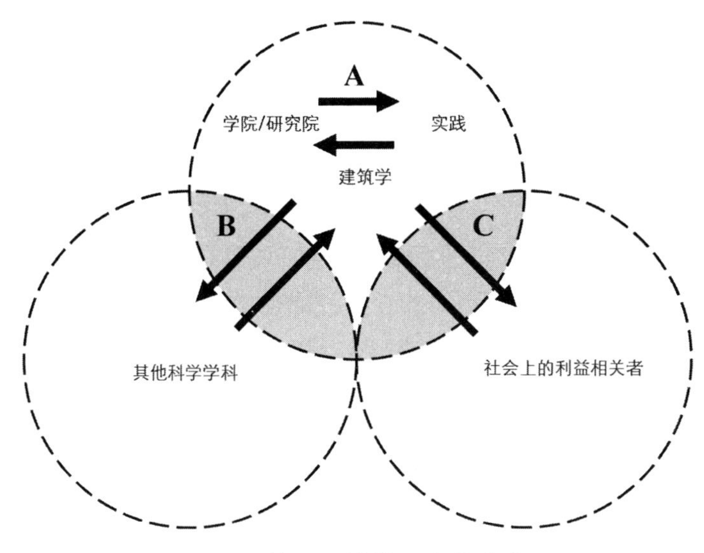

图8-1 基于设计的研究的定位

（A）代表实践与学院/研究院之间的交流模式；（B）代表一种学科的知识生产形式，它区分了建筑学与其他学科，并允许学科间的交流；（C）代表一种生产探究模式，该模式响应来自社会的复杂空间需求。

理论界与建筑设计事务所中重实践重背景的日常工作现实之间存在差距，而基于设计的研究具有缩小这一差距的潜能，因而受到推崇。

2. 基于设计的研究的多种不同阐释

一般认为，基于设计的研究是建筑师与社会，或者说学术界与从业者之间(缺失的)的一环（见图8-1）。尽管从业者、教育工作者以及学者对基于设计的研究具有广泛的兴趣，但是他们对于基于设计的研究的概念却各执一词，因此真正的联系尚未建立起来。然而，在当地的专业环境下，建筑师的创意实践——运用强大的空间构件应对研究问题——常常被认为是设计师式的研究，并将产生饶有意义的见解。[1]很多机构也对基于设计的研究的潜力表现出兴趣，并且已经发布了立场文件或者宣言般的文件。例如，多个国家建筑组织已经表达了他们对于不同国家背景下设计与研究之间联系的看法。英国皇家建筑师学会（RIBA）在关于建筑研究的备忘中指出，当行业为学术领域提供分析的设计过程数据时，行业和学术领域就共同为“基于实践的研究”奠定了基础。[2]这种方法把实践和研究联系起来，把设计师的角色赋予实践，把分析的角色赋予高校。另外，美国建筑师协会（AIA）提到设计研究，认为设计研究就是通过“设计调查与思考、观察与反思”采集数据。[3]最后，澳大利亚建筑师协会通过专业展览、杂志和书籍等方式，把建筑研究与设计生产和传播紧密联系在一起。该协会直接把建筑研究定义为一种方法，或“用以理解采用设计方法论所从事的研究的一种框架”。[4]

行业实践也表现出了类似的兴趣。重大的建筑实践都运用研究来扩充他们的资料，都超越了传统设计简要的范畴。有时，建筑师事务所也会把他们设计任务中的探索定义为研

---

[1] 例如，我们可以参考创意产业基金（曾用名为荷兰建筑设计基金）出版的《设计图》（*Layout*）系列。该系列不定期出版设计作品，作为对复杂空间问题的研究。参见http://architectuurfonds. nl/nl/ lay-out/（2012年8月22日访问）.

[2] Jeremy Till，Architectural Research：Three Myths and One Model（London：Royal Institute of British Architects，2008），www. architecture. com/Files/ RIBA ProfessionalServices/ Research AndDevelopment/WhatisArchitectural Research. pdf（2012年11月7日访问）.

[3] American Institute of Architects Knowledge Resources Staff，AIA Research Primer（Washington，DC：American Institute of Architects，2009），www. aia. org/aiaucmp/groups/ aia/ documents/pdf/aiab081880. pdf（2012年11月7日访问）.

[4] The Australian Institute of Architects，Understanding Research Excellencein Architecture（Barton：Australian Institute of Architects，National Education Committee，2009），www. architecture. com. au/policy/ media/Understanding%20Research%20 Excellence%20in%20 Architecture. pdf（2012年11月7日访问）.

究。[1]这些定位可以用MVRDV的马斯·范·瑞杰斯·德·弗里斯（Maas Van Rijs De Vries）和原FOA建筑师事务所的亚历杭德罗·塞拉·波罗（Alejandro Zaera-Polo）的观点来阐释。MVRDV从海量的数据收集着手，以此作为设计决策的基础[2]，而塞拉·波罗把产生的一套工作定义为基于项目的研究。[3]无论是城市规划、建筑设计，还是幕墙系统，设计产品都承担着一种角色，要么作为综合和展现研究的一种手段，要么作为建筑经验知识的整体。

在学术界，人们对“研究”持有相似的开放态度。2003年，荷兰贝尔拉格学院（Dutch Berlage Institute）把博士培养计划定为渐进式研究，[4]它不同于学术界的传统研究。传统研究“常常作为行政性调查，使我们所有的从业者都无能为力”，导致研究“固守于官方的学术行为规范，将这些研究局限于细节（即琐事），或者相对于建筑学、城市主义、城市与理论等重大问题的讨论来说，甚至显得是多余的”。[5]这种渐进式研究方法以文献研究、案例研究为基础，最后形成一套建筑设计工具（一个工具箱）以应对当代社会状况。类似的设计能够作为最终产品脱颖而出。此外，欧洲建筑教育协会（EAAE）对

---

[1] Halina Dunin-Woyseth and Fredrik Nilsson, “Building (Trans)Disciplinary Architectural Research: Introducing Mode 1 and Mode 2 to Design Practitioners,” in Transdisciplinary Knowledge Production in Architecture and Urbanism, eds. Nel Janssens and Isabelle Doucet (Dordrecht: Springer, 2011): 79-96.

[2] 对于形式推断方法的解释，设计师参考了下述著作中的研究：Winy Maas, Jacob van Rijs, and Richard Koek, FARMAX: Excursions on Density (1998;repr. Rotterdam: 010 Publishers, 2006), 103.下述文章对此也有论述：Stan Allen, “Artificial Ecology,” Assemblage 34 (December 1997): 107-109.

[3] Alejandro Zaera-Polo, “Patterns, Fabrics, Prototypes, Tessellations,” Architectural Design 79, no. 6 (2009): 18-27.

[4] 地处鹿特丹的贝尔拉格学院过去是一家独立的研究生院，主要从事建筑设计培训和研究。2012年，该院失去了荷兰政府的资金来源，因而不再是独立的研究生院，但仍然是代尔夫特理工大学的一个机构。

[5] Wiel Arets, Pier Vittorio Aureli, Alexander d’Hooghe, and Roemer van Toorn, “The Properties of Projective Research,” Hunch 6/7 (2003): 526-527.

于设计在研究背景下的角色的描述则更为温和。欧洲建筑教育协会建筑研究宪章把基于设计的研究宽泛地定义为“设计作为研究过程的重要部分的任何一类探究”。[1]设计因此被视为通向新知识的途径。照此，设计被用作一种方法论，而不是无可置疑的结果。

尽管所分析文献都未明确提到基于设计的研究这一概念，但是人们一直在追踪设计实践与研究实践之间的紧密联系，这一点是没有疑问的。无论是把设计定义为一种生产模式，还是定义为一种设计产品，设计总是呈现为一种数据形式，或者数据采集方式、方法论、传播手段，或者一种综合模式。如果我们把研究活动描述为根据特定的生产模式运行并实现特定结果的过程，那么我们可以说，从某些角度来看设计是该模式的一部分，而从另一些角度来看设计是最终结果的一部分。

一般认为，基于设计的研究是区分建筑学与其他学科的途径，以及界定恰当的研究模式的途径。本研究指出了基于设计的研究的概念的含糊性，尽管一般认为基于设计的研究是一个统一的概念，但是本研究并没有指向一种统一的概念。目前，这种概念的含糊性造成了混乱的局面，产生了基于设计的研究在建筑学中到底应该或者能够做什么的问题。基于设计的研究已经成了一把双刃剑。一方面，基于设计的研究旨在阐明事理；但另一方面，由于不同的知识生产方式并不总是可比的或兼容的，因此也同样造成了混乱的局面。

---

[1] European Association for Architectural Education (EAAE), Charter for Architectural Research, a Declaration and a Framework on Architectural Research (Chania: European Association for Architectural Education Research Committee, 2012), www.eaae. be/web_ data/documents/research/120903EAAEC harterArchitecturalResearch.pdf (2012年11月7日访问).

3. 研究与设计：两个对立的概念

简略的文献综述显示，许多作者认为研究和设计是对立的。这些作者一方面讨论科学研究的特点；另一方面，讨论设计的特点，主要关注两者之间的差异。一些人把这些差异主要定位在形式方面，另一些人则定位在这两种方法的最终结果上。有关文献综述情况，参见表8-1。[1]

一般认为，优秀的研究标准包括系统的过程、严谨性、透明性、可沟通性、可重复性、有效性以及原创性，这种情况是非常普遍的。[2]遵循这些原则决定了知识生产的形式是在科学范式之内还是在科学范式之外。另一方面，设计活动则是依据其他原则评估的。由于这些原则依赖于项目简报、规模、当前行业规范、客户及其他因素，因此很难概括。这些活动的主要特征在于那些主观的、决定性的关键时刻，它们凸显了隐性知

---

[1] 该表参考了以下文献：Jane Darke，“The Primary Generator and the Design Process,” Design Studies 1，no. 1（1979）：36-44；Herbert Simon，The Sciences of the Artificial（Cambridge，MA：MIT Press，1969）；Nigel Cross，“Creative Cognition inDesign I：The Creative Leap,” in Designerly Ways of Knowing，ed. by Nigel Cross（London：Springer-Verlag，2006）：43-61；Michael Polanyi，The Tacit Dimension（Gloucester：Peter Smith，1983）；Schön，The Reflective Practitioner，How Professionals Think in Action（Aldershot：Ashgate Publishing Limited，1983）；Nigel Cross，ed.，Designerly Ways of Knowing（London：Springer-Verlag，2006）；Powers，“Towards a Discipline-Dependent Scholarship,” 15-18；Hilde Heynen，Architecture and Modernity：A Critique（Cambridge，MA：MIT Press，1999）；Schön，The Reflective Practitioner，45-46，quoting Edgar Schein，Professional Education（New York：McGraw-hill，1973）；S. A. Gregory，“Design and the Design Method,” in The Design Method，ed. by S. A. Gregory（London：Butterworths，1966）：3-10；Nigel Cross，“Designerly Ways of Knowing：Design Discipline Versus Design Science,” Design Issues 17，no. 3（2001）：49-55；And Richard Buchanan，“Wicked Problems in Design Thinking,” Design Issues 8，no. 2（1992）：5-21.

[2] Archer，“The Nature of Research,” 6；Cross，“Editorial,” 2-3；and David Durling，“Discourses on Research and the PhD in Design,” Quality Assurance in Education 10，no. 2（2002）：79-85.

表8-1 学术实践与行业实践的对比

	学术实践 （科学研究）	行业实践 （设计）	来源（有关全部参考文献，参见脚注）
生产模式	客观性、事情/物是怎样的、 可交换的事实	主观性、事情/物应该是怎样的、个人选择	达克（1979）； 西蒙（1969）； 克罗斯（2006）
	以显性知识为基础	以隐性知识为基础	波兰尼（1983）； 舍恩（1983）
	分析、理性	综合、模仿	克罗斯（2006）； 鲍尔斯（2007）； 海嫩（1999）
最终结果	向范式收敛	向不同情形下的范式应用收敛	沙因（1973）
	界定问题	解决问题	格戈里（1966）； 克罗斯（2001）
	适用于具有代表性的一般概念	适用于特定的个案	布坎南（1992）； 鲍尔斯（2007）

识在迅速推进复杂项目的进度方面的重要性。克罗斯将这些时刻称为“创造性的飞跃”，[1]达克（Darke）称之为“主发生器”。[2] 隐性知识使我们能够根据日常经验做出决定，而无须明确说明理由和程序。唐纳德·舍恩（Donald Schön）把隐性知识解释为专业决策的基础，对于设计师而言尤其如此。[3]这就出现了与科学家的显性知识的对立。[4]

许多作者还基于研究和设计不同的最终结果，对两者进行了区分。因此，一般认为研究在具体的实证结果的基础上产生

[1] Cross, “Creative Cognition in Design I,” 43-61.

[2] Darke, “The Primary Generator and the Design Process,” 36-44.

[3] Schön, The Reflective Practitioner.

[4] Heynen, Architecture and Modernity, referring to Theodor Adorno, Aesthetische Theorie (Frankfurt am Main: Suhrkamp, 1970).

具有普遍有效性的理论，因而向范式收敛。另一方面，设计在大多数情况下则被看作对某个具体问题的具体回答，因而不适合概括和抽象。同理，科学导致对问题的正确定义（例如，不妨看看气候变化的问题），而设计则注重解决问题。

4. 从对立面到连续体

当然，在讨论这些区别的作者中，有相当一部分赞同在研究和设计之间建立良好的关系。例如，奈杰尔・克罗斯认为，建筑设计先锋自认为是对未来进行设计的理性“科学家”，因此设计师的范式容易受到研究模式的影响。[1] 迈克・波兰尼(Michacl Polanyi)认为，科学既依靠以隐性知识为基础的“软”技能，又依靠显性的“硬”知识。[2]我们把这种关系又向前推进了一步，探索如何把研究和设计融合到生产性和调研性实践之中，使之成为有效的科学实践形式。[3]

很多概念模型对于克服上述的对立性都具有重要意义。这些概念模型建立在论证基础之上，旨在超越科学研究与创造性实践之间的严格界限。吉本斯（Gibbons）等人阐释了一种互补型的知识，它表现为“知识生产的次要模式”，居于传统的科学知识生产之后，“创造于更广泛的、超学科性的社会和经济环境之中”，他们把这种方法称为模式-2。[4]由于这种模式使得设计实践可以与科学研究相提并论，设计学科已经采用了这种模式。比格斯（Biggs）和布克勒（Büchler）用连续体的

[1] Cross，“Designerly Ways of Knowing,” 49.

[2] Polanyi，The Tacit Dimension，20.

[3] Jonathan Hill，“Drawing Research,” The Journal of Architecture 11，no. 3 (2006)：329-333.

[4] Michael Gibbons et al., The New Production of Knowledge：The Dynamics of Science and Research in Contemporary Societies (1994；repr. London：SAGE，2002).

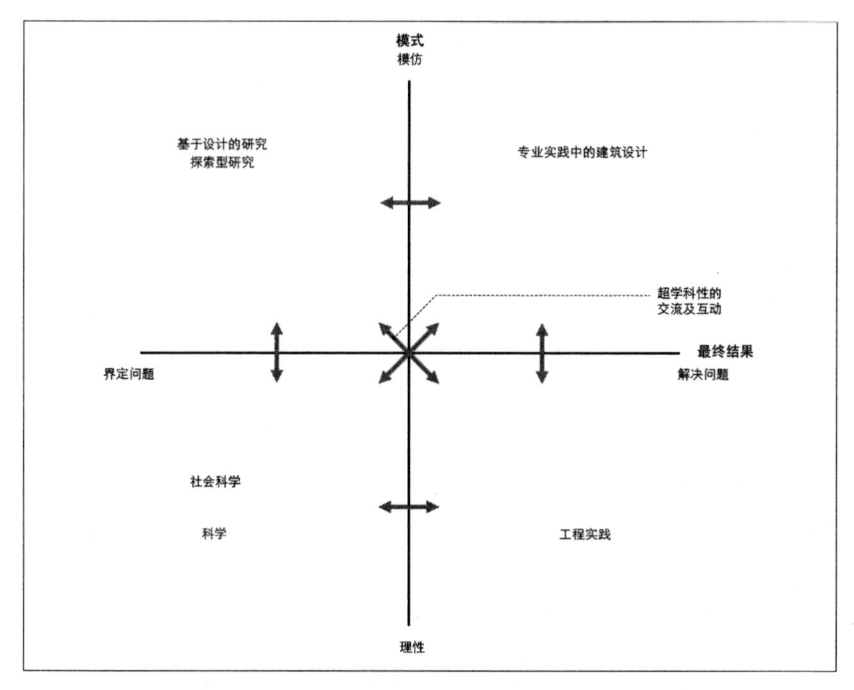

图8-2 生产方式和最终结果分割而成的四个场域连续体

双向箭头表示跨场域界限的合作方式。

两极解释了这一关系："[1]传统学术研究模式内的探索实践；[2]实践作为相关问题的发生器，在传统学术研究模式提供的框架内对这些问题进行探索……"[1]杜宁·沃伊瑟斯（Dunin-Woyseth）和尼尔森（Nilsson）以模式-2知识概念为基础[2]，进一步主张超学科性的知识生产，这种生产涉及学术研究人员、专业从业人员和其他社会利益相关者。他们用图形表示了知识生产的混合模式观，图中包括横轴和纵轴分割的场域，其中横轴介于科学研究与创造性实践之间，相当于比格斯和布克勒的

[1] Michael A. R. Biggs and Daniela Büchler, "Architectural Practice and Academic Research," Nordic Journal of Architectural Research 20, no. 1 (2008): 87.

[2] Dunin-Woyseth and Nilsson, "Building (Trans) Disciplinary Architectural Research," 79-96.

连续体；纵轴介于学科性与超学科性之间。这些模式说明设计实践是如何参与到科研实践的，以及如何把多种方法一个挨一个地置于同一个连续体上。

我们提出更加精确的模型（参见图8-2），是想说明可以用图的形式表示不同的研究和设计实践之间的相互关系。我们提出了由两轴细分的系列：知识生产模式构成纵轴，最终结果构成横轴。纵轴表明如何将具体的实践置于“理性”（分析、客观性、计算）和“模仿”（综合、主观性、想象）之间；横轴表示具体实践是针对具体问题的具体解决方案（解决问题），还是针对一般理论和抽象理解，以便正确地提出问题（界定问题）。具有不同最终结果及途径的各种组合实践可以放在这一连续体的适当位置。在“模仿”和“解决问题”的一侧是专业建筑设计实践，在此建筑师运用特定建筑的设计满足特定的设计简要。向下移动是工程实践，它对具体问题也提供具体的解决方案，但是基于计算和分析，而不是基于模仿认知方式。纵轴的另一侧的下象限区域是科学和社会科学，两者都基于知识的分析和物化模式，既解决一般问题，又产生正确的、普遍有效的问题定义，而不是独特的解决方案。最后，我们把“基于设计的研究”置于左上象限——依赖模仿认知方式的探索性研究，但与此同时基于设计的研究是概括的和抽象的，而不是具体的和特殊的。

现在我们更详细地讨论基于设计的研究的两种阐释，以检测这种模型在阐明不同研究实践之间可能存在的关系方面的有效性。

5. 通过设计探究可能性

由于建筑设计的地方性和环境依赖性,所以基于设计的研究亦是如此。在低地国家，从事复杂空间转化过程的设计师往往使用创造者的背景即“设计师式的研究”这一术语。这一过程涉及诸多不同的参与者，需要（再）设计，以便可视化和检测具有未来空间开发可能性的不同方案。洛克斯（Loeckx）指出，“我们认为基于设计的研究的意思是：探索场地的空间可能性与局限性；‘绘制’各种城市利益相关者的空间敏感性、利益、议程和技能；（以及）探索空间收敛，它能够启发新的合作形式，开辟新的发展轨迹。”[1]从这一描述浮现出来的是设计师以批判、模仿的方式收集和阐释数据的研究者形象。

这种方法以探究式的实践传统为基础，由设计师执行，并通过设计方案阐明地方品质、局限性和主张。[2]意大利城市规划专家和学者维加诺（Viganò）和沙奇（Secchi）不约而同地把通过设计获取的知识解释为一种精确的描述，这包括给定场地方方面面的全部细节情况。[3]这些作者重视设计视角，要求与生产模式进行对比。这种生产模式以设计师所做的合成努力为特点，基于“事情/物应该是怎样的”经验和判断，应对复杂的空间问题。尽管这种方法把研究实践视为一种探究，即研究从社会和空间环境中能够衍生出什么样的真正的委托设计任务，但是得出结论的方式以及发布的产品都与设计实践密切相关。然而，这种方法明确把问题的界定作为其目标的一部分，从而在最终结果方面与纯粹的“常规设计”有所不同。设计师旨在形成可持续的、公平的

---

[1] André Loeckx, “Project and Design: Amending the Project Mode,” in Framing Urban Renewal in Flanders, ed. André Loeckx (Amsterdam: SUN Architecture Publishers, 2009), 25.

[2] André Loeckx and Kelly Shannon, “Qualifying Urban Space,” in Urban Trialogues, Visions_Projects_Co-Productions, Localising Agenda 21, ed. André Loeckx et al. (Nairobi: UN-HABITAT, PGCHS, KU Leuven, 2004), 156-166. 这些作者把这种方法解释为战略项目，这不同于传统的总体规划的全方位设计。

[3] Paola Viganò and Bernardo Secchi, “Some Reflections on Projects and Design,” in Strategic Spatial Projects, Catalysts for Change, ed. Stijn Oosterlynck et al. (London: Routledge, 2011), 154-160.

空间使用方式，但是设计师式的努力是提议让人们对空间问题的性质豁然开朗的项目。因此，直接应用（通过制订计划）并不重要。该项目理应为进一步的阐释提供新的数据或概念框架。关于最终结果，所达成的平衡也并非完全倾向于学术实践：地区方位仍然是至关重要的因素，而且这种类型的生产范围并不是要制定在其他情况下使用的具有代表性的一般概念。

6. 设计作为部分方法论

设计师式的活动也可能有助于开发探究工具或收集数据，从而有利于更接近科学生产模式的项目研究。我们用抽象术语来解释这种研究方法。尽管此前的分类显然注重探究具体空间情况，但是目前的分类则适合于制定有关空间问题的一般概念。莫特拉姆（Mottram）和拉斯特（Rust）认同这一分类，并把创新实践的作用描述为一种工具，而不是完整的方法论。实践提供了“提问的场所或焦点[1]……生成数据的方式，以及检验命题、吸引个人及社区或对理论方法进行反思的场地”。[2]因此，关于建筑学我们可以假设，由于全面实现空间、建筑物或场地极其复杂，旷日持久，也不符合像博士研究项目之类的时间进度和重点，因此设计和开发这种研究范畴内的研究工具仍然局限于生产具有代表性的模型——二维或三维的，实物模型或原型。[3]因此，我们把这

[1] 即在科学环境下研究的应用过程。

[2] Judith Mottram and Chris Rust, “The Pedestal and the Pendulum: Fine Art Practice, Research and Doctorates,” Journal of Visual Arts Practice 7, no. 2 (2008): 135.

[3] 作者参考了他们所参与的“弗兰德大型住宅”项目。由于人口发展因素，住房需求发生了变化。该项目因此研究了弗兰德很大一部分的存量住房，包括独门独院住宅。在该项目中，采访过程使用了代表开发方案的设计图纸，从不同利益相关者那里收集定性数据，比如业主、房地产经纪人、建筑师和政府官员。

类“设计师式的研究人员”视为能够使设计努力重新面向目标的人，这种目标可以替代对建筑设计师工作的传统描述。

在这种途径模式内，创造性实践受到科学规则和条例的约束。从业者不得不均衡应用创意活动和科学活动，这又意味着创造性实践的可代替性以及比较温和的角色。大卫·德林（David Durling）声称，实践的贡献可以归并到“系统地收集数据的方法或者对实践有组织的反思方式”，他在攻读博士学位期间明确表达了这一观点。[1]拉斯特进一步指出，设计师可以扮演与科学创造力相当的角色，这种角色介于项目的起点与得出结论之间。[2]由于在已有知识与新得出结论之间出现了差距，设计思维可以通过提出实验模型或对象充实科学方法弥合这一差距。因此，设计师式的态度使飞跃成为可能，这种飞跃已经得到重视，被称为“黑盒子”，它还有利于根据系统探究的情况进一步组织研究过程。这一过程不仅涉及根据科学规则发布结果，还涉及明确提出研究问题，这意味着所设计的工作并不是研究的主要产出。

因此，这种方法的潜在结果与学术实践的概念非常接近。设计产生应用并解决问题。这些应用不是最终结果的一部分，但却能够促进科学进程。尽管最终结果仍然属于科学生产范围，但是这种生产模式却涉及设计师式的实践。

为了运用在很大程度上依赖于创意实践的生产模式来阐述这种项目类型，我们来看看参与式行动研究（PAR）。亨利·萨诺夫（Henry Sanoff）把这种研究方法描述为一种与社区合作的方式。这种合作不仅能够促进对存在于他们的社会或空

[1] Durling, “Discourses on Research and the Phd in Design,” 82.

[2] Chris Rust, “Design Enquiry: Tacit Knowledge and Invention in Science,” Design Issues 20, no. 4 (2004): 76-85.

间环境下的疑难问题的认识，而且能够激发与这些问题相关的所有参与者的意识和主观能动性。[1]萨诺夫进而把PAR描述为参与式设计的范围和“一系列的研究方法论，它们在追求变化的同时也寻求理解”[2]。在这种方法中，数据收集被烙上了参与者的个人选择、隐性知识和模仿能力的色彩，而科技工作者也是从相近的角度参与及分析的。如是的创意产出获得了双重功能，既服务于日常环境又服务于学术界。

7. 讨论：探索连续体

虽然我们可以设想结合研究和设计参数的其他项目[3]，但是上述途径可以作为阐述之前提出的连续体的例子。该连续体如图8-3所示。所讨论的这两种途径都被放在了基于设计的研究的范围，但是它们的位置不同。尽管要维持生产模式和最终结果之间的平衡，但是在模仿与理性以及解决问题与界定问题之间都保持了适当的平衡。两种途径都在连续体内占据了一个精确的点位，但都与更大的研究背景相关。在这种研究背景下，不同类型的项目能够探究类似的问题。这种可转让性为超学科性的互动提供了可能。第一种途径（通过设计探索可能性）从建筑设计实践中获得了方法，并且为该范围注入了创新的理念。第二种途径（设计作为部分方法论）建立在科学与社会科学的

---

[1] Henry Sanoff, “Editorial, Special Issue on Participatory Design,” Design Studies 28, no. 3 (2007): 213-215.

[2] Sanoff, “Editorial,” 214.

[3] 一般认为，建筑系开设的设计工作室是研究和设计的共同基础。2007年9月的《建筑教育杂志》刊发了多篇文章，讨论研究和设计在工作室的组合，包括Kazys Varnelis, “Is There Research in the Studio?” Journal of Architectural Education 61, no. 1 (2007): 11–14; and David Hinson, “Design as Research: Learning from Doing in the Design–Build Studio,” Journal of Architectural Education 61, no. 1 (2007): 23-26.

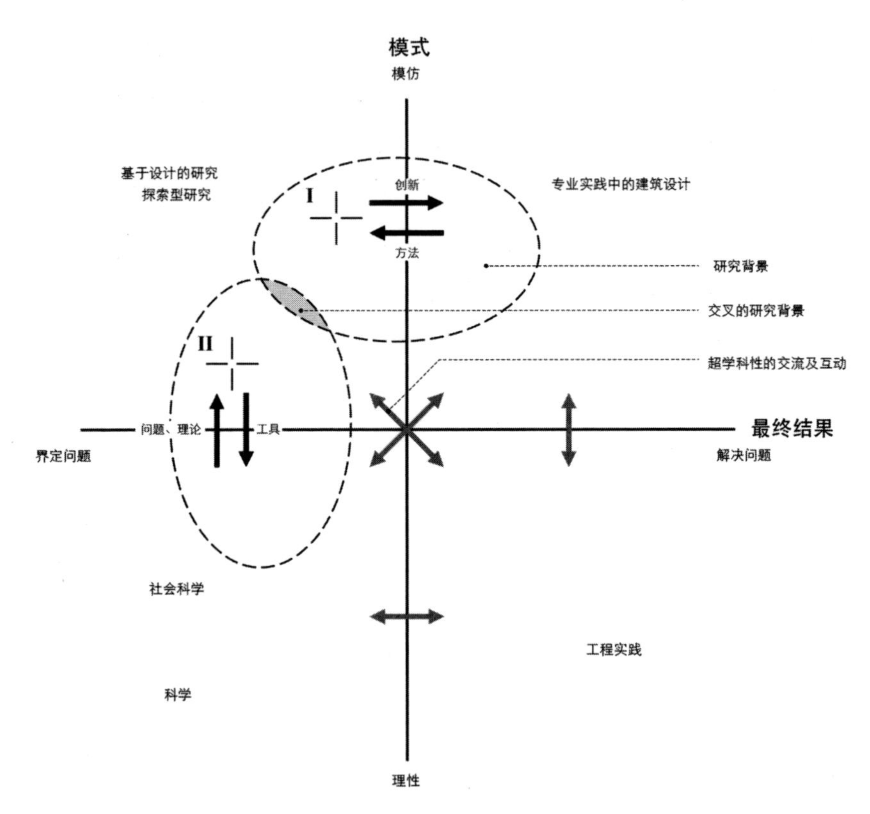

图8-3 基于设计的研究途径

上述的基于设计的研究途径都位于相应的象限：(Ⅰ)通过设计探索可能性；(Ⅱ)设计作为部分方法论。

理论和问题的基础上，并为此范围提供了研究中使用的工具。两种不同的研究背景可在交叉点汇合。这一空间说明，多种不同的项目可以用类似的方法论和最终结果来处理。这种机会对于研究背景下的建筑设计异常重要，使得我们能够把设计看作一个过程。通过融合背景依赖的结论和一般性结论，该过程具有追求多种目标并为基于实践的学术受众产生产出的潜能。

所讨论的两种途径在连续体内都得到了精确的定位，同时也带来了一系列的机遇与挑战。首先，对介于设计与研究之间的连续体加以阐释，能够促进创意实践相对于研究的多种不同角色的共存。设计可以是实践的创意模式的最终结果，也可以是实践的科学模式内的工具。这两种途径都表明，设计实践视研究背景的不同，既产生创新模式又产生探究工具。很显然，设计的这些不同角色涉及不同的质量和比较标准。设计实践的另一种观点能够考虑到平行交换，作为基于设计的研究的发展基础。奈杰尔·克罗斯倡导这一观点，称之为“设计师式的认知方式”，它解释了设计师式知识所具有的内在价值。[1]

此外，从这一分析还衍生出了以下内容，即所概括的知识生产过程并不提供明确无误的产品；更确切地说，知识既产生于隐性形式之中也产生于显性形式之中，既被表达为一般概念又是对具体的局部问题的具体回答。例如，如果一种探究工具的生产是为了探究规定的问题，那么它也在另一层面上产生方法论知识，即如何设计、生产和运用这种工具。因此，我们可以说，不同的生产方式可以在连续体内并存。然而，要提出比较有力的学科身份，我们需要理解不同生产过程之间的联系。首要步骤就是明确不同生产模式之间的区别，并弄清它们是针对什么类型的最终结果。

这些步骤能够改善与研究及设计相关项目之间的交流，使得它们在持续的知识生产过程中被解读为迭代步骤。竹田（Takeda）等人已经对单一的设计过程进行了描述，认为它包含这样的迭代步骤，其作用贯穿于从解决方案的理想描述到形成实际解决方案之间的过程。[2]我们对基于设计的研究的两种途径的分析表明，建筑设计过程并非起始于解决方案应该是怎样的这种想法，它们也不一定给出最终答案。更确切地说，设计实践在这两种途径中都被用来推进复杂问题的探究，这一点

---

[1] 奈杰尔·克罗斯把设计师式的认知方式（或作为设计师“栖息地”的技术）称为第三文化——以及通识教育的支柱——仅次于科学和人文的认知方式。Nigel Cross，“Designerly Ways of Knowing,” Design Studies 3，no. 4（1982）：221-227.

[2] Hideaki Takeda et al.，“Modeling Design Processes,” AI Magazine 11，no. 4（1990）：37-48.

可以在后续研究工作中进一步阐述，从设计师式的生产模式转变到学术生产模式，反之亦然。将建筑学领域的实践与学术严格分离，限制了这种共享概念的交流。该学科将受益于包括从行业实践到科学实践之间的迭代步骤的生产模式。为了实现这种交流，我们需要意识到，如何在这个领域内对基于设计的研究的每一份努力进行定位，以及这种途径与类似的研究项目之间的关系如何。

最后，不同的途径涉及到不同的受众。第一种途径通过设计强调可能性的探索，产生了一些空间命题，这些命题被作为进一步的专业阐释及社会讨论的范式概念。因此，它允许从业者提出与学科内普遍的专业背景相近的观点。第二种途径旨在把设计视为部分方法论，它形成了能够培育设计能力的从业者形象，这种设计能力将促进与其他学科代表的交流。要做到这一点，他(她)不得不放弃建筑实践中大量的典型建筑特色。这种差异强调范·德·胡芬（Van Der Hoeven）的论断，即那些旨在使用在科学上得到认可的出版物作为交流平台的建筑师已经失去了学科同行读者群。[1]

8. 结论

我们想要强调的是，本文的贡献在于阐明现有的不同方法在建筑学这样的基于设计的学科内是如何走到一起的。在这快速发展的世界，建筑学的定义不断被刷新。设计实践表明，设计实践作为研究的工具非常适合，不仅可以用来研究具有独特地方应用的社会空间问题，也可以使用基本通用的方法研究建成环境问题。我们相信，由于所收集的数据能够激发新的概念

[1] Van Der Hoeven，“Mind the Evaluation Gap,” 185.

并对之加以检测，因此设计实践能够不断地深化并充实这些数据。正因如此，设计实践可能成为建筑学在学术界和社会不断重新定位的有利条件。

我们在研究实践与设计实践的典型对立之间提出了新的阐释，说明基于设计的研究是如何构成混合生产模式的。尽管我们已经解释了基于设计的研究的两个反复出现的真实案例，并据此探讨了在设计与研究实践之间初步的连续体模式，但是需要对混合项目进行进一步的实验，从而推进学科专有知识的发展及传播。我们还需要对研究建成环境的不同类型的设计实践进行进一步的探索，以便了解整个建筑学学科内很不相同的预期。对于基于设计的研究的探究结果往往是呼吁非传统的评价和传播。我们在此发出类似的呼吁，但是我们的呼吁是针对建筑学共同体内部的。我们也呼吁非传统的认识，即把创意实践作为学科的基础。

致谢

本文是“弗兰德未充分利用大型住宅：人口趋势及生态制约下的建筑和用户策略研究”项目的阶段成果。这是鲁汶大学和哈瑟尔特大学组织的研究项目，并得到弗兰德研究基金会（FWO）的资助。作者在此感谢奥斯瓦德·戴维斯其（Oswald Devisch）对本文初稿所提出的意见。

九、转型模式：创造和谐幸福的交互产品设计

Modes of Transitions：Deigning Interactive Products for Harmony and Well-being

F.赫斯特 · 欧森[1]（F．Kursat Ozenc）

本文译自《设计问题》杂志2014年（第30卷）第2期。

1. 引言

行为和社会变革问题既复杂又重要，已经成为当今设计师所面临的一大挑战。解决单个的产品或孤立的功能问题的传统

[1] F.赫斯特 · 欧森：美国旧金山欧特克（Autodesk）公司基础设施协作产品部的用户体验高级设计师，曾获卡内基梅隆大学设计学院博士学位，主功交互设计和人机交互；曾获伊斯坦布尔萨班哲大学视觉传达设计专业硕士学位，土耳其安卡拉中东技术大学工业产品设计专业学士学位。欧森的研究兴趣涵盖数字和实体两大领域，包括有形交互设计和社会设计。

方式已经失去了影响力。为应对这些挑战，设计领域受认知科学和工程学的影响，开始把重点放在动机和最终目标上。[1]但是，倘若一个人没有明确的目标或动机，而是处于不断变化的状态，又会如何呢？倘若变化与现状界限模糊，又会如何呢？尽管在不断的变化之中，个人的幸福很可能受到了挑战，但是如何进行资源设计实现自立并度过这种状态，目前尚不明了。

理解社会变化问题并采取相应行动，需要设计师式的立场，以便提供基于体验的视角，更深入地领悟民生状况。通过引入所谓的转型模式这一设计框架，本文为这一立场铺平了道路。通过突出变化与恒常共存这一悖论，该框架对“变化”有了更微妙的甚或更全面的认识。这一悖论导致人们研究设计师运用转型模式框架分析变化问题的方法，并据此合成产品的方式。本文在结论部分突出了该框架在人类追求幸福中的重要性。

2. 问题：转型危及人的幸福给设计师造成严峻的挑战

与过去相比，当代人面临的“变化”问题更为显著。无论是在后工业化社会还是发展中国家，人们都处于新与旧、变化与现状之间的不断斗争之中。我们不妨想想一个人试图改变自己的某种行为，如吸烟，那么他就一直处于戒与不戒的斗争状态。从体验的视角来看，我们可以把变化与否的动态斗争理解为一种转型。究其本质而言，当一个人处于从一种状态到另种状态的变化之中，就发生了转型。

一般而言，转型挑战个人在身体、情感、社交以及精神

---

[1] B. J. Fogg, Persuasive Technology: Using Computers to Change What We Think and Do, (San Francisco: Morgan Kayfmann, 2002), 1-13.

等方面的幸福感。与这些挑战相生相随的往往是对幸福感构成严重威胁的因素，如被诊断患有重病的情况。如果医生诊断病人患有食道癌，病人马上就会陷入一系列严重的转型。他的身体状况会发生最明显的“变化”，细胞增殖，形成肿瘤，进而干扰整个身体系统。在身体发生转型的同时，在物质和抽象层面会出现其他一连串的转型。他每天都在诊疗室度过，周围都是医生、护士和病人；他需要每天服药；还有可能面临饮食、锻炼、睡眠以及人际关系等方面的变化。在抽象层面上，他对未来数月的期许、生活目标、个人所爱以及对于生活轨迹的谈吐方式都会发生变化。鉴于上述症状，我们可以说变化问题暗示着更深层次的转型挑战：个人幸福感有可能下降。

鉴于转型的复杂性，转型对于设计师而言也是一个棘手的问题。在每一种转型中，很多部分都在发生变化，设计师很难理解个人的功能性需求和体验性需求。此外，转型因人而异，本质上具有隐含性，这对设计师构成重大挑战：他们如何才能应对一个人所经历的各种各样的情节和潜在的情感呢？要降低复杂度、明确这些体验性需求，就需要有处理转型体验的新途径。

3. 假设：转型模式框架导致维持幸福的设计干预

在应对转型挑战方面，设计的相关性至关重要。阿伦特（Arendt）指出，“世上的事物都具有稳定人类生活的功能。”[1]亦如西森米哈里（Csikszentmihalyi）所言，“通过提供目前投入的重点，过去的纪念品，以及未来目标的路标，物体

---

[1] Hannah Arendt, The Human Condition (Chicago: University of Chicago Press, 1998), 157.

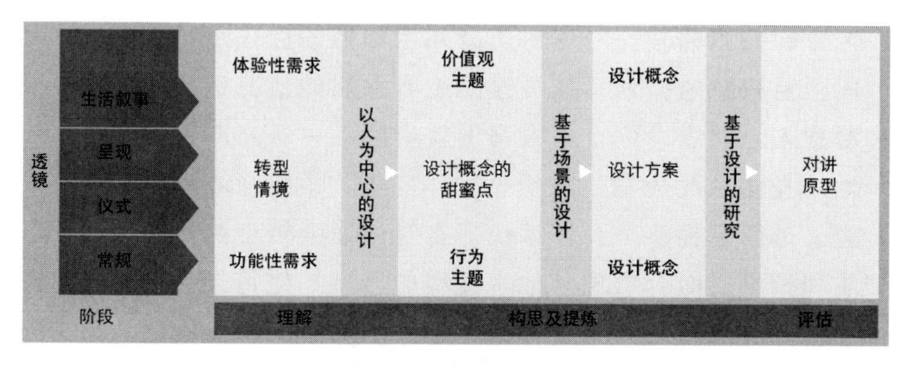

图9-1 转型模式框架

设计过程由三个阶段组成，形成了以人为中心的设计方法、基于场景的设计和基于设计的研究。

通过时间提供自我的连续性。”[1]另外，产品依附理论解释了产品为何参与了转型[2]，它们参与的意义如何，以及它们如何有助于提高人们的福祉。在不断变化的转型中，人们依附于产品，把产品视为可以抓握的东西，并紧紧抓住不放。在走向独立的同时，蹒跚学步的孩子不论走到哪里都会抓紧安全毯；陷入中年危机的男子凭借敞篷车重新进行自我定义；移民靠服饰与自己的文化重新建立起联系。在所有这些例证中，产品都不仅仅是功能性装置，它们还承载着诸如挫折、希冀和幸福等更深层次的情感。产品都带有在转型过程中充当伴侣和引导师这种强大潜质。

在转型情境下，设计师该如何阐释产品的这种潜能呢？在设计师的诸多优点中，高效的设计师尤其擅长于以下两项任务：设计制作；与产品的潜在用户感同身受。设计师因而需要更好地理解人并设计出相应的产品，从而利用这种潜能。为了引导他们的工作，设计师应透过务实的透镜——它能够使转型

[1] Mihaly Csikszentmihalyi, “Why We Need Things,” in History from Things, Steven Lubar and W. David Kingery, eds. (Washington: Smithsonian Institution Press, 1993), 22-23.

[2] W. Russell Belk, “Possessions and the Extended Self,” The Journal of Consumer Research 15, no. 2 (1988): 139-168.

的细微差别更加具体化，并且加深对人及其做事方式的认识。

这一透镜称为“转型模式”，它脱胎于设计过程和理论研究的交互作用。作为一种框架，转型模式赋予了设计师敏化透镜，这些透镜形成认知的方式和依据转型情境的行为方式[1]，这从而也给予了个人可以动用的资源，给予了幸福转型以资源。该框架遵循由三个阶段构成的设计过程：理解阶段、构思及提炼阶段以及评估阶段。在每一阶段，该框架都为设计师提供了综合及分析的方法，用以理解并帮助人们度过转型。作为一种实用的设计框架，转型模式关注实现和谐转型的个人行为方式。该框架已用于若干设计项目，并产生了可喜的结果。[2]

一般而言，设计框架依赖于两个不同的视角：一个是设计的传统；另一个是社会科学的传统。前者要求对情境进行分析，并综合产品或服务形式的解决方案；而后者要求有序灵活的分析及综合框架。转型模式建构了分析性及综合性的设计过程，为“有指导的活动”提供了框架，从而权衡理解及按照转

---

[1] 欧文·戈夫曼详细阐明了框架的功能以及框架在社会环境下的作用方式：“社会框架提供了理解事件的背景。这些事件包括意志、目标、智力控制、活动力，而最重要的是人……我们可以把它的所为称作‘有指导的活动’。这些活动要求行为人服从‘标准’，接受社会对其行为的评价，而评价的依据包括诚信、高效、经济、安全、雅致、机智及品位，等等。这些活动需要维持一系列的后果性管理，也就是说持续的纠偏式管控，这在行为意外受阻或偏离正轨需要特殊补偿时尤为显著。它们还涉及到动机及意向，而且其归因有助于从形形色色的社会理解框架中选择适用的框架。”Erving Goffman，Frame Analysis：An Esay on Organization of Experience（New York，Northeastern，1986），22-23.

[2] F. Kursat Ozenc，“Reverse Alarm Clock：a research through design example of designing for the self”（paper presented at the Conference on Designing pleasurable products and interfaces，DPPI 2007，Helsinki，Finland，August 22-25，2007）;F. Kursat Ozenc，Lorrie F. Cranor，and James H. Morris，“Adapt-a-ride：Understanding the Dynamics of Commuting Preferences through an Experience Design Framework”（paper presented at conference and Interfaces，DPPI 2011，Milano，Italy，June 22-25，2011）;and F. Kursat Ozenc and Shelly D. Farnham，“Life ‘modes’ in social media”（于2011年5月5-7日在加拿大温哥华举行的“计算系统中的人为因素”会议上宣读）。

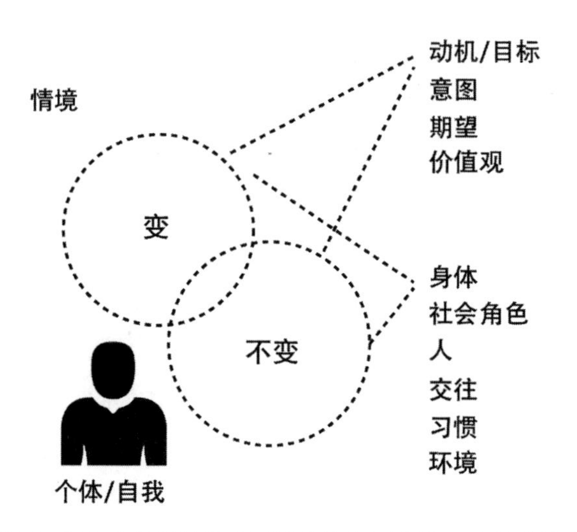

图9-2 个体在转型过程中面临的变与不变维度之间的张力

型行事这两方面的源动力水平；[1]转型模式提供了以人为中心的设计方法的灵活架构，便于分析并理解转型；转型模式与基于场景的设计相结合提供了行为的手段；转型模式暗示通过基于设计的研究方法建构对讲原型（见图9-1）。

4. 转型模式：理解阶段

转型过程中存在两个基本但棘手的问题，即拆解转型情境的复杂性以及阐明体验性需求的内涵。解决以上棘手问题的一大挑战在于收集相关数据，另一大挑战就是理解数据。该转型模式框架运用理解阶段应对这一挑战。这一阶段提供了数据收集和理解的方法，进而降低了复杂性。

在框架的启发作用下，设计师可以借助转型模式理解转型情境。转型启发法提供了确认转型情境中的冲突的透镜，

[1] Goffman，Frame Analysis：An Essay on Organization of Experience，22-23.

重点在于决定身体、角色、互动、习惯以及环境等变与不变的维度。[1]在所有转型中，一个人的生活体验的某些因素可能在变，而与此同时另一些因素则维持不变（见图9-2）。在物质层面，一个人的身体、角色、周遭的人、交往、行为及环境有可能发生变化。所有这些因素在物理世界都是显而易见的，其他人也能观察到。在更抽象的内层，一个人的动机、目标、意图，期望以及价值观也是可变因素。另外，我们还要考虑一个人的基因和文化烙印，以及个人及集体生活经历。除非在非常极端的转型中，它们更有可能是“不变的”因素而不是“变化的”因素。

转型模式把设计师的注意力集中在揭示发生在某一情境下的最显著的转型，如生病情境下的身体变化，初为人父人母情境下的角色变化，移居异国情境下的环境变化。通过描绘一系列物质的和抽象的动态转变，设计师能够确定感觉到转型的地方，既能看到最显著变化动态中的转型，又能看到该情境下潜在转变中的转型。该框架认识到体验是多层次的，时常伴随着一连串的转型，而不仅仅是单一的转型。这一框架为设计师收集数据以及确定新的主题提供了方向。

除了描绘特定的动态转变之外，设计师还应勾画该情境下的需求。每个转型都包含功能性需求和体验性需求。功能性需求本质上来说具有即时性且相对透明，类似于从甲地到乙地；体验性需求本质上来说则具有长期性和隐含性，类似于从甲地到乙地的过程中有“私人专属时间”。转型模式突出了这种细微差别，并使隐含的体验性需求表面化。设计师在对这些需求

---

[1] F.K.Ozenc, “Transitions Heuristics in the Pursuit of Well-being: Situating Interactive Products and Services in Transitions”（于2010年7月7-9日在加拿大蒙特利尔举行的国际设计研究协会会议上宣读）。

进行观察并分类的时候，他们渐渐地对转型问题以及幸福面临的风险有了更好的界定。

转型模式为转型情境的数据收集和理解提供了另一面透镜，为从四个方面描绘个体生活提供了可能性。这四个方面包括常规、仪式、呈现和叙事，它们引导着以人为中心的设计方法，如访谈和调查。对这四个部分进行描绘有助于设计师发现理解阶段的个人行为和价值观主题。在上述各个情节中，设计师能够确定处于转型中的个人与其环境之间的重要互动，并发掘出潜在产品隐含的功能性需求和体验性需求。

4.1 常规

常规是指某一既定程序中机械性的或习惯性的行为表现。[1]已有研究表明，常规是人们下意识的自动行为；它们本质上普普通通，是日常生活的黏合剂。[2]常规的形成可能很有创意，可能具有社会性，也可能变得具有可预测性。[3]常规与其他模式之间的关系至关重要。个人在常规中能够各司其职。常规可以成为个人叙事和仪式中的基础材料，从而赋予她物质性行为，借以对自己的生活进行观察和叙述。在转型情境下，常规是人们戴上的第一面透镜，是习惯和下意识行为的情节。在不引起变化的范围内，常规为身处转型情境中的人提供了秩序。常规可能会受到情境的挑战（如移居到一座新城市），或者可能需要受到不断变化的干预的挑战（如养成一个新习惯）。

---

[1] “Routine,” Merriam-Webster Dictionary, www. merriam-webster. com/dictionary/routine (accessed February 17, 2013).

[2] Peter Tolmie, “Unremarkable Computing,” Proceedings of Conference on Human Factors in Computing Systems (Minnesota, ACM, 2002), 399-406.

[3] Ron Wakkary and Leah Maestri, “The Resourcefulness of Everyday Design,” Proceedings of Creativity and Cognition 2007 (New York, ACM, 2007), 163-172.

4.2 角色呈现

呈现是指施行某一行为。就人类体验而言，角色扮演是指个体在不同环境下扮演多种角色。视角色和情境情况，它可能是有意识的，也可能是习惯性的。欧文·戈夫曼（Erving Goffman）把呈现定义为“发生在某一时段的个人活动，在这一时段内个体不断出现在某组观察者面前，并对观察者具有一定的影响”。[1]萨奇曼（Suchman）对这些呈现情境的解释是，个人在此的行为绝对是有条件的，它建立在与环境的局部交互基础之上，同时以即兴发挥为基础。[2]这一说法源于“人物角色”的概念：一个人依据自己对情境的判断，呈现选定的角色。呈现可以通过常规行为或仪式行为展现出来，并能够为个人叙事提供素材。呈现为角色扮演和即兴发挥提供了情节；呈现在不断变化的情境中提供了灵活的和即兴的一面；呈现在不变的情境中根据脚本和观众进行角色扮演。呈现是通过设计过程中的人物角色显现的，继而帮助设计师预测不同场景中的角色扮演可能性。

4.3 仪式

仪式与常规相似，是一种行为，但仪式的含义丰富。[3]仪式是指一个人有意识的习惯性行为。或许仪式比其他行为

---

[1] Erving Goffman, The Presentation of Self in Everyday Life (Garden City, New York: Doubleday, 1959), 15.

[2] Lucy A. Suchman, Human Machine Reconfigurations: Plans and Situated Actions, 2nd ed. (New York: Cambridge University Press, 2007), 185.

[3] 仪式是社会科学领域广泛研究的重要课题。凯瑟琳·贝尔（Catherine Bell）指出了仪式学术研究的三大流派：研究起源和本质，研究社会功能及结构，研究文化意义、符号和实践。顾名思义，起源和本质流派研究神话或仪式是否是宗教和文化的精髓，把进化论、社会学和心理学的方法引入了仪式研究。社会功能和结构流派研究仪式的目的和功能。第三种流派强调仪式产生意义的一面，以及人们的仪式表现是如何创造意义的。Catherine Bell, Ritual: Perspectives and Dimensions (New York: Oxford University Press, 1997), 80-81.

更能体现个人意识，对个人的自我意识具有独特的意义——无论是个人、社会、道德还是其他意义上的自我。更确切地说，仪式是由多套呈现组成的具有表达性和象征性的活动，这些呈现会反复地出现。[1]因此，仪式源于常规，可能是呈现的地方，也是叙事过程的重要组成部分。由于仪式是这种有意识有内涵的行为，因此仪式为生活叙事提供了特别强大的资源。仪式是意义形成的主要内容，兼具变化和恒定两种状态，并为协调变化和恒定这两种状态提供了阈限空间。我们不妨想想交往仪式。例如，我们每次与人打招呼的时候，由于情境的不同，仪式也不断变化，然而由于在呈现的过程中仪式都承载着同样的脚本和角色扮演，仪式又是恒定不变的。或者再想想毕业仪式。在毕业仪式期间，人依旧是学生，遵守学生行为规范这一点也没有变，但是，他还会成为毕业生，他体现了“成为”这一变化的过程。仪式提供了有针对性的交往互动、甜蜜点以及仪式性交往的瞬间。场景的变化显现出各种不同的仪式。

4.4 生活叙事

叙事意味着叙述一个故事，或者意味着一件事件或一个故事的艺术表现。在转型情境下，叙事可以发生在个人的内心独白中，以及与他人的对话或交往中。每个人都会有意或无意地把各种体验和想法进行整合从而形成叙事。利科（Ricoeur）的“情节化”概念对此进行了详细论述，认为人们对常规、呈现和仪式进行谋划，进而形成统一的整体。[2]麦克亚当斯

---

[1] W. D. Rook, “Ritual Dimension of Consumer Behavior Research,” Journal of Consumer Research 12, no. 3 (1985): 251–264.

[2] Paul Ricoeur, Time and Narrative (Chicago: University of Chicago Press, 1990), 54.

（McAdams）的认同理论也发现，人们通过编写自己的生活故事，领悟生活的意义，从而建构自我身份。[1]叙事发生在以下四种模式的最高层次：个人的自我叙事会引导其常规、仪式和呈现行为，这三者继而又丰富了自我叙事。生活叙事为动态的身份/性格建构提供了情节，同时生活叙事自身也是一种情节。个人可以基于价值观和动力变量，对变化的和恒定不变的情境进行协调。例如，我们不妨想想一位应届毕业生在新的工作情境下的生活故事。他会根据大学期间的生活经历建构故事，同时又在新的工作情境下的种种局限性和可能性范围内，试图建构一个不断变化的未来生活叙事。生活叙事具有帮助人们适应新的情境的潜能。

这四种情节都给设计师提供了收集转型数据的方法，也为设计师提供了构思并优化设计从而应对这种转型的方法。根据收集到的数据，设计师可以通过常规和仪式配置、社会角色扮演和转型故事等方式对转型进行研究。每一种工具都可以单独使用，或者我们也可以把它们一起考虑。这些情节提供了灵活有力的指南，提醒设计师在复杂的转型情境中应该关注的内容。以人为中心的设计方法能够解释这四种情节进入个人转型的方式，并且揭开创造动力和幸福的潜在“甜蜜点”。

通过参与式活动把人们的常规及仪式与参与者进行配置不失为一种有效的分析方法。生活映射活动是这种方法的一个例子。[2]设计师准备一个场景（如用一块白板或一张大白纸），然后要求参与者提问，以便详细列出某个情境的基本要素及细节情况。参与者可使用便利贴、记号笔等最基本的工具就转型

[1] Dan P. McAdams, Ruthellen Josselson, and Amia Lieblich, ed., Turns in the Road: Narrative Studies of Lives in Transition (Washington, DC: American Psychological Association, 2001).

[2] Ozenc and Farnham, “Life ‘modes’ in social media”: 564-565.

情境进行汇报。所讨论的问题都是按照转型情境的细节情况精心设计的，但是（常规、呈现和仪式）模式始终引导并决定问题的本质。这些配置显露出导致人们常规失常的问题，或威胁人们的稳定性和连续性的问题。

配置常规和仪式的另一种方法是角色扮演活动。设计师、从业者以及客户利用这种活动理解某种体验的不同线索，包括这种体验的常规和仪式。为了更好地理解种种体验及其情境，体验原型[1]和人体风暴活动[2]应运而生。与之相似，角色扮演活动要求把参与者的注意力集中到某个特定的语境，并要求他们在此语境下完成特定的常规或仪式。在完成常规或仪式之后，要求参与者对他们的常规进行反思，并找出激发自身行为的潜在的功能性需求和体验性需求。因此，设计师把参与者或者说小组成员带到了潜在主题的甜蜜点，从而把他们带到了产品的概念。

收集解释体验性需求的数据的另一种方法就是转型故事访谈。在此设计师寻找转型情境中矛盾的社会角色。角色确定以后，设计师巧妙地利用压力和唤醒刺激这两轴的转型故事提示。由此而来的故事为行为和价值观主题提供了情感上的诱惑。例如，“恐惧”会使人失去自我意识，作为某个特定的角色却不受人尊重可能会激起“愤怒”。通常这些问题不仅深入研究未来设想中的远大抱负和最糟糕的情况，而且研究人们经历过的最难忘的事情，无论是好事还是坏事。这种故事建构方式至少给设计师提供了三种信息：从过去沿袭下来的价值观、目前重要的价值观、尚未成形但受未来希冀驱使的价值观。然

---

[1] Marion Buchenau and Jane Fulton Suri, “Experience Prototyping,” Proceedings of the 3rd Conference on Designing Interactive Systems: Processes, Practices, Methods, and Techniques (New York: ACM, 2000), 424-433.

[2] Antti Oulasvirta, Esko Kurvinen, and Tomi Kankainen, “Understanding Contexts by Being There: Case Studies in Bodystorming,” Personal Ubiquitous Computing 7, No. 2, (2003): 125-134.

时间跨度	微观	宏观
角色	社会角色	生命阶段
环境	空间	迁移

图9-3 转型的分类

后，这些价值观主题可以在场景中进行研究。此时此刻，设计师还没有和任何一种价值观相联系，但是在设计过程中有很大的选择和聚焦余地。日常通勤时的“私人专属时间”或晚间例行的“家长时刻”或许是这些价值观的例证。

随着设计师收集有关转型体验的数据，转型模式框架提供了对这些输入进行分析和排序的资源。理解阶段提供的分析方法可以拟出棘手的转型问题，显示设计干预的甜蜜点，并筹划综合阶段。

首先要给各种转型类型命名。转型主要有以下四种类型：空间、社会角色、生命阶段和迁移转型（见图9-3）。设计师首先要确定转型主要是发生在宏观层次还是微观层次，是在角色层次还是环境层次，然后利用以下矩阵为转型命名。

因此，转型模式主要关注转型过程中的行为主题和价值观主题。行为主题基于功能性需求，而价值观主题则基于功能性需求和体验性需求。行为主题为产品方案中的功能性目标提供了素材，通常与常规情节有关，其目标在于为体验提供机械性功能。究其本质，行为主题为用户创建新型常规行为及体验提供资源和方向。例如，在共乘角色转型中，不管个人价值观如何，都需要从甲地到乙地。与此同时，价值观主题为产品的体验性目标提供了素材，它们与仪式及叙事情节的相关性更大。价值观主题把设计师引向重点、叙事以及用户珍视的信仰，体现了设计师应该融入到体验中去的资源。在共乘角色转型中，价值观包括隐私和“私人专属时间”，这种价值观或许比从甲地到乙地更为重要。

在发掘行为主题和价值观主题的过程中，设计师需要留意所收集的数据中反复出现的模式，并在这些模式的基础上辨别主题。有时候这些模式会导致一大批主题，这些主题又具化为某种功能性需求或体验性需求。留意模式简化了设计师优先选择主题的工作，正如在共乘模式中，所有细微的常规和仪式都指向“私人专属时间”这一主题。但是，在其他情境下，各种主题间的竞争使得设计师更难以对主题进行优先选择。设计师此时需要具有具体故事的场景，这些故事验证了这些价值观背后的体验，并就优先选择提供了用户反馈。

5. 转型模式：构思及提炼阶段

在构思及提炼阶段，设计师借助基于场景的设计方法研究行为主题和价值观主题[1]，以及它们是如何满足转型过程中个人的功能性和体验性需求的。场景是按照常规、仪式、呈现和内心叙事这四种情节精心制作的。在人物角色模型中，设计师在构建场景和形成概念之前创建角色原型。与之恰恰相反，设计师在此从情节本身着手，情节又推进了理解阶段学到的主题。在某种程度上，转型模式框架以另一种方式接近一个人所处的动态变化的场景，并寻求个人目标，而不是以目标固定人。请注意，在转型情境中，价值观或目标往往尚未形成，这也是人们“迷失方向”（打个比方）的核心原因；他们在转型中失去了自身的生活叙事和目标。每个情节都深入探索行为主题和价值观主题，揭示出至关重要的叙事——处于转型过程中

[1] John Carroll，Making Use：Scenariobased Design of Human-computer Interactions（Boston：MIT Press，2000），46-74.

的人的目标。这一方法也给设计师提供了一种机制，借以观察人在不同的模式之间或生命通道之间的切换方式。

在借助场景设计产品概念时，设计师可以整合潜在的行为和价值观主题，建构一连串的情节，为转型情境中的动力和幸福提供资源。在形成情节的过程中，设计师需要谨记以下几条原则。每个情节都要遵循开头、中间和结尾这样的戏剧结构。例如，设计师可能会设计出包括四个场景的原型：设置转型情境、冲突、计划及其结果。

在拟定不同的情节时，设计师不仅应探讨司空见惯的情境，还应探讨极端的情境，以便拟出对付种种转型情境的各种可能性。在设计师向用户展示各种场景，观察用户是遵照还是偏离这些情节时，往往会出现重要的见解，借以逐渐形成设计方案或创建新的迭代设计。

在转型情境中，常规是最为脆弱的情节。例如，一名大学新生刚刚踏入异国他乡的高校深造。他所面临的挑战是多方面的，但是其中最主要的挑战是他尚未形成常规的或协调一致的活动。为了形成常规情节，设计师需要把行为主题转化为设计概念。在转型情境中，所面临的特殊挑战在于，个人原本一成不变的活动受到变化的威胁。这些一成不变的活动包括时间、人物、地点以及对这些活动的协调。为了应对这一挑战，设计师应在场景中打造灵活性主题，提出设计方案，从而帮助他们探索新的常规活动。

我们不妨再回到大学新生的例子。他刚完成中学的学业，可以用以规划大学生涯的资源也很少，因而严重依赖于他新角色的传统惯例及其隐含意义。研究表明，当人们获得新的角色时，他们会利用产品作为新的角色扮演的道具。[1]在转型情境

[1] Belk, "Possessions and the Extended Self," 139-151.

中，设计师应该意识到产品作为某个特定的角色扮演的道具和脚本的潜力。但是，设计师还应意识到个人按照新的角色即兴发挥的需要，而不是依赖一成不变的道具或脚本去处理未知多变的情境。

设计师既要考虑多变的角色又要考虑不变的角色，应该了解人们在转型情境下在不同的角色之间进行切换的方式，以及他们所使用的线索工具。在“生活模式”项目中[1]，有关角色呈现的研究结果之一就是人们利用时间、人物、地点、日程安排和个人配备等作为角色切换的线索。设计师在借助产品探索新角色的同时，可以考虑这些线索，并在不同的场景中对它们进行探讨。个人也会优先考虑自己的角色和扮演问题。从转型模式框架来看，一个人往往同时担任很多社会角色，因此只关注某一特定角色不足以探索呈现情节。在此戈夫曼提出的“策略性互动”的概念就很重要。[2]戈夫曼借用了博弈论的思想，他的策略性互动定义包括四个步骤：评估、判断、行动和回报。每个步骤都是在某一特定对象面前扮演特定角色的方法，其目标在于实现（人物的）和谐统一。在转型情境中，设计师可能会设计出执行多种角色扮演的方案，其中某些角色起到引导或主导的作用，另一些则更多地作为互补角色。

仪式是人们下意识地呈现的常规，由此个人将情感和意义投入到特定的转型情境之中。它们很可能承载着很强的价值观主题。设计师需要探索仪式情节，并思考哪些仪式时刻和聚焦式互动能够体现所发现的价值观主题。例如，通勤者的个人仪

[1] Ozenc and Farnham，“Life ‘modes’ in social media,” 566.

[2] Erving Goffman，Interaction Rituals：Essays on Face-to-Face Behavior（New York：Pantheon Books，1967），149-234.

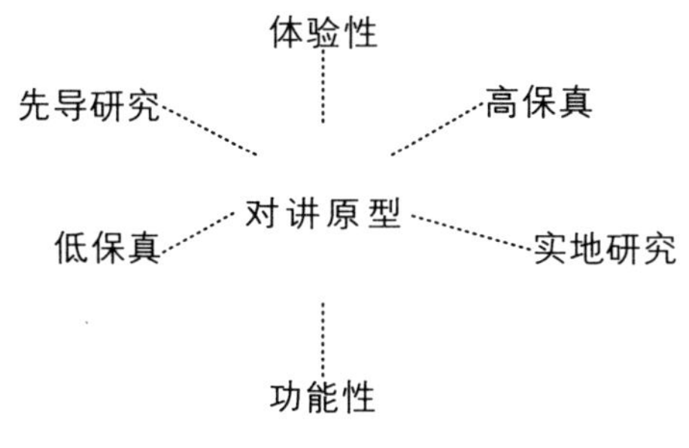

图9-4 对讲原型

对讲原型使设计师、用户和产品之间可以通过使用原型就意图、期望及其交汇点等“进行对话”。

式有可能包括在音乐播放器上听歌，或者拨着念珠做祷告。每一种仪式都在某种程度上体现了某种价值观。设计师可以为这些仪式时刻设计道具或画面。“逆向闹钟”项目是仪式时刻设计的典型案例。闹钟一般用于设定家人睡前仪式，其形式无论是对孩子还是家长都是一个音乐盒。晚上睡觉前选好晨起音乐。这样，孩子们就会变得更加投入并成为仪式的一部分。[1]

6. 转型模式：评估阶段

在完成设计方案后，设计师需要借助对讲原型来实现这些方案。所建对讲原型的复杂性不等，可以从低保真到高保真。在原型的功能或形式上值得投入的提炼程度取决于项目的限制性条件。对讲原型还应根据一系列的功能性需求和体验性需求，研究转型情境的目标（见图9-4）。基于原型在这一范围内的位置，设计师可以对原型进行先导研究或实地研究。在对对讲原型进行评估时，设计师可以利用日记或日志来评估常规情节；利用基于访谈的转型故事来评估仪式和呈现情节；利用调查来评估仪式和呈现情节。需要注意的是，

[1] Ozenc et al., “Reverse Alarm Clock: A Research through Design Example of Designing for the Self,” 6-7.

调查和访谈问题都需要考虑到安慰剂效应——也就是说，人们是如何感知产品的？人们在预期情境中是如何实际应用产品的？为了克服这种安慰剂效应，设计师需要慎重地设计问题，并就产品对角色呈现和仪式的影响进行间接提问。在评估这些情节时，设计师必须借助行为主题和价值观主题把评估和出发点紧密联系在一起。换言之，他们必须评估到底是什么触发了一个处于转型状态的人通过使用产品来追求幸福。

实际评估：用户把设计作为寻求幸福和动力的资源而融入其中吗？

在理想状态下，蕴含行为主题和价值观主题的产品能够使人们意识到并有意识地控制个人转型。源动力过程需要以下几个步骤：意识、角色扮演、对讲以及策略制定。在源动力过程中，产品首先必须让用户逐步意识到转型。该产品有助于把转型明确地传达给个人。在这种有意识的状态下，用户能够对周围的情境更加敏感，意识到自己的优点和考虑重点对转型的适用性情况，并向他的社群咨询以求进一步的指导。如果他不了解自己的价值观或考虑重点，设计也可以引导她培养那种意识。

通过转型模式框架，个人能够利用自身的价值观和考虑重点与转型情境“对讲”。这种对话产生策略。产品中嵌入了转型模式，人们自己利用该产品所提供的资源，逐步形成策略并将这些策略付诸行动。[1]因此，个人获得了和谐转型的动力。处于转型中的人们更加了解了转型，积极与产品和周围环境对话，这又有利于个性发展和制定策略。通过这种以行

[1] 我们可以把策略定义为个体的高层次行为。这些行为发挥个人的灵活性，调用个人的资源，以便在转型中做到机动灵活。

为为中心的转型设计，所设计的产品为人们提供了获得更大动力的手段。

7. 结论：面向幸福的转型

转型模式凭借其分析和综合方法，赋予了设计师敏感的透镜，并为建构设计过程和以人为中心的设计方法指明了方向。利用转型模式所提供的工具，设计过程既涵盖了人们的功能性需求又涵盖了人们的体验性需求，目标在于提升人们的幸福感。透过转型模式透镜，幸福意味着帮助人们在个人和社会关系中健康成长；帮助他们发现日常交往和长期交往中的意义；帮助他们平衡自己的生活方式（如工作、居家和社交时间）；帮助他们接受个人情感和价值观。当这一过程融入了意义的发现和平衡的需要，那么设计师设计的产品就可以实现陪伴功能并协调人们彼此之间的关系。幸福并非一种状态，而是对和谐的不断追求，达到了和谐人们就可以从容地接受生活中变与不变的方方面面。

转型模式脱胎于学术背景下的一项普通设计研究项目。未来的研究工作将着重于长期的和短期的转型情境，并在更广泛的背景下对框架进行评测。未来的研究工作可以优先考虑医疗保健、通信、教育和社区建设等新兴领域。幸福在这些领域都有重大利害关系，需要运用内在的转型模式进行研究。

十、灵感与构思：数字时代的手绘

Inspiration and Ideation: Drawing in a Digital Age

帕姆·申克[1]（Pam Schenk）

本文译自《设计问题》杂志2014年（第30卷）第2期。

1. 引言

曾几何时，设计过程在很大程度上依赖于设计师的手绘能力，但是数字媒体的应用，包括那些看来会取代手绘能力的系

---

[1] 帕姆·申克：现为赫瑞·瓦特大学研究教授。20世纪80年代中期以来，一直研究手绘在设计过程中的作用，并就该主题发表了很多文章。在英国和新加坡主要艺术设计院校从事过专业教学和管理工作，包括格拉斯哥艺术学院、曼彻斯特城市大学、邓迪大学和南洋理工大学。

统的应用，几乎彻底改变了设计过程。然而，最近的一项研究证明，很多设计师依然在使用传统的纸质手绘，而且手绘对创造思维特别重要。该项研究作为“手绘在设计中的作用”这一长期研究的最后一个阶段，其主要目的是要研究如今设计师在多大程度上还在使用手绘。在该长期研究之初，手绘是很典型的设计师式的手法。近来，我们对一些资深纺织和视觉传达设计师的手绘使用情况进行了描述，结果表明他们不仅仍然依靠快速不拘形式的速写来激发新的创意，而且他们相信视觉素养和视觉记忆是这些创意的灵感之源，需要通过及早的持续不断的手绘来培养。他们似乎相信灵活使用手绘以及习得手绘能力仍很重要，而且很多资深设计师担忧，如果不鼓励年轻设计师学习手绘的话，那将会削弱他们的创造力。

2. 长期研究

20世纪80年代中期，笔者组织了一项大规模的研究项目，探究并概括手绘在设计过程中的作用。[1]研究结果显示，手绘广泛应用于设计过程的每一个阶段，而且基于这些研究结果，可以建构一个详细的手绘活动模型。事实证明，当初选择平面设计作为该课题的主要研究对象实属幸事。虽然课题即将完成，但是计算机普遍引入设计工作室开始对手绘的作用产生深远的影响。首个研究课题完成以后，笔者决定将研究拓展到监测设计实践中的变化，尤其是关注数字技术对手绘的影响。在接下来定期进行的长期研究计划中，我们把研究扩展到了设计的其他学科，包括新的视觉传达专业，该

---

[1] Pam Schenk, “The Role of Drawing in the Graphic Design Process,” Design Studies 12, no.1 (1991): 68-118.

专业的数量随着新技术所带来的机会而急剧增加（如交互媒体设计和数字动画）。就在最近，产品设计和纺织设计也成为该项研究的对象。最后一个项目旨在通过考察现行的做法完成该研究计划，笔者把焦点放在两类设计师身上：一类是视觉传达设计师；另一类是纺织设计师。对于前者而言，数字媒体的使用早已普及了。纺织设计中的计算机辅助设计（CAD）应用稍滞后于其他学科，这意味着很多纺织设计师依然使用传统的手绘方法[1]，而且手绘在纺织设计教育中依然占据重要地位。[2]因此，对这两类设计师的手绘实践进行比较分析既合时宜又具有指导意义。

数字技术对设计过程所产生的影响还有待全面理解[3]，特别是考虑到组合型和收敛型制图系统的应用。[4]尽管许多视觉传达设计师对“手绘”法的好处是赞赏有加[5]，但是一些新的方法将数字制图和传统素描结合起来。[6]虽然教育工作者必须关心比较年轻的纺织设计师该如何将新技术融入到他们的实践之中以便发现新的设计机会[7]，但是继续跟踪是否需要融入及

---

[1] Melanie Bowles and Ceri Isaac，Digital Textile Design (London：Laurence-King，2009).

[2] Kerry Walton，“Weaving (Drawing Weaving) Drawing：Exploring the Potential for Weaving as Drawing，” (paper presented at the Drawing Research Network Conference，Loughborough，UK，September 10-11，2012).

[3] Rivka Oxman，“Theory and Design in the First Digital Age，” Design Studies 27，no. 3 (2006)：229-265.

[4] Bruce Wands，“A Philosophical Approach and Educational Options for the e-Designer，” in The Education of an e-Designer，Steven Heller，ed. (New York：Allworth Press，2001)：20-23.

[5] Anne Odling-Smee，The New Handmade Graphics：Beyond Digital Design (Mies，Switzerland：Rotovision，2002)，30.

[6] See Pattie Belle Hastings，“Electric Finger：An Experiment in Touch Surface Drawing，” TRACEY 2010，www.lboro.ac.uk/departments/sota/tracey/journal/ index.html (accessed March 12，2012) 1，and James Faure Walker，“Drawing Machines，Bathing Machines，Motorbikes，the Stars... Where Are the Masterpieces?” TRACEY 2010，www.lboro.ac.uk/departments/sota/ tracey/journal/index.html (accessed March 14，2012)，2.

[7] Jen Ballie，“e-co-Textile Design：Constructing a Community of Practice for Textile Design Education，” The Design Journal 15，no. 2 (2012)：219-236.

如何融入传统纸质形式的手绘，这一点仍很重要。在适当的情况下，提供这样的融合机会也很重要。

3. 监测变化

在整个长期研究中，一个始终不变的目标就是研究和分析设计师在商业环境中的设计体验，特别是他们使用手绘的情况。自本研究之初，笔者就已经了解了数百位设计师、一百多名学者和很多学生的观点。此外，她不仅仔细分析了很多速写本和笔记本，还分析了一千多幅设计师的手绘作品。与此同时，她还定期跟踪工作室实践和设计毕业展，走访了英国五十多家设计顾问/团体。他们有的来自雇有很多设计师的大型公司，也有来自只有为数不多的设计师的中小型公司。后者包括他们那个时代最有影响力和创新精神的一些组织。[1] 尽管该研究的范围很广,但在行为上既靠直觉又靠反思，这样笔者能够探明手绘在不同的工作室环境下以及对于不同的专业设计人员而言的基本属性。一般认为，设计师对自身实践的认识，无论是显性的还是隐性的，都是很难解释的。[2]但是事实证明，对设计师进行访谈并对他们的工作进行观察，能够有效地了解他们各自的手绘方法，以及对于行业工作要求的体验。

---

[1] 该长期研究包括伦敦和曼彻斯特的主要独立顾问，如米娜尔・特斯菲尔德（Minale Tatersfield）、迈克尔・彼得斯（Michael Peters）、五角设计（Pentagram）、沃尔夫・奥林斯（Wolfe Olins）、小岛唱片（Island Records）、安蒂罗姆（Antirom）、AMX数字、埃利・岸本（Eley Kishimoto）、罗伊兹（Royds）广告集团、大通和泰普科姆（Typocom）；组织内部设计小组，如米切尔・比兹利（Mitchell Beazley）、兰登书屋（Random House）、扬雅公司（Young and Rubicam）、英国广播公司、维多利亚（Victoria）和艾伯特（Albert）博物馆、邮局；杂志，如《广播时报》（*Radio Times*）、《哪一个？》（*Which?*）、《时尚》（*Vogue*）；音乐行业的设计师，包括内维尔・布洛迪（Neville Brody）、彼得・萨维尔（Peter Saville）、伊恩・斯威夫特（Ian Swift）和马尔科姆・加勒特（Malcolm Garrett），以及众多的自由职业设计师，如肯・加兰（Ken Garland）、大卫・简特尔曼（David Gentleman）和斯蒂芬・罗（Stephan Raw）。

[2] Nigel Cross，Design Thinking (Oxford：Berg，2011)，8.

同样，分析手绘作品——尤其是与设计师对话——会获得更多的信息。半结构化的访谈将预先设定好的话题与探索新的研究路线的机会相结合。[1]只要可能，每轮访谈和讨论都在受试者的工作地点进行，在那里可以亲眼目睹手绘过程，而且可以获得手绘样品供参考、记录和近距离的观察。

调查的最后一个阶段持续了两年多时间，其时笔者选取了20位纺织品设计师和20位视觉传达设计师的观点，并和早期的研究结果进行比较。这些设计师都在商业和学术组织工作，而且对新近记录的手绘的分析、与学生进行的研讨以及对工作室工作的观察贯穿了整个过程。长期的研究积累了大量详细的研究结果，包括对手绘用途和类型的分类，形成了定期更新的分类系统，[2]表10-1和表10-2节选了一部分供参考。该分类的设计以简洁的形式呈现研究结果，而且有助于开展持续不断的研究并保持一致性，因而贯穿于整个情境化过程。

4. 设计前的准备：寻找灵感

最近访谈的几位设计师对数字系统的便利性表示担忧。有了这样的便利，数字系统可以很简单地操控和调整档案或其他源材料，因此有时阻碍了真正的创新。这些设计师强调创造性地再解读与仅仅机械地复制及调整之间的重要“分水岭”，以及实现两者之间平衡的难点，特别是对于设计新手而言。据一位资深学者透露，这种两难可能会让设计专业学生对临摹的性质和目的产生疑惑，但他认为“不应把临摹看作是造假或抄袭。

[1] Nigel Cross，Design Thinking（Oxford：Berg，2011），8.

[2] Pam Schenk，Developing a Taxonomy on Drawing for Design，paper presented at the IASDR07 Conference，Hong Kong Polytechnic University，Hong Kong，November 12-15，2007.

其实，设计生对原创性具有强烈的渴望，这可能会将他们送进某种‘象牙塔’，因为在现实中，原创者往往是一个集体”。与很多近来研究中的受访者一样，该学者相信，应该鼓励学生通过手绘去临摹，以此作为一种真正分析和再解读的方式，同时又能从视觉来源上寻找灵感。有关临摹在艺术家和设计师的教育和专业培养上的历史意义，文献中已有详细的描述。[1]凯恩（Cain）坚定地认为，临摹是一种由来已久的方法，是艺术家的一种基本观察方式，而且在很多文化中临摹都是从业者训练的一个必要方面。[2]鉴于“临摹”在设计培训和教育中非常有用，现在却和窃取知识产权联系在一起，实属一大不幸。

对加纳（Garner）来说，写生画能够提升探究、理解、记忆和批判视觉信息的能力。[3]柯莱特（Collette）阐述了设计师和艺术家是如何写生并把它作为实践的辅助方式的，以及他们中的一些人“如何依靠速写本、视觉日记或者每周写生课的激活效应来磨炼自己的感知能力的”[4]——这也是长期研究中很多设计师所说的日常工作。其实，一位最近受访的动画设计师谈到他定期在写生课或动物园绘画，以期提高自己的“观察能力和表现能力”。手绘的重要性，特别是写生画，对很多纺织设计师来说仍然举足轻重。就像桑德拉·罗德斯（Zandra

---

[1] See Quentin Bell, The Schools of Design (London: Routledge and Kegan Paul, 1963); Joanna Drew and Michael Harrison, Past and Present: Contemporary Artists Drawing from the Masters (London: South Bank Centre, 1988); and Deanna Petherbridge, The Primacy of Drawing (New Haven: Yale University Press, 2010), 266-269.

[2] Patricia Cain, Drawing: The Enactive Evolution of the Practitioner (Bristol, UK: Intellect, 2010), 102.

[3] Steve Garner, “Drawing and Designing: An Analysis of Sketching and Its Outputs as Displayed By Individuals and Pairs When Engaged in Design Tasks” (thesis Loughborough University, 1999), 111.

[4] Cresside Collette, “Found in Translation: The Transformative Role of Drawing in the Realization of Tapestry,” Studies in Material Thinking 4 (2010), www. materialthinking. org/papers/10 (accessed February 20, 2011), 12.

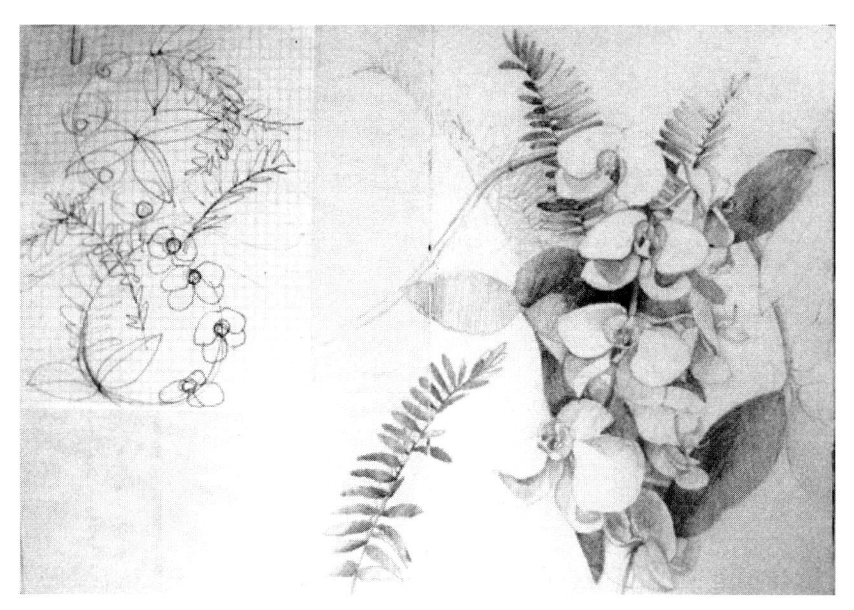

图10-1 写生与装饰画（菲奥娜·潘克赫斯特，2011）

Rhodes）所云，“透过镜头看到的信息，绝不会像绘画一样进入你的脑海或眼睛。当你翻阅以前的速写本的时候，你可以记起周围的一切事物——气味、声音、时间。”[1]正如一位纺织设计师在调查中所说的，“绘画就是你看世界的方式。如果你真的想要看到某样东西，你就会把它画下来。”

画花需要在写生中进行，这一特殊的实践活动对纺织设计师而言也相当特殊。几位设计师都表示，在艺术学院的时候，学习画花技巧是他们学习的主要部分。“对于我来说，最初只是想弄清花朵的形状，它们从不同的角度看是什么样，然后继续探究如何挖掘这些形状，从而产生装饰效应。”另一名纺织设计师说道。图10-1展示了将复杂的、细致的、有阶调的写生画转化成简化

---

[1] Leo Duff, “In discussion with Zandra Rhodes,” in Drawing: The Process, Leo Duff, ed. (Bristol: Intellect, 2005), 91-97.

的、装饰的、有节奏的，但仍令人回味的纺织设计的原始版本。

显然，对于视觉传达设计师而言，与纺织设计师相比，写生在他们目前的实践中并不具有同样的内在作用。不过，一般认为视觉素养非常重要，而且临摹和写生在培养视觉素养方面发挥着重大作用。麦基姆（McKim）指出，如果解决视觉问题的人却为视觉文盲所困，那么他们的创造力会受到影响。[1]所有最近调查过的设计师都承认视觉素养或者说视觉意识对创造性思维的重要性。有关设计中的创造性思维的文献都认识到记忆的重要性，因为记忆在激发想象力的过程中是一种存储的类比形式。[2]此外，设计绘画研究还发现工作记忆、再解读和心理合成在构思中的重要作用[3]，以及将设计师的“心理意象”用作“心理草图本”的重要作用。[4]然而，即使我们承认设计师参考已知的设计方案，并利用一系列视觉源所开发的视觉库，我们也不能忽视显性的外部源在激发和引导设计师活动中所扮演的重要灵感角色。[5]为某项工作而专门收集的视觉参考资料能够发挥重要的作用，它既界定了新设计的背景，又明确了设计创造的具体方面。[6]例如，我们可能会用它来确保某一纺织品系列就是“大势所趋”，同时也明确了该系列内印刷图像的特定风格。这种与源意象的迭代关系，不管是来自记忆还是直接来自

---

[1] Robert McKim, Experiences in Visual Thinking (Monterey: Brookes-Cole Publishing, 1980), 129-166.

[2] See Geoffrey Broadbent, Design in Architecture (London: John Wiley & Sons, 1973), 220.

[3] Michael Samuels and Nancy Samuels, Seeing with the Mind's Eye: The History, Techniques and Uses of Visualisation (New York: Random House, 1975), 240.

[4] Robert Davies and Reg Talbot, "Experiencing Ideas: Identity, Insight, and the Image," Design Studies 8, no. 1 (1987): 17-25.

[5] Marian Petre, Helen Sharp, and Jeffrey Johnson, "Complexity Through Combination: An Account of Knitwear Design," Design Studies 27, no. 2 (2006): 183-222.

[6] Claudia Eckert and Martin Stacey, "Sources of Inspiration: A Language of Design," Design Studies 21, no. 5 (2000): 523-538.

视觉参考——在新思想涌现的同时，设计师在此会观察思考——都被视为与设计解决方案资料的一种对话。[1]在一位信息媒体设计师看来，尽管临摹并不能替代新的想法，但是“拾得的意象能够激发灵感，伟大自然就有影响力”。显然，设计师使用很多临摹技巧。一位动画师曾经谈到对他人画作的解构问题，指出“重要的是要了解画作给人留下深刻印象的地方，看看别人的作品，你会发现很多东西以后都可以添加到自己的技能库”。

5. 构思：通过手绘进行思考

“速写”这一术语都是用来形容随意快速的、与构思和设计思维密切相关的绘画。在把手绘的作用界定为视觉思维的辅助方式时，弗格森（Ferguson）使用了“思维速写”这一术语。[2]正如一位网页设计师所言，“一切都始于手绘，手绘瞬间可就，速写自由任意。”罗森伯格（Rosenberg）阐述了一系列的手绘过程，人们借助手绘进行思考，通过手绘取得发现，找到表达思想的新的可能性，并有助于塑造最终的形式。[3]此外，如奥克斯曼（Oxman）说云，“新的形状既是感知的结果，也是用形状思维的结果。设计手绘中的思维意味着熟练运用形状，积极参与其中。”[4]

该项长期研究表明，视觉传达设计师和纺织设计师在“用

[1] Donald A. Schon and Glenn Wiggins, “Kinds of Seeing and Their Function in Designing,” Design Studies 13, no. 2 (1992): 135-156.

[2] Eugene S. Ferguson, Engineering and the Mind's Eye (Cambridge, MA: MIT Press, 1992).

[3] Terry Rosenberg, “New Beginnings and Monstrous Births: Notes Towards an Appreciation of Ideational Drawing,” in Writing on Drawing: Essays on Drawing Practice and Research, Steve Garner, ed. (Bristol, UK: Intellect Books, 2008): 109.

[4] Rivka Oxman, “The Thinking Eye: Visual Recognition in Design Emergence,” Design Studies 23, no. 2 (2002): 135-164

形状思维”以及使用传统纸质素描这两方面有很多共同点，至少在设计过程的早期策划和构思阶段是这样。这两类设计师都强调，在提出新的设计项目时，与客户一起开个简介会是很重要的。他们还描述了自己如何使用素描记下新的创意，以及在最大程度上满足客户的需求。在该长期研究的初期，我们发现一些视觉传达设计师对于在简介会上使用素描持谨慎态度，特别是就解决方案提出自己的想法的时候。他们担心这样做会让设计过程“看起来太简单”，或者他们会因素描能力不强看起来不够专业。同样，就在最近的一次访谈中，一位视觉传达设计师建议，在简介会上，“你可以只画给你自己看，这样就没人看到了。在客户面前显得很有把握还是很有必要的”。

设计师要放松，不要感到有压力，不是在这个阶段就要画得很好。戈尔德施密特（Goldschmidt）对构思过程所需的“专业技能”提出了很有说服力的评估标准，认为那是“运用具象的行为进行迅速推理”的能力。[1]因为是在纸上看创意是否可行，因此辅助构思的手绘模式是快而直观的。图10-2展示的是笔记本上的一页，上面有笔记和速写，和后来的修改都重叠在了一起。这种手绘模式本质上能使设计师就自己的目的而画，不受必须与别人交流的限制。但是，为了看着顺畅，必须培养一些素描技巧——有时可能要花上数年时间。“我用手绘更有针对性，我一般画得更清晰，更简练。”一位动画师对他几年下来学到的技能解释道。图10-3展示了这种在人物设计方面培养的“清晰和简练”。

由于数字制图系统对激发自发的创造性思维没有什么帮助，因此设计师对它都很有保留。从项目发布到竣工，塞尔比（Selby）在描述这一时段所发生的事情的时候，他把设计过

[1] Gabriela Goldschmidt，“The Backtalk of Self-Generated Sketches,” Design Issues 19，no. 1 (2003)：72-88.

图10-2 笔记本中的前期创意选页（大卫·科罗，1988）

图10-3 动画人物设计（汉尼斯·拉尔，2012）

程比喻成“一段探索的旅程，抑或能被复制，抑或不能”。[1]因此，在这段诠释客户特定意图的无法仿制的旅途上，设计师必须创新地解决复杂的问题，同时牢记最后成品的局限性和潜能，并努力找到适销对路的解决方案。然而，正如一位针织设计师所说，“数字设计制图是基于已知的和既有的内容”，所以取得新“发现”的可能性有限。本研究中的设计师都不否认数字技术带给设计行业的好处，但他们也毫无例外地表达了担忧，担心由于过早全面地使用这种技术，排斥传统的手绘方法，学生和设计新手的手绘能力因而得不到培养。在一位纺织领域的资深学者看来，“纺织设计师教育的早期阶段常常忘记了表现性手绘可以作为织物和服装开发的创新工具。”

---

[1] Andrew Selby, “Drawing Is a Way of Reasoning on Paper,” in Drawing: The Purpose, Leo Duff and Phil Sawdon, ed. (Bristol, UK: Intellect Books, 2008): 119-136.

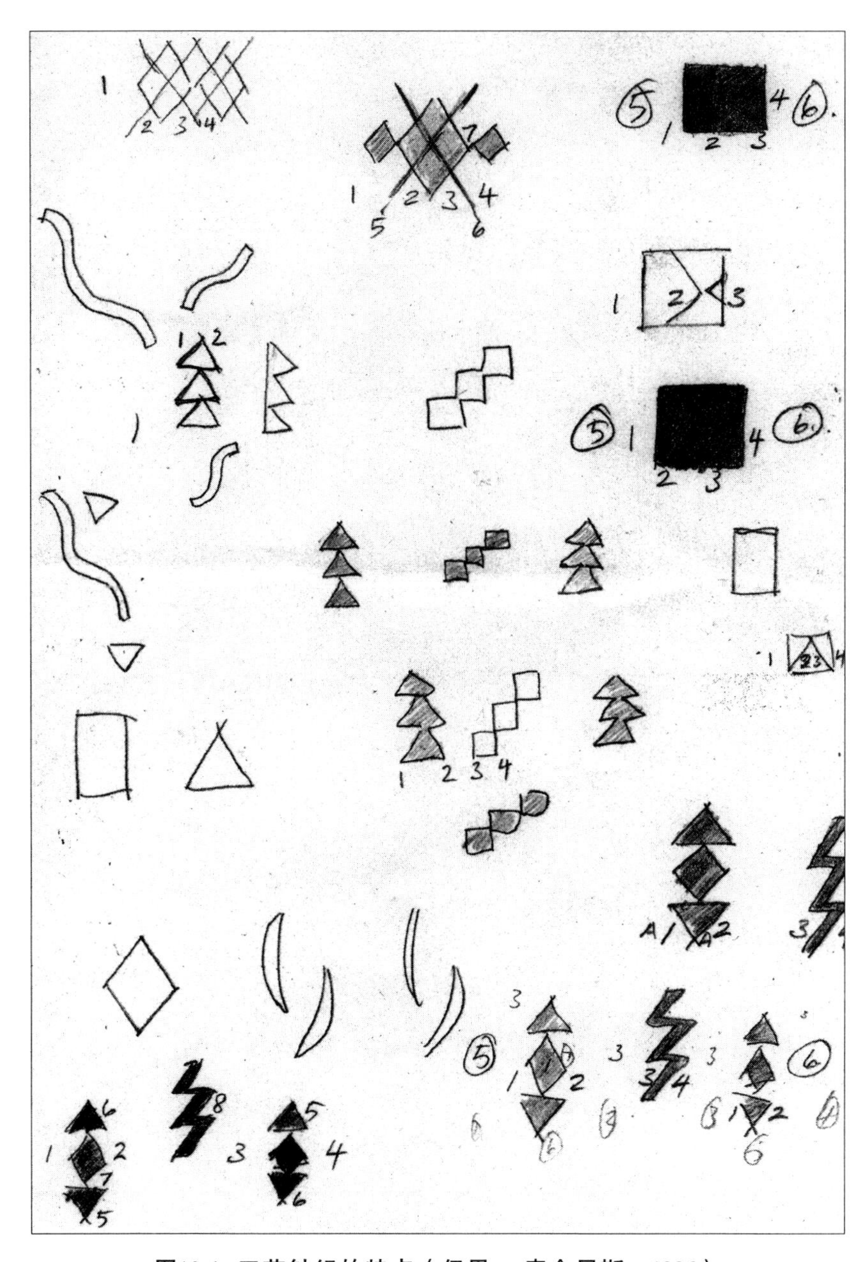

图10-4 工艺针织的特点（伊恩 · 麦金尼斯，1986）

手绘——特别是构思阶段含糊不清的速写和涂鸦——所表现出的另一个重要价值在于我们可以把它们拿过来再读，刺激新的创意的产生——这是该长期研究初期发现的现象，后来斯通斯（Stones）和 卡西迪（Cassidy）将这一现象描述为“再解读”。[1]研究者们还提出，设计师从手绘中看到的东西可能会超出原初的意图。[2]梅内塞斯（Menezes）和劳森（Lawson）阐述了“设计师是如何从诱发心理意象的速写中发现视觉线索的，这些心理意象或许又为当前的设计情境带来了创意”。[3]纺织设计师和视觉传达设计师都表明，他们有查阅手头速写集的习惯，而且两类设计师都认为“再解读”这些手绘的能力是一项必备能力。一般认为，创新地再解读各种形式的视觉参考资料的能力对设计师的构思过程是至关重要的。

尽管最近研究中的这两类设计师都很早使用速写的一般方法，但是他们还描述了之后将概念转化成潜在可行的解决方案时更加具体的基于学科的目标。以纺织设计师为例，如一位纺织工所说，这种初始的抽象概念可能会转变为“可行的纺织设计”；或者如一位时尚针织设计师所解释的那样，这种初始的抽象概念可以用来“把可针织的东西做出来”。图10-4展示了几何形状转变成针织制造技术时的视觉思维方式。以网页设计师为例，这种转换可能是为了“看看设计在屏幕上是什么样子”。图10-5就是这种速写的一个例子，快速完成，但却有

---

[1] Catherine Stones and Tom Cassidy, “Seeing and Discovering: How Do Student Designers Reinterpret Sketches and Digital Marks During Graphic Design Ideation? ” Design Studies 31, no. 5 (2010): 439-460.

[2] Masaki Suwa, John Gero, and Terry Purcell, “Unexpected Discoveries and S-Invention of Design Requirements: Important Vehicles for a Design Process,” Design Studies 21, no. 6 (2000): 539-567.

[3] Alexandre Menezes and Bryan Lawson, “How Designers Perceive Sketches,” Design Studies 27, no. 5 (2006): 571-585.

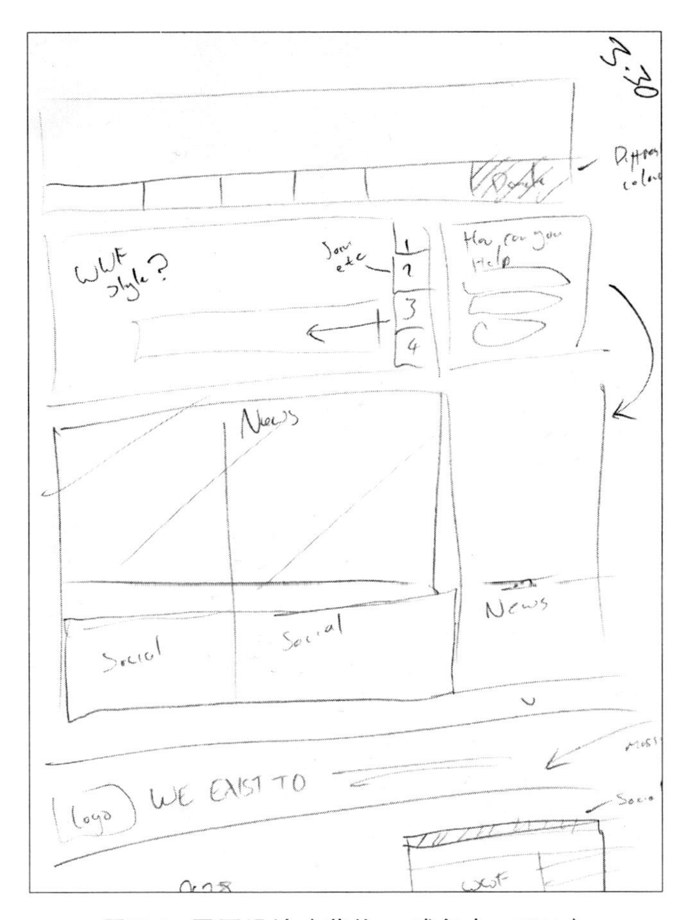

图10-5 网页设计（艾伦·威尔本，2011）

助于复杂的网页策划。在此，二维布局的信息设计必须同时考虑到它的交互潜能。专业的速写，包括用来规划网站结构的超地图，以及故事板或者像一位动画师所说的“第四维度规划”的初步想法，也出现在构思过程的这一阶段。在一位纺织设计师看来，构思素描“冗长乏味，你得梳理简报会上萌发的所有设计创意，接下来又得把这些创意分解为设计选项”。纺织设计师还强调他们所谓的装饰素描的重要性，在他们的描述中纺织专用术语占绝大多数，如图案、重复花样、节奏等。还有一位针织设计师

“看着和谐的形状和几何组件”，描述了他对“节奏的观察”。或许更务实地讲，另一位纺织品印花设计师表示，装饰素描主要是关于一致性。“它得充当平网印花。即使有了新技术，纺织品设计依然和传统的木刻板和丝网印刷方法有很多共同之处。一印就是多少英里长，印出来的必须是一模一样的。”

6. 讨论和分析

自20世纪80年代中期发起长期研究以来，计算机进入了设计工作室，这已经对传统形式的手绘产生了累积效应，它们在设计过程的后期阶段已经不那么明显了。然而，如最近调查所示，许多纺织设计师和视觉传达设计师仍然从纸质形式的手绘中寻找那种自发性和灵活性，从而促进创造性思维，产生新的创意。这些领域的设计师也写生，临摹视觉源，为自己的创意寻找灵感——尽管这种做法在纺织设计师中更加普遍。两类设计师都意识到视觉素养的重要性以及手绘在培养视觉素养中的作用。此外，调查显示在准备和构思过程中形成的手绘，尽管看似简单，却有助于一系列的感知活动和心智活动。为了创造并评估设计解决方案，我们完成了一系列的可识别任务。尽管完成这些任务并不需要很高的手绘能力，但是为了促进而不是阻碍视觉思维和创意的产生，高度的流畅性和视觉素养仍然是有必要的。再者，我们可以看到，专业的手绘需要全面理解某些设计学科的具体要求。

表10-1总结了设计师在设计准备阶段所使用的手绘类型，同时总结了相关手绘的典型特征。这些特征不仅仅是从设计师的说明中发现的，我们还详细查看了他们的速写本和笔记本，并且细查了他们为汇编视觉参考资料所做的手绘集。大量的特点体现了手绘的不同目的。例如，写生时，这些手绘可能就是感

表10-1 设计前期准备工作

设计任务	手绘用途和类型	手绘特征
培养视觉意识/素养/记忆力	写生和临摹一系列题材和档案资料	感知的、精确的、分析性的、探究性的、调查性的、表现性的
寻找灵感	探索各种视觉源；临摹、解构、记下印象	探索性的、分析性的、质疑的；解释性的、印象派的、表现性的、实验性的
	诠释潮流	感知的、解释性的
收集视觉参考资料	描图、临摹、分析、解构、解释所选意象	精确的、分析性的、感知的、客观的、调查性的、敏感的
	磨炼感知能力和批判性评判能力	解释视觉属性

知的，精确的；临摹和解构视觉源时，这些手绘可能是分析性的，疑问性的；寻找视觉灵感时，这些手绘可能是印象派的、解释性的或表现性的。

同样，表10-2总结了辅助“构思”的任务中是如何使用手绘的，同时总结了相关手绘的典型特征。这些特征有的是从设计师的表述中总结出来的，有的是从观察工作室实践中得来的，还有的是从分析构思过程中设计师的手绘发现的。随着早期的创意接受可行性测试，到最终成为解决方案，手绘的用途发生了变化，因此与构思过程的六组任务相关的手绘特点呈现出更大更显著的变化。然而很显然，只要设计师使用手绘进行思维，他们的手绘用法就必须流畅有把握，前后保持一致。在激发前期创意时，手绘主要是自发的，快速的，不拘形式的。从所画的手绘数量上来看，这些类型的手绘一般是自由任意的；而且由于他们通常是涂鸦，如有必要会保留下来为设计师自己所用，因此也是可以修改的。与客户或设计团队其他成员的交流和分享必须高效；这一阶段的手绘必须简练甚至简略，而且在呼应他人的认识时也是表现性的和直观的。有趣的是，设计师在对视觉源做出反应时，既需要手绘的分析性特征，又需要手绘的反应灵敏性特征，而且设计师的手绘常常是模糊的，这一特点或许对构思有益。当创意表达充分，足以拿来测试和改进时，手绘不仅更加纯熟，而且手绘创作运用了特定设计领域特有的常规。这样的手绘既有依据，又有节制。

尽管在本文的阐释过程中只选择了数量有限的手绘，但是它们确实展示了表10-1和表10-2所列的手绘的很多用途、类型和特征。例如，在图10-1中，主图是写生，既是感知的又是精确的，更多地表现了植物的装饰特性，而不是分析植物的结构。副图从主图中找到了灵感，质疑其装饰特性，并提供了一种印象派的解释。图2是个人笔记本上的经典一页，是辅助构思初期的手绘，它以“不拘形式”的方式将文字注记与快速的、自发的及模糊的手绘结合在一起，最初的素描又被后来的绘画“修改”了。图10-3展示的是动画人物设计的中间阶段。在这一阶段，手绘仍处于部分“不确定”和“模糊”状态，但是“纯熟”有节制，“勾勒”出已经确定的方面。图10-4和图10-5所示的“快速的”“简练的”的手绘展现了设计师“表达概念的实质”的能力。与此同时，在图10-4所示的复杂的生产要求情况下，执行“测试可行性”这一重要任务；在图10-5所示的布局设计的视觉传达情况下，做到既“了解”手绘常规，又“知晓制约设计的因素”。

7. 结论

尽管数字系统已经广泛引入当代设计工作室，但是纸质手绘依然扮演着重要角色，而且如果巧妙地和数字形式的图像制作和处理结合使用，这种手绘能够给设计师带来竞争优势。触

表10-2 设计中的构思

设计任务	手绘用途和类型	手绘特征
辅助视觉思维 形成创意 提出概念	快速素描和涂鸦，使抽象的概念成为有形的概念	自发的、快速的、模糊的、不拘形式的、可修改的、自由任便的、流畅的、有把握的
向自己及他人表达创意	表达概念的实质；与自己及他人对话	快速的、简练的、简略的；表现性的、直观的、流畅的
核实理解是否正确	问题反馈	指示性的、描述性的
记录创意	运用注记和简略的速写，追踪简介会等场合的讨论	快速的、精确的、信息丰富的；流畅的、有把握的；私密的
对视觉源做出响应	解读、重新解读并寻找潜力，如装饰特性	分析性的、疑问性的；表现性的、反应灵敏的；实验性的、感知的
重新解读前期的素描绘画	探索更多的变化，发现视觉线索	模糊的、不确定的
测试可行性	运用专业常规对创意进行测试，如重复花样、故事板、超地图等	了解常规；知晓制约设计的因素
视觉特性批评	首个实物模型、重显等	描述性的、模仿性的
决定和改进创意	澄清复杂的概念	有节制的、精确的、纯熟的
	提高清晰度	清晰、明晰、精细

屏平板电脑的使用越来越多，有关速写的应用软件能够提供多种功能，这些都可能真的会取代袖珍笔记本。但是，用这些工具所创造的绘画类型，以及这些绘画的用途与纸质的素描仍然没有什么不同。鉴于如今的市场竞争需要速度和效率，设计课程或许需要优先考虑培养学生的专业成像和生产软件方面的能力。此外，众所周知，培养传统的手绘能力非常耗时。然而，

尽管如今的设计师能够很容易地扫描、数字修复文档图像，但是很多专家依然认为，基于文档和其他视觉源进行绘画非常有助于寻找灵感，有助于激发对老图像进行有意义的翻改，达到创新的目的。事实上，可以说只有绘画能够支持的复杂建模系统才能最好地促进真正的创新。

尽管手绘行为本身仍需更深入的观察，但是我们发现手绘能够培养必要的视觉意识，这种意识需要视觉世界尤其是视觉源资料的启发。视觉素养的培养——如果设计师要以理智的评价方式对源材料进行选择和重新利用，那么这是很重要的——贯穿于调查性的、分析性的和以手绘为基础的临摹之中。从更高层次来讲，视觉记忆刺激和引导创造性行为，而丰富的手绘体验有利于延长视觉记忆。

通过教授一系列不同类型的手绘和手绘应用，设计教育能够实实在在地促进设计产业的发展；通过强调临摹在分析和解释方面的益处，能够提高设计师的视觉素养和创造力。虽然对设计教育所提出的详细建议源于长期研究和近期调查，并非本文研究的范围，但是我们可以看到无论是专业设计师，还是设计新手，只要在绘画实践上投入时间和精力，就能够从中受益——既了解设计，又在设计中变得游刃有余。正如一位成功的创新设计师所说，“我把绘画看成是把我多年的工作联系在一起的学科。”对于设计师而言，绘画或许看上去并没有其他学科声称的自我表现性属性，但是绘画着实提供了感知工具，设计师借以对视觉源做出反应；绘画着实提供了分析性的手法，设计师借以对这些视觉源提出质疑。

十一、苹果派空间关系学：厨房工作三角区中的爱德华·T. 霍尔

Apple Pie Proxemics: Edward T. Hall in the Kitchen Work Triangle

海蒂·欧弗丽尔[1]（Heidi Overhill）

本文译自《设计问题》杂志2014年（第30卷）第2期。

1966年，爱德华·T. 霍尔（Edward T. Hall）[2]在其著述中曾经

---

[1] 海蒂·欧弗丽尔：加拿大安大略特许工业设计师协会（ACIDO）前任会长，多伦多大学信息学院（iSchool）在读博士，安大略省奥克维尔谢尔丹学院动画、艺术与设计系教授，近期合作出版了专著《直接设计：如何开创自己的微品牌》（*Design Direct: How to Start Your Own Microbrand*）。2010年，《加拿大艺术》（*Canadian Art*）杂志对她的设计“博我：‘我’之博物馆”进行了专题介绍。2008年，她作为团队成员参加了数字人体测量研究项目“中国尺码”（SizeChina），该项目获得美国工业设计师协会（IDSA）举办的国际设计优秀奖（IDEA）大赛的金奖以及最佳展品奖。

[2] Edward T. Hall, The Hidden Dimension (New York: Random House, 1966), 53.

引用了一位厨房使用者的一段话："我讨厌有人碰到我或是撞到我，即便那人与我关系很亲也是如此。这就是这个厨房总是让我抓狂的原因所在：我在忙着烧饭做菜，但总有人挡路碍事儿。"

1. 引言

从1913年美国家庭经济学家克里斯廷·弗雷德里克（Christine Frederick）所绘制的图中可以看到普通厨房"工作三角区"的原型，她用一条细虚线表示做家务时所走的"一连串脚步"。弗雷德里克将工作中的身体抽象化为在空间中移动的点，如今我们仍然用它来描述厨房工作，从而建立起二维线性的方法，但这却模糊了三维的身体在合理规划中的重要性。如果运用人类学家爱德华·T. 霍尔于1960年提出的"空间关系学"的概念重新审视这一疏漏问题，我们会发现他的概念在引用中存在引文显著失真现象。为了重温他的见解并介绍其所指的厨房环境，本研究衡量了一个热苹果派对笔者家中身体距离的影响。本研究方法既能使用局外"客位"的定量观察，又能运用局内"主位"的定性思考。研究结果显示，空间关系学、厨房功能及人体工程学的一些公认的原则存在缺陷。

如果复杂的问题被过于简单化，设计规划就会折损很多。[1]普通厨房工作三角区就是这种过度简单化的一个例子。工作三角区是建筑平面布置图上连接炉灶、水槽和冰箱的一种几何形状，描述了厨房内的行走距离。但是距离并不是影响厨房活动的唯一因素，厨房活动还必须同时考虑到实实在在的人体及其相邻的"个人空间"的"气泡"。然而，对于个人工作

[1] Kevin B. Bennett and John M. Flach, Display and Interface Design: Subtle Science, Exact Art (Boca Raton, FL: CRC Press, 2011), 7.

空间而言，大小也很难确定。人体测量学的身体量法忽视了体态姿势的影响，比如伸出肘部就增加了有效身体宽度。人类学的研究审视了对话中的社会距离，但忽视了非对话性的活动。两者都忽视了对象的架构、动作及操控。简而言之，尚没有现成的数据描述移动的人在如下情况下的空间需求：在家庭厨房有限的内部空间里，处置热的及/或湿的东西。

2. 克里斯廷·弗雷德里克的厨房

“厨房工作三角区”这个术语是美国伊利诺伊大学建筑研究理事会于1947年前后创造的[1]，但是少走路的愿景在此之前就已存在了。1869年，点子作家凯瑟琳·比彻（Catharine Beecher）发布了一款厨房设计，“能在摆放和收拾餐桌的时候少走许多步”。[2]1901年，康奈尔大学的家庭经济学家玛莎·范·伦斯勒（Martha Van Rensselaer）出版了《少走路：农夫太太的首选阅读教程》（*Saving Steps: Reading-Lesson No. 1 for Farmers'Wives*），她在书中用“脚步”转喻一般的厨房事务。[3]时下，胡希尔（Hoosier）品牌厨房橱柜的广告在厨房楼层平面图上用小脚印阐明了其理念[4]，这一直观的论点在克里斯廷·弗雷德里克的《新管家》（*The New Housekeeping*）

---

[1] Dina Allen, Archives Research Specialist, University of Illinois Archives Department, email message to author, November 1, 2011. See also "History of the Building Research Council," School of Architecture, University of Illinois at Urbana-Champaign, www. arch. illinois. edu/programs/engagement/brc/history/ (2012年7月20日访问).

[2] Catharine Beecher and Harriet Beecher Stowe, The American Woman's Home (New York: J. B. Ford and Company, 1869), 36.

[3] Martha Van Rensselaer, Saving Steps: Reading-Lesson No. 1 for Farmers'Wives (1901; repr., Ithaca, NY: Cornell University, 2000).

[4] Nancy Hillier, "The Hoosier Cabinet and the American Housewife," Indiana Magazine of History 105, no. 1 (2009): 1-30.

（1912）一书中被细化为一条笔直的虚线。她在楼层平面图绘制前后所画的线条证明，“合理的设备布局”能够将“多串混乱交叉的脚步”转换成一个爽爽的非重叠性移动三角区（见图11-1）。[1]这张图取得了持久的成功。1926年，布鲁诺·陶特（Bruno Taut）在德国复制并再版了这张图[2]，该图从此影响了全球的设计。[3]如今，人们依然在用这张图，在美国国家厨卫协会的《初级培训》（1998）[4]、罗德岛设计学院的实验性《通用厨房》（1995）[5]，以及《傻瓜厨房改造》（2003）[6]中都可以看到。然而，尽管数步数是有效的说辞，但是实际上并没有很好地总结厨房活动。

弗雷德里克的图没想标明体重，但它却广受欢迎，部分原因可能在于其对更好的人际空间的建议。假设“A”线和“B”线显示的是同一个人在不同时间的位置：先准备饭菜，然后清理收拾。但是，重叠的部分暗示有事情同时发生，如果“A”和“B”代表同一时间的两个人，要让两人不会撞到对方，那么“合理的布局”就变得非常重要。弗雷德里克将她的书卖给了那些没有家佣帮忙的孤单主妇，但是即便是在没有家

[1] Christine Frederick, The New Housekeeping: Efficiency Studies in Home Management (New York: Curtis Publishing, 1912).

[2] Bruno Taut, Die Neue Wohnung: Die Frau Als Schöpferin [The New Apartment: The Woman as Creator] (Leipzig: Verlag Klinkhardt und Bierman [Publisher Klinkhardt and Bierman], 1926).

[3] Ellen Lupton and J. Abbott Miller, The Bathroom, the Kitchen and the Aesthetics of Waste: A Process of Elimination (Cambridge, MA: MIT List Visual Center, 1992), 48.

[4] Patrick J. Galvin, with Ellen Cheever, Kitchen Basics: A Training Primer for Specialists (Hackettstown, NY: National Kitchen and Bath Association, 1998), 48.

[5] “Time-motion studies by RISD researchers found that it takes only 100 steps to prepare a spaghetti dinner in the universally design kitchen.” Design Features, Metropolis Magazine, December 1998. www. metropolismag. com/html/content_1298/de98pdes. htm (2013年1月12日访问). [注：原先的出处已不再显示该图了。本图出处不同，图样略有差异，但能说明同样的问题]。

[6] Donald R. Priestly, Kitchen Remodeling for Dummies (New York: Wiley, 2003).

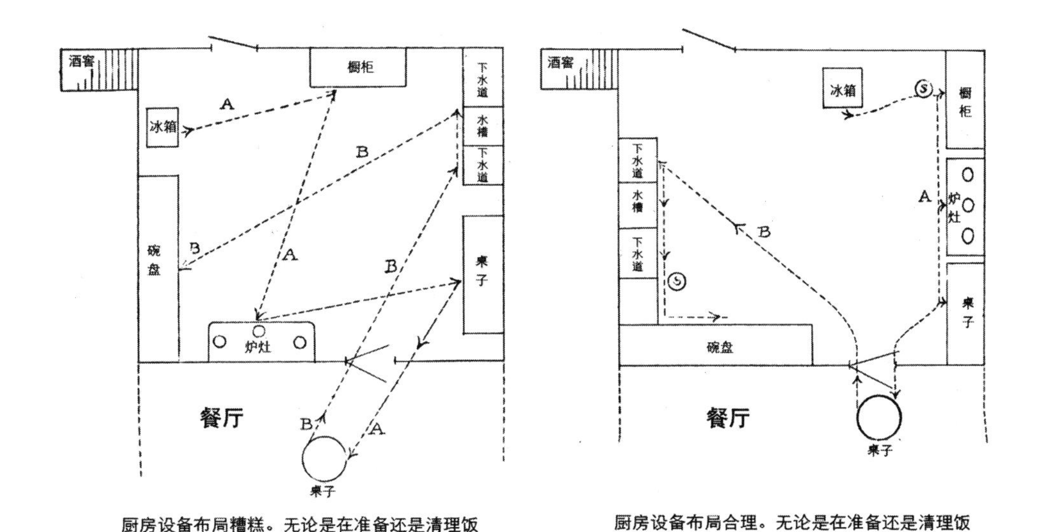

图11-1 “糟糕的”及“合理的”厨房设备布局（克里斯廷·弗雷德里克，1912）

佣的家庭，由于未婚的成年女儿和阿姨们会帮忙做家务，所以也常常会出现多人干活的现象。[1]

由于该图过于简化，容易引起误读。用媒体的话来说，该图是一份很“酷”的通信。一份简略的示意图迫使读者将自己的解读投射到未详细说明的细节上，而精美的透视图会让人被动地凝视。[2]例如，现代的读者可能会认为“合理的布局”在左下角有一个连续的L型工作台面——但弗雷德里克实验厨房的照片显示的仅是维多利亚后期宽大的桌子和橱柜。[3]10年后的1924年，第一个连续的厨房工作台面才出现在魏玛包豪斯的

---

[1] Jane Lancaster, Making Time: Lillian Moller Gilbreth: A Life Beyond “Cheaper by the Dozen” (Boston: Northeastern University Press, 2004), 261.

[2] Marshall McLuhan, Understanding Media: The Extensions of Man (New York: McGraw-Hill, 1964), 22.

[3] Janice Williams Rutherford, Selling Mrs. Consumer: Christine Frederick and the Birth of Household Efficiency (Athens, GA: University of Georgia Press, 2003).

号角屋。[1]弗雷德里克的概略图风格让读者在自己的假设基础上解读其意义。

3. 霍尔的空间关系学

在弗雷德克创建那张图的时候，还不容易得到有关人体的参考信息，直到20世纪30年代才出现了供建筑师使用的描述身体大小的第一批出版物。[2]由于利用侧视图和正视图表现人体尺寸，这些规格并没有很好地反映到建筑平面图上，也没有充分体现身体空间对建筑的要求，因为人们对于身体周围的小小私人空间往往采取领土态度。20世纪60年代，美国人类学家爱德华・T. 霍尔对私人空间的性质进行了探讨。[3]霍尔在国际外交方面的经历使他意识到身体间距存在文化差异，就像美国南方人和北方人互相误解，觉得对方站得太近或太远，感觉太过“热心”或“冷漠”。霍尔与身边社交圈里的志愿者一道，利

---

[1] George Muche, “The Single Family Dwelling of the Staatliche Bauhaus,” in The Bauhaus: Weimar, Dessau, Berlin, Chicago, Paperback edition. ed. Hans M. Wingler, trans. Wolfgang Jabs and Basil Gilbert (1962;repr., Cambridge MA: MIT Press, 1978), 66. Originally published in Velhagen und Klasings Monatsheft[Velhagen and Klasing Monthly Bulletin]38, no. 9 (1924): 331.

[2] Ernest Irving Freese, “Geometry of the Human Figure,” American Architect and Architecture, (July 1934), 57-60. Stylized drawings of key body dimensions were added to the Architectural Graphic Standards in 1941. Lance Housey, “Hidden Lines: Gender, Race, and the Body in Graphic Standards,” Journal of Architectural Education 55, no. 2 (2001): 101-12. See also American Institute of Architects, Architectural Graphic Standards, 11th ed. (Hoboken, NJ: Wiley & Sons, 2007) and Stephen B. Wilcox, “Introduction,” in The Measure of Man and Woman: Human Factors in Design, ed. Alvin R. Tilley and Henry Dreyfuss Associates (Hoboken, NJ: Wiley & Sons, 2001), 3-8.

[3] Edward T. Hall, “Proxemics: The Study of Man’s Spatial Relations,” in Man's Image in Medicine and Anthropology, ed. Iago Galdston (New York: International Universities Press, 1963). See also Robert Sommer, Personal Space: The Behavioural Basis of Design (Englewood Cliffs, NJ: Prentice Hall, 1969).

表11–1 霍尔英制尺寸的错误公制换算

区　域	霍尔的尺寸	公制换算	正确的凑整	歪曲的引用
亲密的	18英寸	0.4572米	0.46米	0.45米
私人的	4英尺	1.2192米	1.2米	1.2米
社交的	12英尺	3.6576米	3.7米	3.6米
公共的	25英尺	7.62米	7.6米	7.5米

用一个定性工具包测量了美国北方中产阶级的所谓“空间”距离。该工具包包括“观察、实验、访谈（结构化的及未结构化的）、英文词汇分析及文学艺术再创作中的空间研究”。[1]他的研究结果显示了这样一个空间层级：首先是“非常亲密的”（到6英寸）；其次是“亲密的”（到18英寸）、“私人的”（到4英尺）、“社交的”（到12英尺）及“公共的”（有效距离在25英尺）。霍尔意识到自己的研究有限，他这样写道：“这些描述仅代表一级近似值。毫无疑问，到我们了解更多的情况的时候，它们就会显得粗糙。”[2]

尽管霍尔对其研究结果有所保留，但是他的那些数字至今仍被使用。然而，仅引用其成果的二次及三次解释作为参考，渐渐地带来了一些误差，歪曲了他的原始数据。[3]例如，一个错误的公制“当量”——很有可能是过去数学算法的错误导致的后果——总是将霍尔的数据尺寸说成0.45米、1.2米、3.6米和7.5米（见表11-1）。这些数字已经“相差很多”了，但能够在测量“北欧人”的文献中找到。[4]他们将错误的公制数据归咎

[1] Edward T. Hall, “Proxemics,” Current Anthropology 9 nos. 2/3 (1968): 85.

[2] Edward T. Hall, The Hidden Dimension (New York: Random House, 1966), 116.

[3] For a close study of the progress of citation distortion in medical settings, see S. A. Greenberg, “Understanding Belief Using Citation Networks,” Journal of Evaluation in Clinical Practice 17 (2011): 389-393.

[4] David Lambert, Body Language (Glasgow: Harper Collins, 2004).

于霍尔自己（其实他当时只用了英尺和英寸）[1]，或者根本就没有提到霍尔。[2]正如一些读者可能注意到，这种错误可能并不显著，至多只有7.6米分之0.12米的变化（约25英尺分之4.75英寸）。鉴于定性研究方法的不准确性以及相当多的可疑原始数据，改进后的公制距离可能更接近了。

更多严重的歪曲是由具有误导性的图示造成的。目前的霍尔数据可视化将空间关系区域显示为环中心体的同心圆。[3]这种描述可能在某种程度上体现了霍尔的意图，因为在有关动物的描写中，他说："可以把个人距离比作有机体周围的气泡。"[4]然而，他对人类社会空间的研究聚焦于对话，而且他自己的图仅由代表直线距离的柱状图组成，附有缩略图显示两个人面对面或肩并肩地站着——但从来没有背对背或前后挨个儿地站着的。[5]换言之，霍尔似乎并没有测量到后面的距离，这意味着圆形图标的后半截在研究中并没有基础。霍尔确实在其他地方就办公家具对后方距离做过评论，但是他并没有提供尺寸。[6]

如果从中心体的中点开始测量，也会给气泡图带来严重的扭曲。这个方法很容易画出来，但它肯定不能代表霍尔的研究结果。他自己的图没有指定起点，他的研究方法主要是文字的；如果说另一个人在"18英寸开外"，仅仅是描述体表之间

---

[1] Toshitaka Amaoka et al., "Personal Space Modeling for Human-Computer Interaction," in Entertainment Computing-ICEC 2009 8th International Conference, Paris, France, September 3-5, 2009. Proceedings. Lecture Notes in Computer Science, eds. Stéphane Natkin and Jérôme Dupire. (Berlin: Springer of publication, 2009), 60-72.

[2] M. L. Walters et al., "Exploratory Studies on Social Spaces Between Humans and a Mechanical Looking Robot," Connection Science 18, no. 4 (2006): 429-449.

[3] 典型的例子可以参见Wikipedia，"Proxemics," http://en.wikipedia.org/wiki/Proxemics (2012年7月5日访问).迄今为止，我还没能找到霍尔空间关系学区域的有效图示，可以将这些区域不仅仅显示为以身体中点为中心的同心圆。

[4] Hall, "Proxemics: The Study of Man's Spatial Relations," 436.

[5] Hall, "Proxemics," 83-108.

[6] Hall, The Hidden Dimension, 50-51.

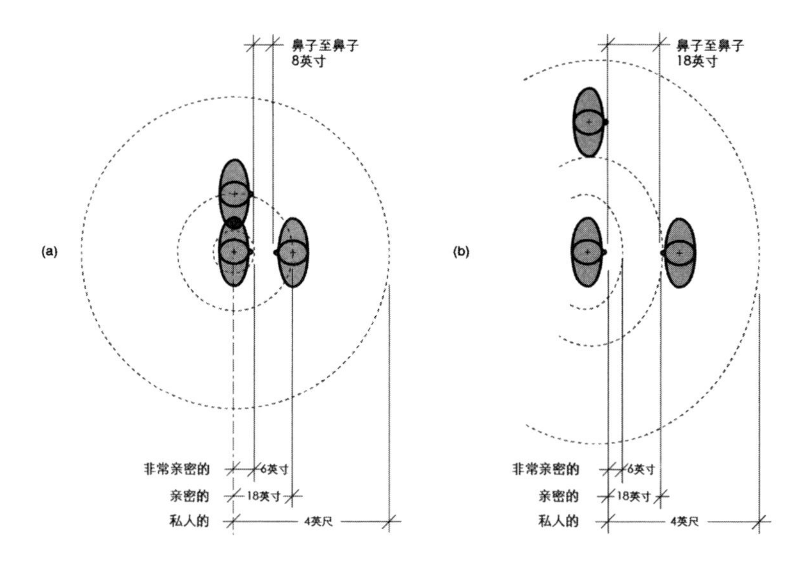

图11-2 空间关系尺寸（爱德华·T.霍尔，1968）

图（a）表示人体中线至中线之间的尺寸，图（b）表示体表至体表之间的尺寸

的距离——而非假设的内部中点之间的距离。

图11-2是大致按比例绘制的，对霍尔数据的表面到表面以及中线到中线的解释进行了对比。这张插图里所使用的矢面或身体厚度尺寸是以笔者为基础的。笔者背靠墙面站立，拉一把椅子贴着身子，然后测量椅子和墙面之间的间隔，包括浴袍在内差不多10英寸，或25厘米左右。当两个这样厚度的身体相距18英寸时，如果从两者的身体中线开始测量，由此产生的鼻子到鼻子的“亲密的”距离仅有8英寸——直觉上感觉过于接近。此外，这种距离物理上也不可能——身体叠在一起了。然而，另一种表面至表面的解释也存在一定问题。对于亲密的对话，鼻子到鼻子之间18英寸的距离感觉是可以的，但是肩到肩之间18英寸的距离则让人感觉疏远。实际上，霍尔的研究结果可能仅对表面到表面以及面对面的测量才有效。

如果曲解霍尔的数据给小于6英寸的初始测量值带来正负

10英寸以上的误差，这样的解读就使测量偏离了原先的研究方向。我们只能据此推断，目前的这些数据运用基本上是没有意义的。

霍尔的定义仍为人所用，或许是因为难以得到更好的数据。他自己的持续研究也受到长期观察者偏差的影响。[1]他承认，“除非某人受上天眷顾，拥有非同寻常的耐心和恒心，并拥有超强动力，具有观察的天分，否则空间关系学的研究未必有益。”[2]霍尔将受试者概念化为文化问题，需要关注多种变量。他的“空间关系学行为注记系统”需要记住一套复杂的数字编码，其中“55, 0, 101, 0, 23, 2, 2, 1,”表示“两个人站着，面对面，距离近到可以碰到对方，但并没有发生肢体接触，间歇性地互相看几眼，感受到一些辐射热，嗅到些体味，轻声说话”。[3]

最新的空间关系学研究仅仅集中在距离上，主要运用三种方法：自然观察法、模型仿真法和实验室内实验法。对不知情的受试者的自然观察法理论上是理想的，但受制于测量精度、不可控变量和伦理等实际问题。运用像平面布置图之类的模型研究便于组织，但需要参与者凭借对于距离的主观印象，凭对缩小比例的尺寸的记忆开展工作，我们知道所有这些都会影响准确度。由于这些因素，大部分空间关系学研究都是在实验室通过“停止距离”方法进行的，即干扰者径直走向测试参与者直到参与者喊停。[4]

---

[1] Michael O. Watson, “Proxemics: A Complex Science,” Reviews in Anthropology 2, no. 4 (1975): 517.

[2] Edward T. Hall, Handbook for Proxemic Research (Washington, DC: Society for the Anthropology of Visual Communication, 1974), 16.

[3] Edward T. Hall, “A System for the Notation of Proxemic Behavior,” American Anthropologist 65, no. 5 (1963): 1021.

[4] Robert Gifford, Environmental Psychology, Principles and Practice, 3rd ed. (Colville, WA: Optimal Books, 2002), 125-126.

空间关系研究的新应用正逐渐在数字领域崭露头角。[1]例如，空间距离有助于机器人或虚拟人模仿“自然的”社会行为，增进与人的“密切关系”。[2]卡尔加里大学目前正在探索人类用户和交互设备之间的“空间关系交互”。在该项研究中，可以对机器的反应进行编程，让其随着与人的距离和方向而变化。[3]计算机可视化已经提升了空间关系数据的表现力，可以把距离偏好图示为平稳增加的梯度，而不是区域之间的锐边。[4]

数字化工具还可为空间关系实验室研究提供新的机遇。加利福尼亚大学的一项创新研究使用了3D传感器测量受试者的“停止距离”。受试人的身体接近虚拟人的时候，头部戴着虚拟现实头盔。为确保测试效度，没有告诉参与者真实的研究目的，而是要求他们记住虚拟人前后的标签。这项技术确保了前所未有的测试一致性。正如项目负责人所云：

> 过去的空间关系研究一般采用观察法，对实验不能或很少能够加以控制，同伙的表现前后不一致，也几乎没有投影测量技术。相比之下，沉浸式虚拟环境技术（IVET）使研究者能够保持全部控制。[5]

---

[1] 知网引文报告显示，计算机科学在2000年后开始对霍尔的研究产生兴趣，参见http: //apps. webofknowledge. com. myaccess. library. utoronto. ca/CitationReport. do?product=UA&search_mode=CitationReport&SID=4D4fdNfolOIc2EJHFMa&page=1&cr_pqid=13&viewType=summary (2011年12月15日以及2013年1月12日访问).

[2] William Steptoe and Anthony Steed, “High-Fidelity Avatar Eye-Representation,” in Virtual Reality IEEE Annual International Symposium (Washington DC: IEEE Computer Society: 2008), 112.

[3] Saul Greenberg et al., “Proxemic Interactions: The New Ubicomp? ” Interactions Magazine 18, no. 1 (2011): 42.

[4] Toshitaka Amaoka, Hamid Laga, and Masayuki Nakajima, “Modeling the Personal Space of Virtual Agents for Behavior Simulation” in CW’09 Proceedings of the 2009 International Conference on CyberWorlds (Washington DC: IEEE Computer Society, 2009), 364-370.

[5] Jeremy N. Bailenson, et al., “Interpersonal Distance in Immersive Virtual Environments,” Personality and Social Psychology Bulletin 29, no. 7 (2003): 819.

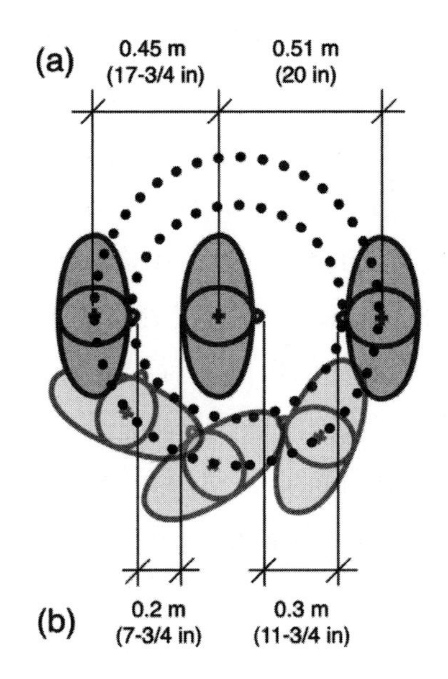

图11-3 空间关系距离（贝伦森等，2003）

（a）表示中线至中线之间的原始尺寸；（b）表示表面至表面之间推算的尺寸。

研究结果显示，参与者始终回避虚拟人周围的椭圆区域，研究者将这片区域解读为“代表个人空间”。[1]该空间的图示使用了标准中线测量点尺寸，结果显示首选距离为前面0.51米，后面0.45米。记录虚拟人及人的方位的原始数据将他们的位置显示为点，因此移动看上去是一系列连续的点——形成一条虚线，这与克里斯廷·弗雷德里克的虚线并无二致。为解读以上结果并考虑到人的身形，图11-3增加了人和虚拟人的身体估计厚度，结果显示表面至表面的前测距离约为0.3米（小于12英寸），后测距离为0.2米（小于8英寸）。这些测量数据使得与虚拟人的社交完全处于霍尔的“亲密”距离之内，这有悖于我们的直觉。因此该测试录入的或许不仅仅是“个人空

[1] Jeremy N. Bailenson, et al., “Interpersonal Distance in Immersive Virtual Environments,” Personality and Social Psychology Bulletin 29, no. 7 (2003): 819.

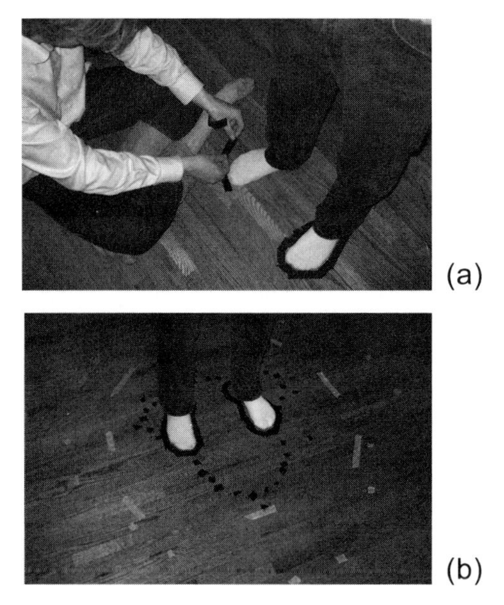

图11-4 遮蔽胶带数据采集

（a）图为方法，（b）图为将铅锤落至地板，把俯视尺寸转到地板上的最终结果。注意，最后的照片表明左脚移位了，存在实验误差。

间”——也许是令人感到舒适的读取距离。

4. 空间关系的新研究

为了解决早期研究的空白，本研究旨在捕捉一位60岁男性受试者（笔者的丈夫：以字母“H”代替）的空间关系反应。他手中端着一个盘子，而笔者（他的妻子：以字母“W”代替）正拿着一个滚烫的苹果派走近他。因为厨房较为杂乱，试验在餐厅进行。测量数据由研究助手（马克斯，25岁，非亲属）记录，她用铅锤把尺寸转到地板上，再在地板上用遮蔽胶带把它记录下来（见图11-4）。

第一步将“H”和“W”的身材尺寸记录下来。利用铅锤作出屏蔽胶带轮廓，用尺子测量大小并拍照记录，用Adobe

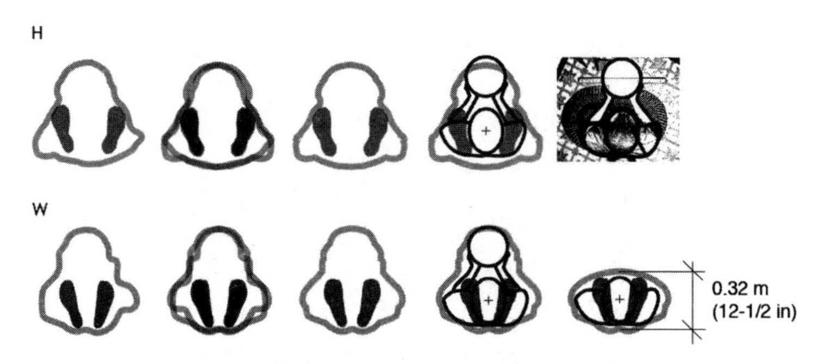

图11-5 丈夫（“H”）和妻子（“W”）的身体大小一览

Photoshop图像处理软件调整光学畸变，并用专业绘图工具Illustrator描绘出来，运用绘画反像合并消除不对称的问题。“H”端着盘子，盘子上有一把尺子，对“H”拍摄俯视照片，再对照片进行描绘可以添加盘子的细节。因为“H”为拍照跪下，他的身体姿势显示出盘子更向前举以维持脚部的平衡，并且肘部向内紧缩而非向外翘起（见图11-5）。

值得注意的是，在此过程中获得的“W”（笔者自己）的矢面身体尺寸比通过椅子/墙测量的厚大约2.5英寸。尽管我们可以把一些变化归因于遮蔽胶带误差（正负0.75英寸），但是变化似乎主要源于两个受试者被测量时不耐烦地晃动。由此，用一条粗的灰线条将身体边缘标为一个“柔性的”或可变的尺寸。因为可能会用肘把厨伴轻推至一边，这个边缘在“柔性”的同时，还得“有弹性”。换言之，身体起决定性作用，但在某种程度上，又是可以协商的。

小动作对厨房中的身体大小的影响也是一个重要的发现。为了设计出非常适合人体的产品，就像椅子或头盔，通常要收集精确的人体测量数据。[1]这些数据来源于沿皮肤表面对静

[1] Roger Ball，“Size China：A 3D Anthropometry of the Chinese Head” (PhD diss., Faculty of Industrial Design Engineering，TU Delft，2011)，37-38.

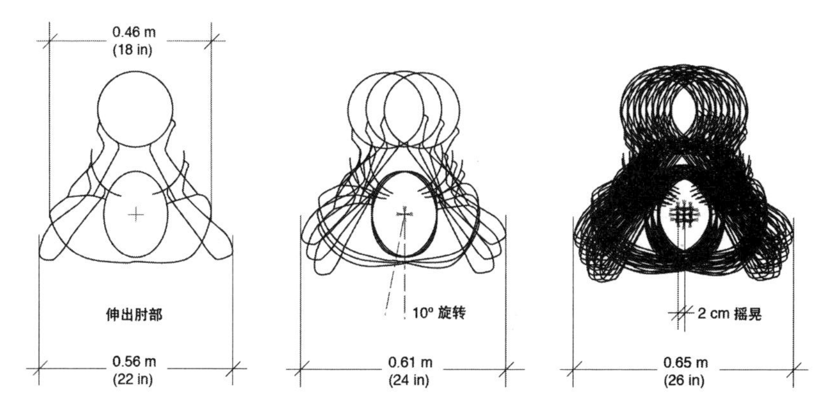

图11-6 可能受小动作影响的身体大小区域

止不动的人体的测量。但是生活中人们几乎没有静止不动的时候，在描述需要考虑身体晃动的区域时，“大小”成为了一种可能性——在这片区域里预期有身体接触。图11-6显示小动作可能会改变这种可能的“身体大小区域”，最大值可达8英寸。只要伸至该区域，随时都有可能突然被撞到。

在确定身体“大小”以后，苹果派空间关系测试开始，使用“停止距离”方法确定男受试者允许滚烫的苹果派通过的最近路径。在试验1中，妻子“W”从八个不同的指南针方位（前、后、左、右以及两条对角线）接近他。到喊停点时，用铅锤确定苹果派的位置，并在地板上做标记。试验2与试验1相同，只是“W”走近时，两手空空没有苹果派。最后，试验3引入了一种新的反身“轻推距离”方法。在这种情况下，试验始于肢体接触。妻子“W”讨厌地倚在“H”身上，接着“H”将她向后轻推，直到到达令他满意的距离。与更具试探性的喊“停”不同，这一方法展现了“H”选择距离时很高的确信度（见图11-7）。

试验中的测量结果都被拍照、调整、描绘下来，并把体图放在一起（见图11-8和图11-9）。使用一系列以身体前表面或身体中点为中心的圆可以直观地预估出所发现的周长。连续的

图11-7 “停止距离”（上）及“轻推距离”（下）测试法

环状确认了之前的印象，即霍尔的空间关系尺寸并不适用于身体的两侧。肩膀对于相互接近的人来说似乎相对不那么敏感，这也确认了“擦肩”带有善意，而这是“从背后推搡”所没有的。[1]我们可以把停止距离和轻推距离圆周看作一个组对。“H”轻推“W”的距离似乎或多或少地代表了他想让她站开的理想状态。更近一些的停止距离可能代表了他能忍受妻子接近的可接受状态。两个圆周叠在一起，形成了三个区域（见图11-10）。一个人闯入停止圆周之内，那是讨厌的。一个人介于停止和轻推圆周之间，那是可以忍受的，但仍然碍事。最

[1] Paco Underhill, Why We Buy: The Science of Shopping (New York: Simon and Schuster, 2000), 17.

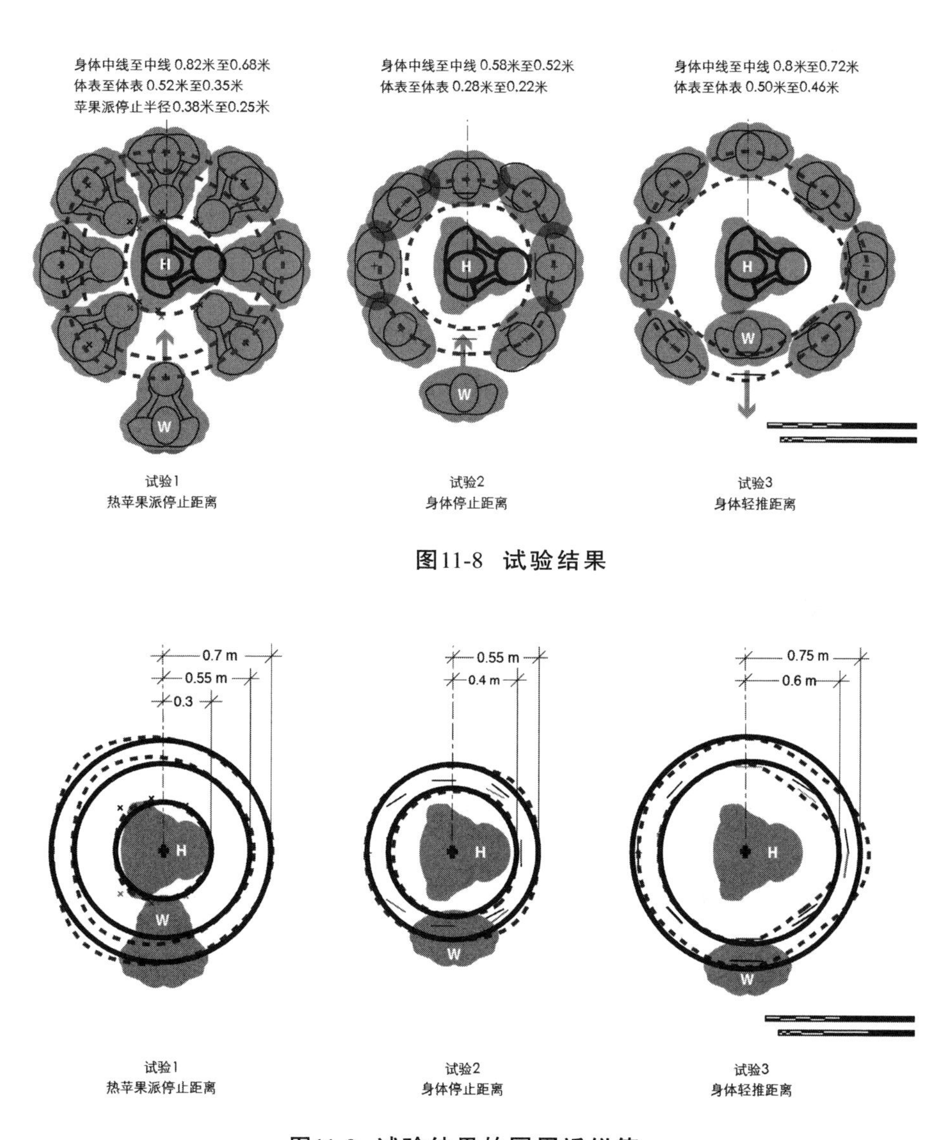

图11-8 试验结果

图11-9 试验结果的圆周近似值

理想的情况是，第二个人位于轻推圆周之外，就不碍事了。

值得注意的是，这些区域是由人的肉体界定的。因为受试者“H”并没有动脚，所以轻推距离代表不超过他手臂的长度。高矮胖瘦不同的人可能会设置出不同的周界——这意

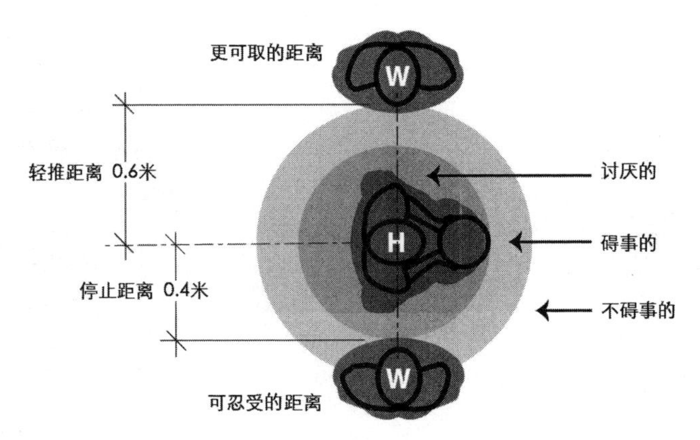

图11-10 厨房空间关系建议区域

味着我们可以把轻推直径理解为詹姆斯·J.吉普森（James J. Gibson）意义上的“功能可见性”。[1]理论上来说，功能可见性是与生物体能相配的环境特性。对于狗来说，棍子是“可嚼的”，而对于人来说则是“可抓的”（见图11）。功能可见性是由身体特征决定的。例如，相对于较矮者，较高的人认为台阶越高越“好爬”。[2]作为一种功能可见性，轻推距离决定了“可达”区域。

对于美国斗牛犬齐娜（Xena）来说，棍子可供它咬，而对于她的朋友罗布（Rob）而言，同样的棍子是用来抓的。

霍尔注意到肉体影响动物间距。鸟儿为了安全栖息挨得很近，但也要分开一定距离以便可以张开翅膀。尽管大部分空间关系研究都是从文化的角度理解人之间的间距，但是人的肉体也明显起着作用。正如每只猫或玩球的狗都知道的那样，如果距离在臂长之内，就有被抓住的风险。靠得近是有风险的，这

[1] James J. Gibson, The Ecological Approach to Visual Perception (Hillsdale, NJ: Lawrence Erlbaum, 1979).

[2] William Warren, “Perceiving Affordances: Visual Guidance of Stair-Climbing,” Journal of Experimental Psychology: Human Perception and Performance 10 (1984): 683-703.

图11-11 功能可见性

也说明了握手以及社交性亲吻的象征性意义。

臂长的影响在苹果派停止距离中也是很明显的，当然在该案例中它代表妻子“W”的手臂。因为她手臂弯曲托着苹果派，此时直径相应地比轻推距离直径短一些。然而，无论是苹果派还是盘子似乎都对受试者“H”没有产生多大区别。他的空间评估似乎仅取决于相关的人体。无论手臂空间得到主动利用还是空出来以备不时之需，这对于受试者而言似乎并无区别。这一发现是不曾预料到的。

5. 研究外推法

苹果派研究回顾了静止不动的人体周围的空间偏好。然而，人们在厨房中走动时，意味着：1）伸出双脚，建立起一片区域，在这片区域内，工友可能会被踢到；2）移动的身体会迅速进入一片新的空间，因此，对于任何想要避免碰撞的人来说，这片新区域的“空”并不可靠。走路时脚会伸出去多远呢？法国生理学家艾蒂安-朱尔·马雷（Etienne-Jules Marey）的动作摄影给出了初步的答案。1883年的一份“连续摄影”显示

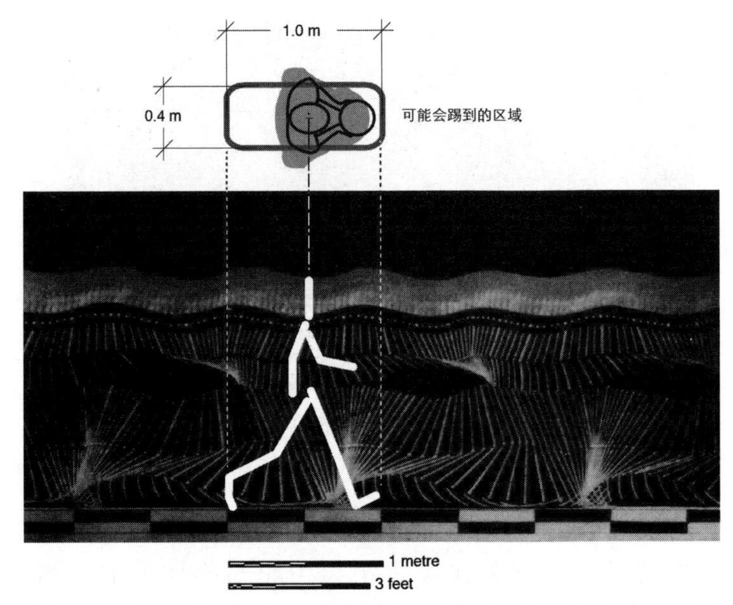

图11-12　法国军人行走的连续摄影（艾蒂安-朱尔·马雷，1883）

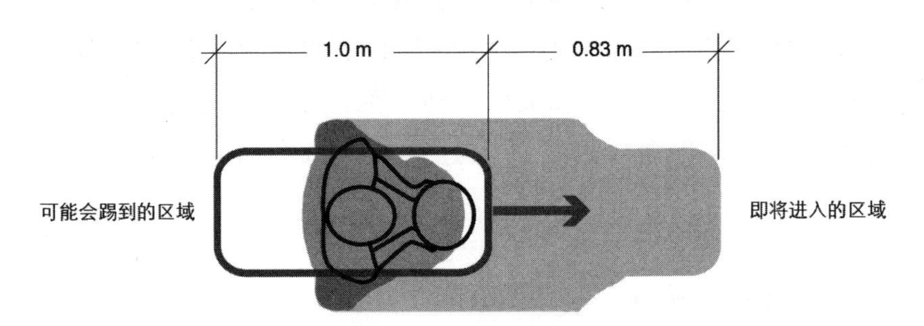

图11-13　空间关系学的厨房行走区域

了一个走过一片黑色背景的男人的连续动作。他身着一套黑色衣服，上面有连到头部、手臂和腿部的白带子。反复曝光仅捕捉到白带子的角度，仅此而已。[1]经描绘并放在一起，这些带

[1] Marta Braun, Picturing Time: The Work of Etienne-Jules Marey (1830-1904) (Chicago: University of Chicago Press, 1994), 84.

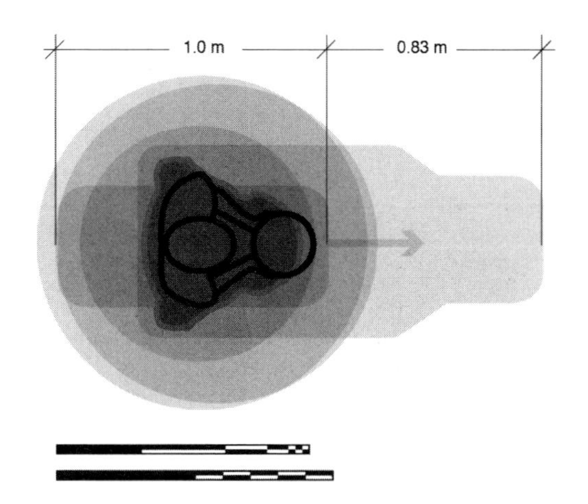

图11-14 叠放在一起的静止和动态空间关系区域

了的线条描绘了一片与躯干有关的区域，走进这一区域意味着——“可能会踢到的区域”（见图11-12）。

当然，走路也会产生运动。如果室内的某个人以3千米/小时的速度走路，那么维持1/2的安全系数则需前方留下0.83米的空地。显然，人们既监测自己“即将进入的区域”，也监测着别人“即将进入的区域”以确保大家都能畅通无阻。我们的目标是避免“踩到脚尖”或“踩着脚后跟”。图11-13说明了移动的空间关系区域，显示了可能踢到别人的区域以及相对于移动的人体的即将进入的区域。

当空间关系运动区域与苹果派静态区域叠放在一起时，可能踢到别人的区域非常吻合。这可能不足为奇，毕竟臂长和腿长是相关的。这种由手臂和腿界定的身体区域也意味着本研究结果统计上可能有效的方法。统计有效性并不是最初的实验目的之一。然而，研究表明空间关系的距离喜好与体型大小之间存在关联；有关体型大小的有效统计数据可以直接从美国军方

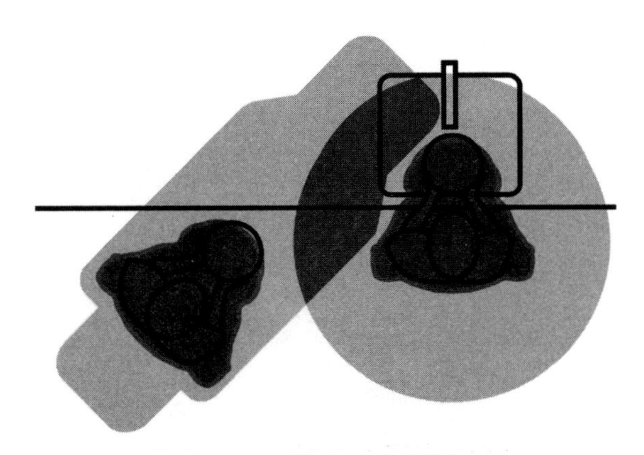

图11-15 潜在冲突区域

获取。[1]因此，本研究的结果意味着统计上有效的近距离空间关系学的研究方法，依据已知的人体尺寸界定不同的区域（见图11-14）。

手臂和腿部动作界定了空间区域的身体，这还意味着人体与其物理环境之间存在相互作用。“物理空间关系学”决定了泡茶或通过走廊所需的区域[2]——霍尔的初始研究并没有考虑到这些活动。正如霍尔的“社交空间关系学”，物理空间关系学是相关的，它并非单由人体或物体界定，而是只能由他们的相互作用界定。

两种空间关系学都影响厨房。厨房空间是有限的，并且多个使用者共用固定的器具，如炉灶和水槽。如果两个人都要占据同一空间，那就会产生冲突。当某个使用者的某一动作使得其“即将进入的区域”与第二个使用者的空间关系区域重叠时，我们可将这个交集描述成“潜在冲突区域”。双方都感知到冲突

---

[1] National Aeronautics and Space Administration, “Anthropometry and Biomechanics,” in Man-Systems Integration Standards (July 1995), http: //msis. jsc. nasa. gov/sections/section03. htm (2012年7月22日访问).

[2] 有关物理空间关系学所存在的问题，参见www. aetv. com/hoarders/（2012年7月8日访问）.

的可能性，并共同承担寻找解决方案的责任。拒绝避让的静态工作者与推进的动态工作者一样咄咄逼人（见图11-15）。

6. 方法论评价

本苹果派研究的总体方法在许多方面突破了公认的研究做法。实验者本人参与了测试，该测试仅研究了一名受试者（还是家庭成员）——是在很有限的特定情况下进行的研究。这几点有待商榷。

参与测试的受试者与研究者之间先前存在的关系通常被认为是一个缺点。然而，家庭厨房是一个仅容许关系亲密的使用者的地方，因此可以说在研究中复制这一状况是合适的。另外，只有先前存在关系才能允许开展新的“轻推距离”测试方法。对于陌生人而言，身体接触的隐含意义或许会让他们分神，因此这种方法可能并不合适。

还有一个优点就是，本研究设计允许研究者，也就是笔者本人，在进行“客位”外部观察的同时，又能进行“主位”体验思考。主位体验生动地提醒了笔者，“H”要求的停止距离并非他自己一人决定的，而是我们之间合作的结果。试验刚开始时，笔者拿着热烫苹果派自信地大步流星地向前走，希望很快就听到他叫“停”。然而，受试者“H”好像确信实际上我不会向前走，不会用苹果派烫到他。当他什么也没说，还没等到他可怜我喊“停”的时候，我已经开始越走越慢，磨磨蹭蹭差点儿停下了脚步。

空间关系决定的合作性凸显了对霍尔研究的另一个曲解。这种曲解表现在以图说明相对于单个身体的个人区域。这些描述将空间关系学视作一种个人意见，是某一主动参与者对无名的、没有表征的“他者”的态度。这种假设已经隐含在标准

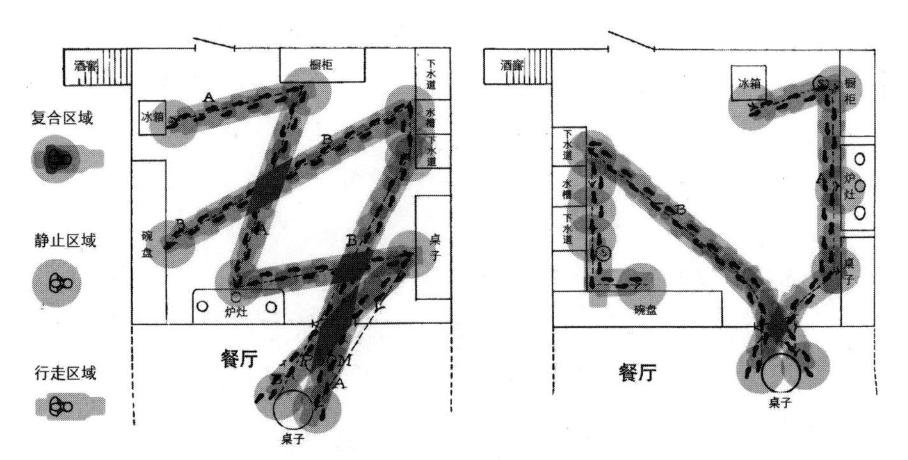

厨房设备布局糟糕。无论是在准备还是清理饭菜时，都是多串混乱交叉的脚步（A代表准备饭菜；B代表清理）。

厨房设备布局合理。无论是在准备还是清理饭菜时，都是简简单单的一串脚步（A代表准备饭菜；B代表清理）。

图11-16 弗雷德里克厨房在设计中的空间关系学（深灰色表示冲突）

的“停止距离”测试中，其中只有一个人具有发言权。相比之下，霍尔的例证显示了两个人之间的距离。参与苹果派试验提醒了我空间关系决定是多个参与者之间协商的结果，这些参与者都是主动的。

该研究方法同样允许保留丰富的环境细节。大部分研究在前期都将问题或抽象化或简单化，使哪些是重要细节事先就有了假设。本研究的范围极度狭窄，可以完全保留细节。由于本研究注重理解的深度而非广度，因此没有急于决定不同变量的相对重要性。

最后，还要注意到本方法论具有成本效益的优势。一卷黑色遮蔽胶带的成本不到10美元，因此不需要专门申请款项。研究时的节省可能是一个有效的策略，可以避免当下“专横的管理主义”，不然工作者花在填写申请书、计划书以及报告上的

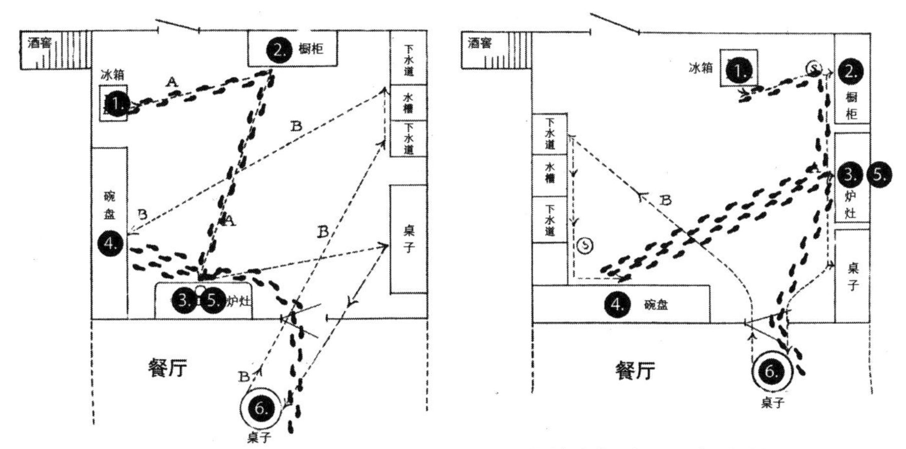

厨房设备布局糟糕。无论是在准备还是清理饭菜时，都是多串混乱交叉的脚步（A代表准备饭菜；B代表清理）。

厨房设备布局合理。无论是在准备还是清理饭菜时，都是简简单单的一串脚步（A代表准备饭菜；B代表清理）。

图11-17　弗雷德里克厨房中准备饭菜时更现实的脚步串

时间或许比花在正事上的时间还要多。[1]

7. 弗雷德里克厨房中的空间关系学

基于苹果派研究中所获得的静态和动态空间关系区域的工作定义，我们可以从社交冲突的角度对弗雷德里克的厨房再设计进行分析。该分析起初有明显的进步，但在更细致地考察之后发现，弗雷德里克对厨房工作的基本概念存在一些问题。

图11-16简略回顾了弗雷德里克的厨房，图中假设“A”线和“B”线代表同时工作的两个人。对于有多个帮手或交错进餐的家庭来说，这个假设是合理的。图11-16显示了两张平面图，图中有等比例的脚印，步长约70厘米（2.3英尺）。每个

[1] David Graeber, “Of Flying Cars and the Declining Rate of Profit,” The Baffler 19 (2012), www. thebaffler. com/past/of_flying_cars/print (2012年7月8日访问).

表11-2 弗雷德里克“合理布局”前、后的步数

路径	“之前的”步数	“之后的”步数	%变化
“A”	50	29	减少42%
“B”	44	36	减少18%

表11-3 弗雷德里克厨房中煎鸡蛋时的步数

路径	“之前的”步数	“之后的”步数	%变化
“A”	51	59	增加16%
“B”	57	61	增加7%

脚步都有动态的（狭窄的）空间关系气泡确定行走时的人体空间要求。静态的（圆形的）空间关系气泡代表站立工作位置。虽然弗雷德里克没有声称她的“改进版布局”减少了步数，但是计数表明改进版布局需要的步数确实要少一些。表11-2显示了合理布局前后的预估步数。另外，除了在改进版布局中的厨房门口，空间关系冲突减少了。

然而，重新审视该设计发现了问题。图11-17介绍了一个更具体的情景，该情景指定烹饪任务为煎鸡蛋，需要以下几个步骤：

（1）从柜里取出鸡蛋。

（2）从橱柜里取出平底锅和小铲子。

（3）将平底锅放在炉灶上预热，把鸡蛋打入锅内（假设黄油在台面上）。

（4）从碗柜中取出盘子和叉子。

（5）将鸡蛋盛入盘中。

（6）将鸡蛋端上饭桌。

更具体的任务分析表明，弗雷德里克的烹饪描述忽略了取盘子盛菜的需求。加上这一步以后，“改进后的”厨房实际上比“改进前的”厨房要多走16%以上（见表11-3）。

正如弗雷德里克的准备工作遗漏了盘子，她在清理环节中忽略了平底锅的摆放。如图11-18所示，加入这一步以

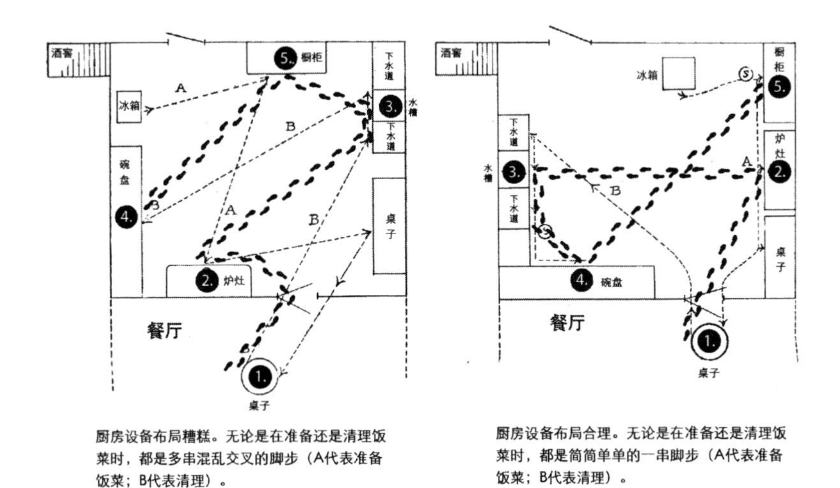

厨房设备布局糟糕。无论是在准备还是清理饭菜时，都是多串混乱交叉的脚步（A代表准备饭菜；B代表清理）。

厨房设备布局合理。无论是在准备还是清理饭菜时，都是简简单单的一串脚步（A代表准备饭菜；B代表清理）。

图11-18 弗雷德里克厨房中清理时更现实的脚步串

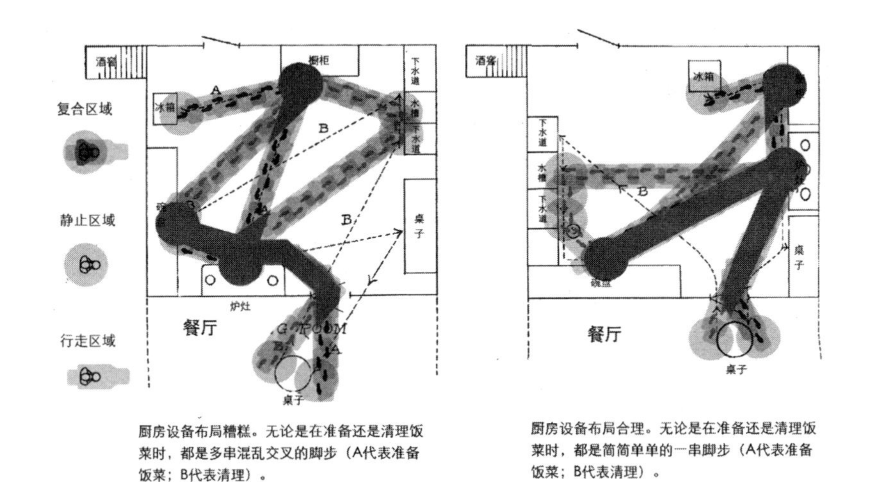

厨房设备布局糟糕。无论是在准备还是清理饭菜时，都是多串混乱交叉的脚步（A代表准备饭菜；B代表清理）。

厨房设备布局合理。无论是在准备还是清理饭菜时，都是简简单单的一串脚步（A代表准备饭菜；B代表清理）。

图11-19 弗雷德里克厨房中更现实的空间关系冲突

后，改进版平面图中的清理环节需要的步数多出了7%以上，步骤如下：

（1）从桌上收起盘子和叉子。

（2）将平底锅从炉灶上拿走。

（3）将盘子、叉子和平底锅放入水槽；清洗并晾干。

（4）拿走盘子和叉子。

（5）拿走平底锅。

把两张空间关系图重叠在一起时（见图11-19），就会产生许多空间关系上的冲突。

显然，弗雷德里克的图并不能严格地代表她声称所要描述的烹饪和清理任务。事实上，她似乎是在技术的基础上对家务活儿进行分类，将以烫炉灶为中心的工作与以湿水槽为中心的工作分开。弗雷德里克热衷于工程顾问弗雷德里克·温斯洛·泰勒（Frederick Winslow Taylor）的科学布局理论。他对工厂工作标志性的重组运用了时间和动作研究，对各种任务进行分析、分类和重组，以达到更高的效率。[1]弗雷德里克试图将泰勒的过程运用到家庭厨房。通过科技将家务分类，她能够提出貌似可信的“改进方法”。但厨房里的家务活儿没有工厂里的活儿那么好直接区分。厨房工作是间隙性的——不连续的——并常常被打断，包括因准备而延时等。在把鸡蛋打入锅中之前，平底锅必须预热；与此同时，下厨的人可能会洗洗玻璃杯，喂喂猫，或玩玩填字游戏。无论是在时间上还是空间上，厨房工作都很难分开。换言之，弗雷德里克的研究方法过于抽象。在移除了过多细节的情况下，她忽略了厨房真正运作时的状态。

不过弗雷德里克的确正确地察觉到一件事。她明白下厨房的人常常感觉到房间设计不合理。下厨的人认为一定会有更好的解决方案，这种信念带来了改进的希望。弗雷德里克自己的

---

[1] Kenneth Thompson, “Introduction,” in The Early Sociology of Management and Organizations, ed. Kenneth Thompson (London: Routledge, 2003), i-xv. See also Frederick Taylor, Scientific Management (1911; repr. New York: Harper and Row, 1947).

希冀取得了巨大的成功，也使她成为一名高薪的顾问、讲师及作家。她为新款的壁柜开发做出了贡献，现在这种橱柜主导着西方厨房设计。然而，似乎并没有证据表明这种新式厨房提升了厨房工作效率。至少有一位作者认为，过去100年中没有一样科技变革提高了家务活儿的效率。[1]

8. 结论

普通厨房工作三角区将人类动作描绘成一条虚线，忽视了身体体积的重要性。合理的厨房设计不仅需要考虑“空间关系学”，或者说多个人体之间的间距，还必须适应人体。然而，获得适合于厨房设计的空间关系信息并非易事。霍尔提出的经典测量方法似乎并不完善，而且在之后的引用中屡遭曲解。最近的空间关系和人体测量研究未能考虑到对厨房具有重要意义的问题，包括姿态、动作及物体的影响。

苹果派研究通过考察一对夫妻间的空间关系研究了这一空白。本分析研究就厨房中的身体存在提供了一般性结论，建议建筑设计将移动的身体“大小”定义为可能的柔性区域，而非限定的、硬实的形状。本研究还提出，人体周围理想的个人空间圆周可能与手臂和腿部的尺寸相关。这样的描述可以将空间关系学理解为一种功能可见性——不仅是人与人之间的关系的描述，也是人与环境关系的描述。在厨房里，只要两个人同时希望使用同一个空间，就会产生潜在的社交冲突区域，因此物理的和社交的空间关系学在厨房中都很重要。

最后，要注意本研究采用的自传性定量研究方法有希望成

[1] Ruth Schwartz Cowan，More Work for Mother：The Ironies of Household Technology from the Open Hearth to the Microwave (New York：Basic Books，1983).

为普遍的技术。聚焦于面狭却细节丰富的个人问题可能有助于揭示普遍的原则，这些原则隐藏于日常生活中复杂却司空见惯的事情中。

> 文化隐藏的比显露的更多，并且奇怪的是，文化所隐藏的东西最有效地瞒过了其中的参与者。多年的研究使我确信，真正的工作并不是理解外国文化，而是理解我们自己的文化。
>
> ——爱德华·T.霍尔（1959）[1]

[1] Edward T. Hall, The Silent Language (New York: Fawcett, 1959), 39.

十二、乐器设计：通过基于实践的研究盘活理论

Designing a Musical Instrument: Enlivening Theory Through Practice-Based Research

阿尔瓦罗·西勒罗斯[1]（Alvaro Sylleros）

帕特里西奥·德·拉·夸德拉[2]（Patricio de la Cuadra）

罗德里戈·加的斯[3]（Rodrigo Cádiz）

本文译自《设计问题》杂志2014年（第30卷）第2期。

---

[1] 阿尔瓦罗·西勒罗斯：曾获美国俄亥俄州立大学文学硕士，现为智利大学工业设计师，智利宗座天主教多克大学（PUC）设计学院副教授，主要研究兴趣包括战略设计，研究交互、个人身份和设计验证之间的相互关系，寻求可用于产品、服务及创新体验的设计研究、交互及体验设计的概念模型。

[2] 帕特里西奥·德·拉·夸德拉：富布莱特学者，曾获基于计算机的音乐理论和声学专业博士学位，音乐与科技专业文学硕士学位，斯坦福大学电气工程专业理学硕士学位。他是一位多才多艺的音乐家，拥有巴黎高等音乐师范学院长笛专业毕业文凭，现为智利宗座天主教多克大学副教授，主要讲授音乐声学，并共同领导音频技术研究中心。

[3] 罗德里戈·加的斯：智利宗座天主教多克大学电气工程师和音乐制作人，曾获美国西北大学计算机音乐专业博士学位，现为智利宗座天主教多克大学副教授，并共同领导音频技术研究中心，主要研究兴趣为数字信号处理、音乐表现新界面、电脑音乐和复杂系统。

1. 引言

Arcontinuo是一种电子乐器，当初构想的本意是想克服其他乐器难以在音乐舞台获得相应地位的问题。该乐器的创造建立在交互设计研究和叙事身份的概念模型基础之上，这一点我们将在本文的第一部分详细介绍。我们希望，这一模型能够适用于所有设计研究过程，为创造产品、服务及体验提供一条途径，让质量植根于个人及集体意义的组织之中。本文的第二部分以Arcontinuo案例为例，阐释了该模型的实施问题。

2. 到哪里找质量?

这是我们从罗伯特·波西格（Robert Pirsig）的小说《禅与摩托车维修艺术》（*Zen & the Art of Motoroycle Maintenance*）（1974）中汲取的问题。这一问题是由小说的主人公费德鲁斯（Phaedrus）提出来的，主人公对它苦思冥想，让好奇的心陷入了进退两难的境地。费德鲁斯决心超越严格意义上的物理，对质量形成充分的认识，他的推理路线把他直接带入了我们可以称之为质量的现象学。质量是存在于客体的属性之中还是存在于主体的心里？如果质量是客体的固有属性，那么应该有能够测量它的工具。但是，除了其功能特性以外，客体的情感和象征性方面仍然难以捉摸。可能有人会说质量存在于主体的心里，这就相当于说质量差不多就是你希望它是什么就是什么。但是，如果是这样的话，质量将会完全归并到主体性。然而，进一步的观察从根本上推翻了这种推定。

费德鲁斯认为质量不可能与主体或客体独立相关。他热衷于辩论，指出只有在主体与客体的关系之中才能找到质量："这是主体和客体的会合点"。

这一发现是决定性的，让他意识到"质量不是一样东西。质量是一个事件"。[1]质量是让主体意识到客体的事件。

"而且因为没有客体就没有主体——因为客体创造了主体的自我意识——质量是使主体和客体意识成为可能的事件。"

波西格用一句话结束了他的论点，给人的印象是所设计的环境质量贫乏：产品、服务和空间不能诱发很好的交互性参与。

"质量不只是主体与客体碰撞的结果。主体和客体的存在本身是从质量事件中推断出来的。质量事件是主体和客体的成因，而主体和客体却被错误地推定为质量的成因。"

3. 交互的质量

任何两类实体之间的交互事件或交互过程都是自然界的基本现象，这已经成为心理学、社会学、人类学以及其他认知科学的研究课题。我们以弗朗西斯科·瓦雷拉（Francisco Varela）的交互概念为例，这是他在他的认知生物学中提出的概念。瓦雷拉把交互定义为双耦合过程，其中生物从其环境汲取了意义。因为观察者所感知到的对象在不断地被阐释和再阐释，并由此被修正，所以相互修正意味着在观察者看来外部世界（其本身可以说是客观的）不可能是完全客观稳定的。目前普遍的趋势是把"沟通"及"信息"与纯粹的"善于接受

[1] Robert Pirsig, Zen & the Art of Motorcycle Maintenance (New York: William Morrow and Co., 1974), 215.

的”受众联系起来。但是，与受体观点的交互总是在某些方面改变了讯息。事实上，人类这种生物体对信息总是封闭的，但对交互却是开放的，这是他们获得基本自治的方式。[1]瓦雷拉区分了一般环境和生物体交互所处的特定世界。通过与环境的交互，这种空间中的身体显然发挥了空间上的身体的功能。但是，只有从生物体自身的视角去体验这些会遇，耦合才有可能。与此同时，没有这种常数耦合的规律性或周期性，生物体就无法生存。一旦这种耦合或关联性活动停止了，生物体就会消失。[2]因此，交互是一切形态的生命质量中的重要事件。

4. 交互和身份的共决机制

交互并不是一个自足的事实。恰恰相反，它发生在某个背景之中，是由某个特定身份的意图决定的。正如瓦雷拉所示，在特定的交互与交互主体的特定身份之间似乎存在着相互关系。

瓦雷拉提出了两个关键命题，认为生物体的自治是理解其建构过程的基本条件。第一个命题把生物体界定为构建身份的过程。身份是统一连贯的，其结构并不是静态的，身份本身就是一个建构的过程。第二个命题指出新兴生物体的身份为它提供了在特定的交互领域行动的参照点。因此，身份和交互就像同一枚硬币的两面一样，共同决定了彼此双方，即生物体的自组织。[3]换言之，对于人类生物体而言，主体以某种特定的身份与客观世界的特定方面相互作用。与此同时，主体与客观世界的这一方面的相互作用增强了他或她自己的身份。瓦雷拉把

[1] Francisco Varela，El Fenómeno de la Vida（Santiago：Dolmen Ediciones，2000），140-150.
[2] Francisco Varela，El Fenómeno de la Vida（Santiago：Dolmen Ediciones，2000），67-68.
[3] Francisco Varela，El Fenómeno de la Vida（Santiago：Dolmen Ediciones，2000），51-52.

动物界的这种现象定义为“认知身份”，它决定了自组织在特定环境中的效能。对于生存而言，自组织本身是不可或缺的。通过神经元网络连接的执行器官和受体器官培育了需要效能的行为，如狩猎、捕杀、迁移、交配，等等。然而，这种效能并不是突如其来的。递归的相互作用是一个旷日持久的过程，其中反反复复的试验建立了强大的神经元路径，最终使得动物能够获取提高效能所需的技能或敏捷程度。人类与动物一样都具有这一认知效能，但有一个特殊的区别：人类使用抽象的语言。人类语言使得个体之间能够交流经验。这种通过叙事的方式将知识传授给别人，然后制定通过语言加以协调的战略的能力是一项渐进的、有助于拯救物种的资源。与大多数动物尤其是我们的天敌相比，这些物种的身体素质不佳。

5. 叙事身份

后理性主义心理学家维托里奥·圭达侬（Vittorio Guidano）和詹皮耶罗·阿西艾洛（Giampiero Arciero）将认知身份认识论的绝大部分都建立在生物学家瓦雷拉与马图拉纳（Maturana）的研究成果基础上，他们将人类或个人身份解释为叙事身份。[1]圭达侬[2]效仿了瓦雷拉的主张，认为身份和交互共同决定了彼此双方。圭达侬将个人身份置于现实之内，而现实是由不同层次的交互链接而成的多维过程。知识从这一交互过程涌现为对主体实践中所经受的情感忧虑所进行的定序，

[1] Giampiero Arciero and Vitorio Guidano, "Experience, Explanation, and the Quest for Coherence," in Constructions of Disorder, Robert Niemeyer and Jonathan Raskin, ed. (Washington, DC: American Psychological Association, 2000), 91-118.

[2] Vitorio Guidano, The Self In Process: Toward a Post-Rationalist Cognitive Therapy (New York: The Guilford Press, 1991).

这种定序是以自我为参照的（自治的），连续的。这一观点继而又呼应了马图拉纳的思想：一方面，“每一种情感都参与知识的建构”；另一方面，主体的知识源于他或她自己交互的历史，笔者称之为定序。[1]

圭达依运用他在1991年提出的自成系统概念模型对这种多维过程进行了解释。[2]从马图拉纳的观点出发，即“我们的所为，都是因情感而为”，“每一个行为都是认知的行为”，[3]圭达依认为，如果把人类知识理解为隐性的、积极的及情感化的过程，情感体验对于知识而言就是必需的。基于这一过程，可以认为意义源自直接的情感体验。[4]因此，我们自我组织了两个层次的个人意义——之所以说是个人的，是因为我们所经历的情感是有意义的。首先是隐性层，这一层关系到这些情感的质量；第二层是叙事层，在此我们对我们所经历的这些情感进行解释。我们为什么要以叙事或解释的形式组织情感呢？其间的原因与我们的需求有关，即我们需要把我们自己以及我们的环境感知为熟悉稳定的世界。[5]在圭达依看来，人类的生存就是一种连续的情感迸发，叙事需求本质上是在面对这种情感迸发情况下的自我组织需要。通过表示这些经历的自我参照符号（非语言符号和语言符号），叙事使得我们能够与我们的直接经验保持距离，从而以自组织为目标赋予这些经验一定程度

---

[1] Humberto Maturana, “Lenguaje y Realidad: El Origen de lo Humano,” [“Language and Reality: The Origin of the Human”] in Desde la Biología a la Psicología, [From Biology to Psychology] Jorge Luzoro, ed. (Santiago: Universitaria, 1989).

[2] Guidano, The Self in Process.

[3] Maturana, “Lenguaje y Realidad,” 99.

[4] Michael Mahoney, “Psicoterapia y Procesos de Cambio Humano,” in Cognición y Psicoterapia, Michael Mahoney and Arthur Freeman, ed. (Barcelona: Paidós, 1998) and Michael Mahoney, Human Change Processes (New York: Basic Books, 1991).

[5] Vitorio Guidano, El modelo cognitivo posracionalista. Hacia una reconceptualización teórica y clínica. (Bilbao: Desclée de Brouwer, 2001), 123.

上的连贯性。因此，直接经验与解释之间的关系对应于经验的意义与叙事的意义之间的关系。

此外，叙事需求是以主体间的存在进入我们人的生活的。对意义进行解释就是界定社会的自我，而社会的自我需要与他人交流经验。对于他们来说，这些经验具有知识镜像的作用。社会的自我还需要协调与其他人的行动，以确保群体的生存。圭达依所提出的自我系统将身份定义为系统性的过程，这种身份源于实验情感（直接经验）与这些情感解释之间的关系。隐性知识和显性知识将异常的转化为常规的。自我系统通过两种不同类型的敏感性发挥作用，威廉・詹姆斯（William James）在早期的现代心理学中曾经描述过这种敏感性。[1]一种是对常规的、熟悉的及日常经验的敏感性，詹姆斯把它定义为一致性；另一种是对特殊的、多样化的及新的经验的敏感性，詹姆斯把它定义为自身性。一般认为，一致性是情感感觉到的相对于个人历史的个人连续性；自身性或者说自己性是"自己的恒常性"或"一个人"在每时每刻的多样性。我们的个人历史意识试图通过诉诸具有时间特征的叙事情节调节一致性和自身性之间自然存在的张力，其中语言被用来把情感和解释融入到明确身份的创建。这就是圭达依所谓的叙事身份。

叙事身份给我们带来了这样的问题：人的身份和自我系统这些概念怎样才能对设计研究过程有用呢？

6. 设计研究过程、交互及叙事身份

波西格称"质量不是一样东西。质量是一个事件"，我们

---

[1] Giampiero Arciero. Estudios y Diálogos Sobre la Identidad Personal (Buenos Aires: Amorrortu, 2005), 184.

从中看到了对设计师的要求，即设计师需要更加意识到产品、服务或体验设计中主客体之间交互的质量。21世纪以来，劳雷尔（Laurel）、谢卓夫（Shedroff）和艾利兰（Ireland）[1]等众多专家在其设计研究著述中都一直在反思如何扩大设计师的自我参照范围，即如何将纯粹的物理设计或者谢卓夫所谓的“感官设计”[2]的形式风格问题与意义及社会价值的建构相结合。从这个角度来看，现今一般认为，理解人和文化对于提升设计研究是至关重要的。

面向用户的设计或面向个人的设计似乎是这一领域的主要趋势，这种设计方法论首次出现在人机交互（HCI）领域。HCI的方法和技术的核心在于目标用户是否能够很容易高效地完成他们的任务目标。谢卓夫后来对这种方法论进行了详细的论述，认为界面和设计仅仅可用是不够的，“它们还必须是合意的、有益的、必要的和可以理解的”。因为它们本身就是人类文化产品，它们应该是丰富多彩、纷然杂陈。[3]诺曼（Norman）补充认为，这些人的维度是在与产品的交互中出现的本能的、行为的和反思的方方面面，诺曼的这一论述促进了这一趋势的发展。[4]因此，趋势就是为主体而设计，甚至是如参与式设计所指出的那样，与主体共同设计。[5]

如今设计研究过程就只是对主体需求和期望的调查吗？焦

---

[1] Brenda Laurel, ed., Design Research, Methods, and Perspectives (Cambridge: The MIT Press, 2003), 17-19.

[2] Steven Diller, Nathan Shedroff, and Darrel Rhea, Making Meaning (San Francisco: New Riders Publishing, 2005), 155.

[3] Steven Diller, Nathan Shedroff, and Darrel Rhea, Making Meaning (San Francisco: New Riders Publishing, 2005), 155.

[4] Don Norman, Emotional Design: Why We Love (or Hate) Everyday Things (New York: Basic Books, 2004), 148.

[5] Brenda Laurel, "Design Improvisation," in Design Research, Methods and Perspectives, 49.

点应该是在主客体的相遇上，这理应是找到设计质量的地方。因此，我们认为需要把重点放在过程本身。在交互中出现的身份建构过程涵盖了整个质量事件，包括该事件发生的具体背景（个人世界和社会世界）。

在这一点上，我们建议使用自我系统进程的方法，以确保我们的设计研究过程在认识论上有一个合适的出发点。我们的设计研究过程不是刻板地应用自我系统进程，而是直接从后理性主义心理学到设计的外推法。在交互事件中，我们可以观察到实验情感（直接经验）及其以隐性知识和显性知识形式体现的语言和非语言叙事之间的关系。在隐性知识和显性知识中，异常的被转换为常规的。换言之，我们有可能观察到并获得叙事身份与其世界交互的线索。确立了“谁”（身份）及其背景以后，需要采取以下步骤：

（1）收集情感及其与解释、反思、思想、考虑、创意等形式的语言叙事（隐性知识和显性知识）的关系。同时收集艺术表现符号形式的非语言叙事（隐性知识），如音乐、舞蹈、绘画，等等。

（2）为收集过程创建两个并发场景：为常规的过程创建一致性或敏感性场景，为异常的过程创建自身性或敏感性场景。

（3）建立一个详尽相关的关键交互集合，作为设计问题及机会的蓄积库，比如在一致性场景捕捉到的需求及期望，以及在自身性探究中观察到的姿态和行为。

需要收集的数据包括个人意义的集合，为此我们必须留意主体是如何解释自己的情感及非语言叙事（即他们的隐性知识）的，这样数据在解释的过程中就成为显性知识。因此，在完成数据处理后（如使用分类、分级图、统计，等等），我们应该对我们的主体是如何组织意义的有更多的了解。因为建立原型可以更深入地了解各主体的个人意义，所以所进行的分析可以是针对一小组人（8～12人）的定性和定量分析。[1]

将收集过程置于两个不同的经验维度或者按照圭达侬的叫法置于两个不同的“敏感性”维度，这一点很重要。其中一个场景在于捕捉一致性经验维度。一致性是意义的共时影像，类似于显示稳定特性（情感、解释和非语言属性）的一组“照片”。该经验维度的一个重要工具是各种形式的访谈——无论是焦点小组访谈，一对一的访谈，还是二人受访。[2]捕捉一致性的其他方式包括看人们在社交网络中都写了什么，听他们在各种形式的会议上都说了些什么，或者研究他们所产生的声音和影像的种类。

然而，由于该模型总是要与自身性的发现或者“自己的恒常性”或者“一个人”每时每刻的多样性相比对，因此该模型并不能单独使用，它是对意想不到的、或有的、新鲜事物的敏感性，是对意义的历时影像，类似于一部“电影”，暴露了不同的情感和叙事状态，如机能行为问题、肢体语言、特殊位移、运动、喜好或厌恶的行为，等等。捕获自身性的一个重要工具是民族志。[3]民族志和参与式观察具有以下特殊优点：一是将观察者置于“电影”之内；二是通过记录节奏、强度、事件顺序、情节等参数，提供了更丰富的叙事结构。捕获自身性的另一个重要工具是信息交流[4]，这主要是通过建立确定的性能来获取信息。

---

[1] Jeffrey Rubin, Dana Chisnell, and Jared Spool, Handbook of Usability Testing (Cambridge: The MIT Press, 2008), 114.

[2] Christopher Ireland, “Qualitative Methods: From Boring to Brilliant,” in Design Research, Methods and Perspectives, 23-29.

[3] Christopher Ireland, “Qualitative Methods: From Boring to Brilliant,” in Design Research, Methods and Perspectives, 23-29.

[4] Laurel, “Design Improvisation,” 51.

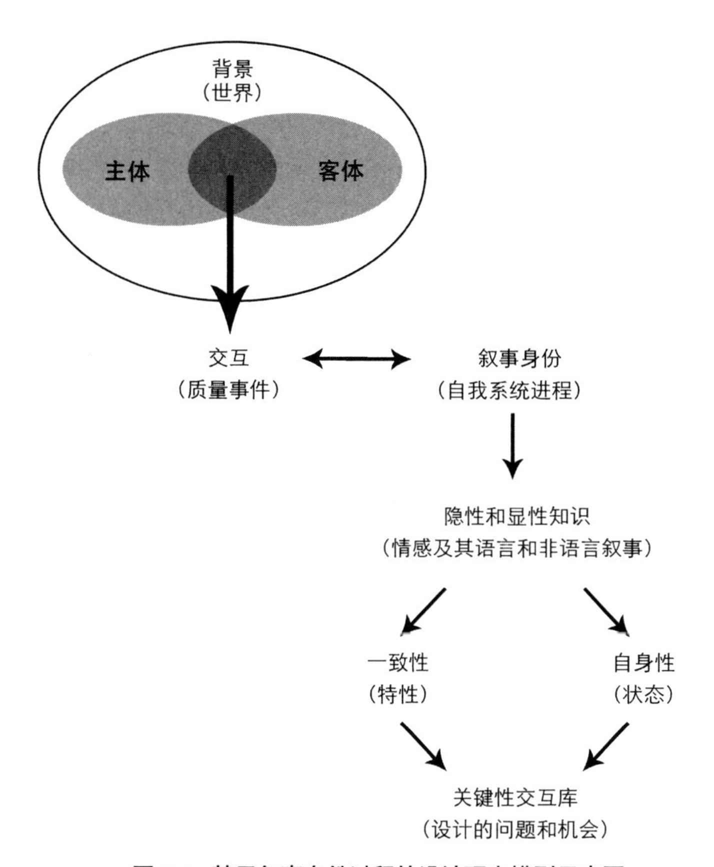

图12-1 基于叙事身份过程的设计研究模型示意图

我们应该对从一致性和自身性的交互进程中所收集到的结果进行比较。在某些情况下，特性和状态之间的连贯性是很微妙的。例如，在某些情况下，一个人的言行所彰显出来的偏好不可能完全相同。如果这样的发现有助于理解隐性的和显性的愿望、欲望、误解等，这样的发现可能就很有意义。更具分辨力的解释可能会导致非常有创意的和契合的解决方案，从而增强交互事件的质量。

在一致性和自身性交互过程中收集数据的巨大好处在于从研究结果中获得关键性交互库的丰富参照域。这些研究结果不仅包括隐性的或显性的特性或状态，还包括正面的和负面的问题（机会和问题）。我们运用简图形式（见图12-1）对这些想法进行了总结。质量体验发生在特定背景下主体与客体之间的交互事件中。由于交互并不是一种孤立的现象，而是与身份的双重耦合过程，交互与身份之间的相关性被纳入了叙事身份过程。这一过程就是产生隐性和显性知识的过程。随着情感形式的隐性知识被转化为语言和非语言叙事，隐性知识就变成了显性知识。因此，我们认为需要在两个不同经验维度或敏感性的范围内观察叙事身份：（1）一致性，或特性的共时显示（“照片”）；以及（2）自身性，或状态的历时显示（“电影”），用异常的偶然的成就传统的熟悉的。在对从这些维度收集的数据进行处理和比较的时候，事实证明设计研究过程是适用的，因为设计研究过程植根于关键交互库所提供的丰富的参照域。如果将图12-1中的模型作为设计研究的方法论策略加以应用，那么设计项目的基础将是更加深植于实际质量事件的问题和机会。传统模型完全以物理设计或形式风格问题为中心，而实际质量事件极大地改善了传统的模型。

7. Arcontinuo：创新在电子乐器中的实际应用

作为我们设计理论的实际应用，我们给大家介绍Arcontinuo[1]，这是我们自2009年以来一直在做的一种电子乐器。因为各种各样的原因，创造乐器可能是设计面临的最苛刻的挑战之一。正如罗伯特·穆格（Robert Moog）在为平奇（Pinch）和特洛可（Trocco）所写的序中所云[2]，“乐器设计

[1] Claudio Bertin et al.,“The Arcontinuo: A Performer-Centered Electronic Musical Instrument,” in Proceedings of the International Computer Music Conference (San Francisco: International Computer Music Association, 2010), 80-87.

[2] Trevor Pinch and Frank Trocco, Analog Days (Cambridge: Harvard University Press, 2004).

是我们人类已经开发出的最尖端最专业的技术之一……我们今天谈到乐器的时候，我们都知道我们所谈论的是精密制造精细调整的东西。”[1]

穆格强调“音乐制作需要音乐家和听众将他们的感知能力和认知能力发挥到极致。因此，乐器必须尽可能有效地将音乐家的姿态转换为他所想象的声波曲线”。穆格说，在音乐家演奏的时候，就像他们听到乐器产生的声音一样，他们觉得他们弹奏的乐器也会作出回应。[2]

在传统的乐器演奏中，音乐家和乐器之间的关系是很成熟的。只有经年累月的日常实践，才能完全熟悉乐器的所有物理属性和机械属性；只有精通它，才能说音乐家真正掌握了它。由此看来，音乐家和乐器之间的关系要比我们预想的人与机器之间的典型交互复杂得多。一个显而易见的原因就是，我们与乐器的关系是基于我们与乐器一起生活的时间的。[3]

在发明原声乐器的时候，设计师必须在人体的能力和涉及发声的物理制约因素之间找到最佳的折衷点。在乐器演奏动作中所使用的姿态在很大程度上取决于乐器的物理属性。[4]因此，物理对象及其声学特性是演奏者的弹奏行为和所产生的声音之间的介质。演奏者通过乐器能够影响到音乐的各个方面，从音色微观层，到音符发音事件层，再到反映乐曲结构的宏观层。[5]

电子乐器的情况有所不同。电子乐器的发声不受任何物理

---

[1] Trevor Pinch and Frank Trocco, Analog Days (Cambridge: Harvard University Press, 2004), v.

[2] Trevor Pinch and Frank Trocco, Analog Days (Cambridge: Harvard University Press, 2004), vi.

[3] Atau Tanaka, “Musical Performance Practice on Sensor-Based Instruments,” in Trends in Gestural Control of Music, Marcelo Wanderley and Marc Battier, eds. (Paris: IRCAM, 2000), 389-406.

[4] Daniel Arfib, Jean-Michel Couturier, and Loïc Kessous, “Expressiveness and Digital Musical Instrument Design,” Journal of New Music Research 34, no. 1 (2005): 126.

[5] Tanaka, “Musical Performance Practice on Sensor-Based Instruments,” 390.

因素的制约，而且设计师可以自由选择他们喜欢的任何姿态，可以随意把姿态与以他们中意的方式发出的声音联系起来。[1]电子乐器使得控制面（如键、滑块、阀等）能够与发声装置（如扬声器）分离。[2]

许多年来，键盘和与之配套的旋钮都是电子音乐制作中使用的标准接口装置，但现在的大量实验已经把HCI理论和音乐演奏联系起来。[3]各种各样的可用的传感器已经能够将几乎任何现实世界的形体姿态转换为电能，因此传感器实际上充当了电子声源的控制信号。[4]

创建演奏者/乐器动态是电子乐器设计中值得追求的目标，它要求创造相应的物质条件，使演奏者能够达到娴熟的技术运用水平，并在与乐器的交互中具有深度的直觉,从而不再需要自觉地意识到操控乐器的技术性。如何运用基于技术的乐器实现这种直观的音乐流畅度成了一种艺术上的挑战。[5]

设计研究过程

如上所述，设计研究背后的支配理念在于从个人身份中捕捉意义，以便识别和理解相关的交互行为，然后逐步使物理对象具体化，将这些行为融入到物理对象设计的意向性中。我们可以把这一过程想象成螺旋形，它具有基于特定的潜在用户群所进行的测试及再设计的交替的周期性阶段。通过前面介绍的

---

[1] Arfib et al.,“Expressiveness and Digital Musical Instrument Design,” 126.

[2] Axel Mulder,“Towards a Choice of Gestural Constraints for Instrumental Performers,” in Trends in Gestural Control of Music，Marcelo Wanderley and Marc Battier，eds. (Paris：IRCAM，2000)，32.

[3] Sile O’Modhrain，“A Framework for the Evaluation of Digital Musical Instruments,” Computer Music Journal 35，no. 1 (2011)：28-42.

[4] Bert Bongers，“Physical Interfaces in the Electronic Arts：Interaction Theory and Interfacing Techniques for Real-Time Performance” in Trends in Gestural Control of Music，42.

[5] Tanaka，“Musical Performance Practice on Sensor-Based Instruments,” 399.

一致性和自身性体验，我们将这些发现综合成为关键性交互，它们最终成为设计过程中新的问题和机会之源。

第1阶段：捕获一致性

这一阶段的基本目标是要捕捉到人们在给定主题的言谈中的叙事元素，程序上在于进行多种形式的个人访谈。我们选择了轴向的和开放的对话技巧：之所以说是轴向的是因为我们提出就我们的研究目标所衍生的议题进行讨论，而不是依靠客观题的调查；之所以说是开放的是因为任何无意识的跑题情况都被认为具有潜在的意义。我们的受试者是17位音乐家，他们具有比较广泛的社会专业背景和兴趣，包括电子乐器和原声乐器的演奏等。受试者具有不同程度的音乐能力，年龄介于22岁至58岁之间。

我们所提出的话题如下：

- 乐器操控
- 音色、音高和节奏控制
- 认知和学习
- 舞台表演
- 电子乐器
- 原声乐器

讨论有录像记录，并且事后会对讨论情况进行分析。

一致性阶段的主要目标是要对叙事进行详尽的总结。为此，我们按照话题对需求和期望进行了分类，并对它们进行了定量评估和定性评估。因此，研究方法抓住了参与对象对电子乐器的期望中象征性的一面和情感的一面。在运用关键性交互触发设计过程的时候，关键性交互就变得非常有价值。在我们的案例中，我们发现最相关的关键性交互如下：

- “我希望乐器具有连续的音高。”乐器能够发出连续的音高，这一点非常满意。音乐家们认为，弹钢琴的时候音高离散这样的不足对于机械装置而言是可以接受的，但是电子乐器在音高空间上的划分应该不受限制。“我想把手指在键面上擦一下获得连续的音高”，这样的话出现了多次。这样的强交互实例让我们更加贴近当前的触摸屏技术，更加远离键、按钮或任何分离式键盘的想法。
- “乐器应该给人的姿态应用留有余地。”受试者对人体工程学及触觉接口感兴趣。当演奏者选择特定的姿势或运动发声时，长时间的演奏所需的体力并非无关紧要。
- “我想自定义接口。”大多数潜在的用户习惯性地与计算机进行交互，并期望他们的乐器具有同样的灵活性。他们已经获得了与接口交互的技能，如设置参数、重新映射、加载以及创造新的声音。他们希望在乐器上找到类似的功能。
- “我没有时间参与长时间的学习过程；乐器演奏要简单。”“不是每个人都想玩乐器。”“这应该是具有挑战性的，很难的。”“这应该提供培养技能的机会。”学习过程这一话题引发的回应最为发散。演奏电子乐器的受试者在找“即插即用”式的设计方案，而演奏原声乐器的受试者所找的乐器一般需要渐进式的技能培养，并且考虑到人控制的精准度和复杂性。
- “我要便携式的，可以轻松携带的东西，像一把木吉他。”一般认为，背着大或重的乐器并不方便。人的搬运能力对乐器的大小和重量构成了制约。
- “乐器演奏在舞台上应该具有观赏性。”由于音乐家和电子乐器之间的交互从器官的角度来看似乎与演奏并无关系，一些电子乐器设备和接口在视觉上对观众并没有吸引力。因此，考虑音乐家和乐器之间的交互的视觉效果，特别是让观众看到手的动作，这两点都很重要。

第2阶段：捕获自身性

如上所述，自身性是事实的、动作的偶然性维度。虽然可以在音乐会或排练中对自身性进行观察（本例的主要目标是捕获音乐姿态），但是我们设计了一个相对可控的体验。

基于在一致性阶段收集到的信息，我们要求受试者听几组录制的声音和合成的声音。我们要求他们每一个声音都听，然后在第二次听到的时候，做出或提出在他们看来产生该特定的声音所需要的姿态。此外，只要受试者边听声音边想象客体的时候，就要求他们把这些图像描绘出来。我们对讨论进行了录像，并且对所有的姿态、评论和图像进行了量化和分析。这一过程的结果带来了有关姿态的相关信息。姿态分类运用了基于关节间运动[1]并纳入大多数关节运动的一组姿态（如图12-2所示）。在所有声音类别中，上肢姿态是最常见的，尤其是肘关节屈伸、肩部运动和手指屈伸（如图12-3所示）。

百分比是由每个姿态的总数除以观察到的姿态总数计算出来的。

第3阶段：实体模型

基于在一致性阶段和自身性阶段收集到的关键性交互，建造实体模型并对受试者进行测试。最常见的姿态、物体和交互被用来塑造三种不同的实体模型（如图12-4、图12-5和图12-6所示）。

---

[1] Donald Neumann，“Getting Started” in Kinesiology of the Musculoskeletal System Foundations for Physical Rehabilitation，Donald Neumann，ed. (Philadelphia：Mosby，2002)，4-11.

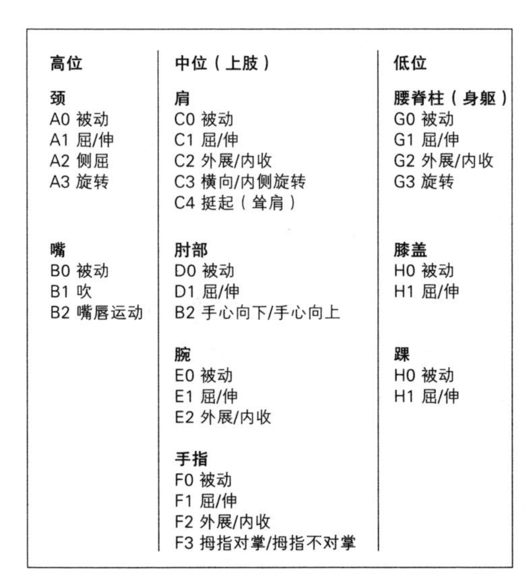

高位	中位（上肢）	低位
颈	**肩**	**腰脊柱（身躯）**
A0 被动	C0 被动	G0 被动
A1 屈/伸	C1 屈/伸	G1 屈/伸
A2 侧屈	C2 外展/内收	G2 外展/内收
A3 旋转	C3 横向/内侧旋转	G3 旋转
	C4 挺起（耸肩）	
嘴	**肘部**	**膝盖**
B0 被动	D0 被动	H0 被动
B1 吹	D1 屈/伸	H1 屈/伸
B2 嘴唇运动	B2 手心向下/手心向上	
	腕	**踝**
	E0 被动	H0 被动
	E1 屈/伸	H1 屈/伸
	E2 外展/内收	
	手指	
	F0 被动	
	F1 屈/伸	
	F2 外展/内收	
	F3 拇指对掌/拇指不对掌	

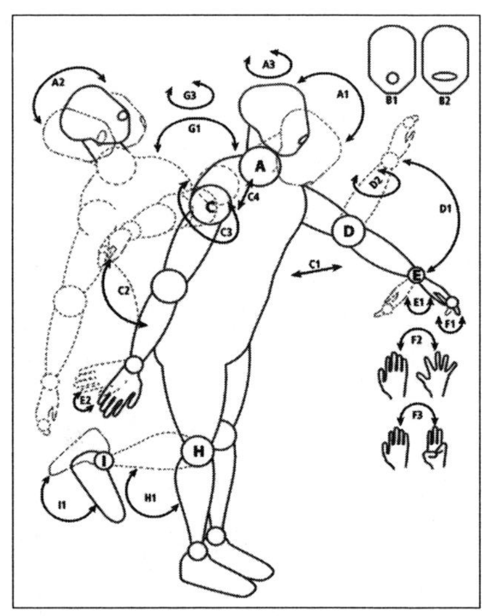

图12-2 基于关节间运动的姿态分类（人体的基本关节运动）

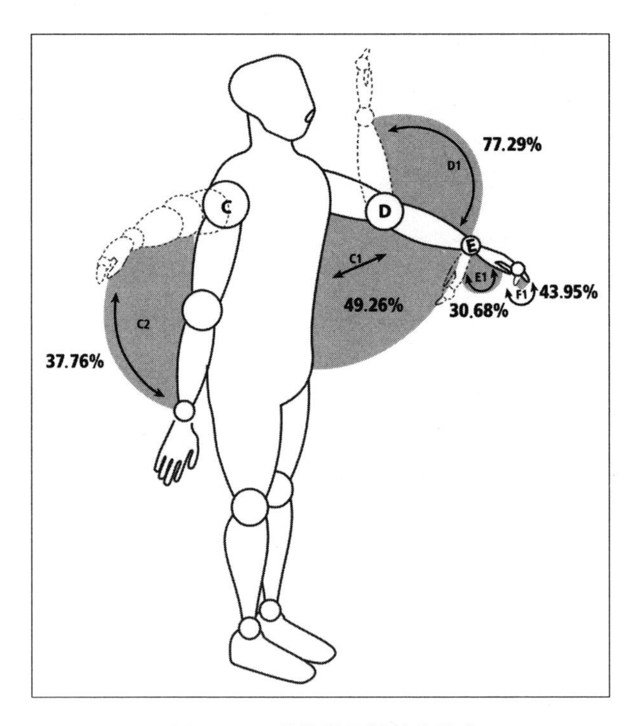

图12-3 五种最常见的基本姿态

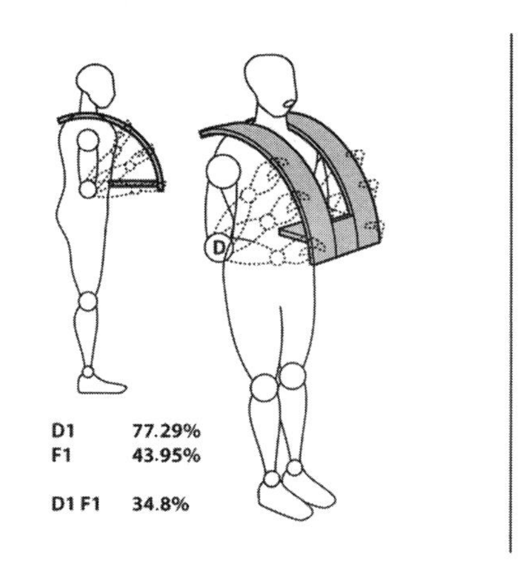

图12-4 基于肘部旋转、手指伸展和手指擦拭刚性表面的实体模型

按照实体模型的功能、情感和象征性特征，对每个实体模型进行评估。图12-4所示的是获得最高评价的实体模型。从功能的角度来看，肘部旋转似乎是音乐发音非常自然的姿态。显然，重现比例（72%）是有效姿态的标志。这种有效姿态主要使用一个关节移动曲面上的手。乐器大小类似于音乐家在一致性阶段的描述——也就是说，人体能够简便舒适地操控的尺寸。无论是外形的美观性还是情感问题都得到高度重视。在象征性方面，捕捉到自然的符合人体工程学的姿态以及手指朝上手心对着观众的手势，其中的益处深受青睐。

第4阶段：功能原型

如图12-7所示，为了打造演奏表面，我们设计了一个更加精细的形状，所使用的基本材料是木材，而肩带由铝材制成。该乐器可以调适，以便适应不同的体形和身体大小。

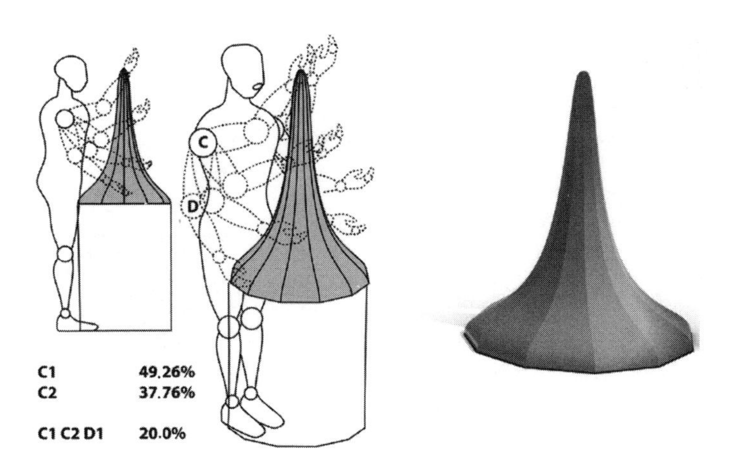

图12-5 基于肩部伸展和外展以及手指擦拭刚性圆锥面的实体模型

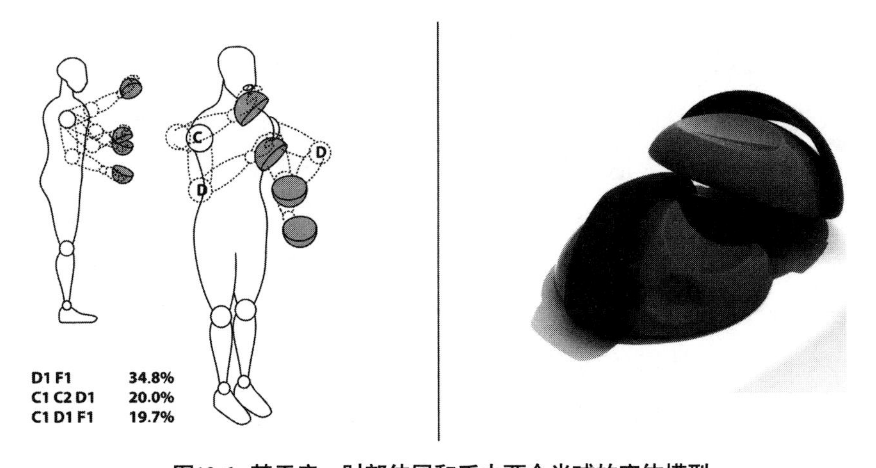

图12-6 基于肩、肘部伸展和手中两个半球的实体模型

8. 结论

我们所创造的乐器主要是由我们所提出的设计研究模型决定的。例如，就我们所知，乐器连续弯曲的形状是其他任何电子乐器都不具备的。该形状是通过一致性和自身性捕获收集到

图12-7 **功能原型：**Arcontinuo

的数据提出的。我们相信，利用我们的模型收集数据的一个好处就是能够获得关键性交互的多维集合，这既包括形形色色领域内设计有用对象所存在的问题，也包括其中的机会。

本着以主体和客体之间的交互质量为中心的认识论的观点，我们已经取得了一种设计研究模型。该模型找到了与产品的目标消费群体的个人身份有关的关键性交互。这些交互是通过一致性和自身性这两个经验维度捕获到的。这两个维度是在交替的周期性（或螺旋形）过程中研究的，其中客体被逐步调整以便适应特定消费群体的期望、感觉、需要、姿态和意见。因此，所设计的客体的构想和实体组合都是要反映用户的意义，所以，就像最成功的创新应该做的那样，该客体在智力上和情感上都得到了用户的默认。然而，在把这些意义转化为产品的过程中，设计师在生产形式方面的创造力和艺术才能将永远发挥着决定性的作用。

致谢

作者感谢匿名评审的宝贵意见，感谢加里·肯德尔（Gary Kendall）博士和尼古拉斯·戈伊克（Nicolás Goic）博士的宝贵意见和建议。本研究受到智利宗座天主教多克大学科技基金（11090142、11090193）以及智利政府全国文化艺术理事会的资助。

十三、土耳其创新设计最新动态：身份诉求

Recent Turkish Design Innovations: A Quest for Identity

陶菲克·巴尔乔格鲁[1]（Tevfik Balcıoğ lu）
巴哈尔·埃姆金[2]（Bahar Emgin）

本文译自《设计问题》杂志2014年（第30卷）第2期。

---

[1] 陶菲克·巴尔乔格鲁：伊兹密尔亚萨尔大学副校长，设计学教授，土耳其设计历史学会（4T）创始人，伊兹密尔经济大学美术与设计学院前任院长（2004—2011），曾就读于中东技术大学和英国皇家艺术学院，于英国金史密斯学院和肯特艺术与设计学院任教（1992—2002），多次组办国际会议，编辑出版了多部著作，包括《产品设计在后工业社会中的作用》（*The Role of Product Design in Post-Industrial Society*）和《设计杂志》（*Design Journal*）特刊《土耳其设计话语一览》（*A Glance at Design Discourse in Turkey*）。

[2] 巴哈尔·埃姆金：工业设计师，硕士学位（2008年），硕士毕业论文研究土耳其建筑设计身份建构中的话语和形式战略，现为亚萨尔大学视觉传达设计系讲师，比尔肯大学平面设计系博士生。主要研究领域包括土耳其视觉/物质文化、意识形态和设计文化视阈下的现代性别身份/认同建构。

1. 引言

最近在土耳其发生了很多变化，这不仅包括目前的右翼、保守派和宗教政府及其所谓的议程所带来的政治氛围的变化，还包括经济发展、全球化和身份诉求。这些变化创造了肥沃的土壤，新的设计方法得以蓬勃发展。在这前所未有的设计风暴中，获得设计身份已经成为一个重要的问题，创新也比以往任何时候都更加重要。因此，使用新颖设计的项目计划越来越多。本文旨在对这一局面进行调查，并研究在设计身份诉求进程中所涌现的设计创新。首先，简要地回顾一下历史可以为我们理解土耳其目前的设计环境提供重要的线索。

2. 早期阶段：1955—1970

虽然工业设计作为一种活动已经在家具领域等有限的范围内开展，但是20世纪50年代中期彼得・穆勒-芒克（Peter Muller-Muak）及其同仁的来访堪称在土耳其工业设计史上开启了新的时代。

> 1955年至1957年，美国芝加哥一家大型工业设计咨询公司的工业设计师和营销专家团队在美国国际合作局（ICA，国际开发署的前身）的赞助下来到土耳其工作。虽然该团队未能完全实现其使命，但是很有可能就是他们把工业设计意识定调为土耳其的一种经济工具。[1]

[1] Cited in Özlem Er, “Design Consultancies as Agents of Learning: The Case History of Foreign Design Consultancy Use in Turkey,” in Mind the Map: Design Beyond Borders: Proceedings of the 3rd International Conference on Design History and Design Studies, Istanbul, July 9-12, 2002, Tevfik Balciog lu, Nigan Bayazıt, and Gülname Turan, eds. (izmir: izmir University of Economics, 2008): 221.

随后，20世纪60年代大卫·K. 蒙罗（David K. Munro）的加入为工业设计的进一步发展铺平了道路。蒙罗是美国工业设计顾问，得到美国国际开发署、阿奇立克（Arçelik）、奥拓桑（Otosan）及其他大型工业设计公司的支持。[1]

3. 起步阶段：1970—1985

首批三个工业设计系是由如今的米马尔希南美术大学（1971年）、安卡拉中东技术大学建筑学院（1979年）和马尔马拉大学（1985年）发起的。在此期间，工业设计的问题逐渐浮出水面，也开始影响到其他领域。例如，1978年，在伊科姆（Eczacıbası）的支持下首个工业设计学会（SID）在伊斯坦布尔成立。伊科姆是瓷砖、厨房和卫浴设备的主要制造商之一。但是，该工业设计学会并没有持续多久，于1984年关闭。[2]此外，同期的《1973—1978年五年发展规划》也提到了“设计”。[3]该规划把工业设计师视作研究人员，强调设置研究生培养计划的需要。其后的第四个五年规划《1978—1983年五年发展规划》强调了设计服务对于工业的重要性，认为无论是私营部门还是公共部门过去都忽视了设计。[4]

---

[1] 阿尔帕伊·厄（Alpay Er）、法特玛·科库特（Fatma Korkut）和厄茨勒姆·厄（Özlem Er）在一篇文章中很好地阐述了这种“美国设计渊源”，讨论了工业设计是如何作为开发和工业化政策的一部分引入到第三世界国家的。参见 Alpay Er, Fatma Korkut and Özlem Er, “U. S. Involvement in the Development of Design in the Periphery: The Case History of Industrial Design Education in Turkey, 1950s-1970s,” Design Issues 19, no. 2, (Spring 2003): 17-34.

[2] Gülay Hasdog an, “The Institutionalization of Industrial Design Profession in Turkey: Case Study: The Industrial Designers Society of Turkey,” The Design Journal 12, no. 3 (2009): 312.

[3] Serkan Günes, “Kalkınma Planları Çerçevesinde Türkiye’ de Endüstri Ürünleri Tasarımı,” [“The Industrial Product Design Within the Framework of Development Plans in Turkey”], Tasarım+Kuram 8, no. 13 (2012): 48.

[4] Serkan Günes, “Kalkınma Planları Çerçevesinde Türkiye’ de Endüstri Ürünleri Tasarımı,” [“The Industrial Product Design Within the Framework of Development Plans in Turkey”], Tasarım+Kuram 8, no. 13 (2012): 48.

4. 崛起阶段：1985—1995

在此阶段，土耳其工业设计系的一些毕业生寻求在工业部门的就业机会，而另一些毕业生则设立了自己的设计公司。1988年，出于对就业和业务市场的担忧，以及工业对设计的兴趣缺失，这些年轻的毕业生被迫成立了土耳其工业设计师协会（ETMK）。一个具有影响力的设计师小群体发起了一场激烈的论争，这场论争对可以预见的未来设计话语产生了影响。哈斯多干（Hasdoğan）把1988—1993年这段时间称为土耳其工业设计师协会的“团结”时期。[1]“崛起阶段”可谓名副其实，在此阶段伊斯坦布尔技术大学于1993年发起成立了工业产品设计系，组办了一场非常重要的展览“设计师的奥德赛‘94：土耳其设计师历险记”（见图13-1）。这场展览非常关键，它标志着旧时期的结束，新时期的开始。它首次确凿地证明土耳其设计师自己也能够“做到”，他们展现了日益增强的信心，并表明他们已经能够为各种以设计为基础的行业服务。[2]

5. 起飞阶段：1995—2005

虽然在1971—1995年的24年间，在不同的州立大学仅仅设立了四个工业设计系，但在1995—2005年间却新设了七个。这一时期也看到了一些发展提升了设计的重要性：工业扩张，历届政府的撒切尔夫人私有化政策赋予了部门自主权，基于

[1] Hasdoğ an, “The Institutionalization of Industrial Design Profession in Turkey,” 314.

[2] 尽管本次展览的工业代表性很弱，但是我们还是觉得它可以和1946年“英国能够做到”展览相媲美。其规模是绝对不同的，但是其效果——特别是对于设计师而言——是相似的。

图13-1 “设计师的奥德赛‘94”（Designers’ Odyssey ‘94）手册封面

设计的行业数量和设计期刊数量增加，包括“设计师的奥德赛‘98”在内的设计展览开幕。在“设计师的奥德赛‘98”展览期间，国际小组成员探论了“产品设计在土耳其和世界的现状和未来”。但是，这种设计意识提高的背后主要因素是土耳其和欧盟之间的1995年关税同盟在1996年1月1日生效了。由于这一条约，土耳其政府鼓励实业家向全球市场出口并参与全球市场竞争，很多实业家都认识到设计的重要性并开始研发投资。据官方消息，17,480名土耳其人在1999年的地震中丧生，2001

年的经济危机导致土耳其银行系统崩溃，但是土耳其出人意料地迅速恢复正常，而且汽车、电子、家具、陶瓷、玻璃、服装和纺织等设计相关行业都取得了进步和发展。

6. 巩固阶段：2005年及以后

2005年的设计活动数量预示着好事临近。国际建筑师联盟大会在伊斯坦布尔召开，吸引了10,000多名与会者，包括建筑师、设计师、艺术家、会员和学生。两家精心设计的博物馆，即伊斯坦布尔的佩拉（Pera）博物馆和安卡拉的乾格尔罕(Çengelhan)博物馆，于2005年开馆，而伊斯坦布尔现代博物馆已在2004年年底落成。此外，伊斯坦布尔设计周和伊斯坦布尔时装周已经成为常规的年度盛事。仅在2005年，几所不同的大学就先后设立了五个工业设计系，土耳其的工业设计系总数达到23个。自2005年以来，土耳其的经济崛起和竞争力的提高已经引起了国际关注。例如，2012年在伊斯坦布尔推出了荷兰设计服务台，旨在“为进军土耳其市场的荷兰设计师和设计公司以及有意与荷兰设计师合作的土耳其方打造第一停靠站”。[1]

目前其他方面的发展表明，许多人都认为土耳其的设计和设计师已经真正具有参与全球市场竞争的潜力。此外，土耳其已经成为全球设计师的宝贵市场。[2]这一状况提出了如是问题：土耳其设计师在多大程度上准备好参与这样的角逐了？在目前形势下，身份诉求形成了关注的基轴。

---

[1] www. dutchdfa. com/turkey/dutch-design-desk-istanbul (2012年9月26日访问).

[2] 荷兰政府的努力是有目共睹的。官方已经为所谓的“服务台”的落成奠定了良好的基础，他们一直在艰苦努力，力争在近年内实现这一目标。例如，他们几年前推出了一个名为“土耳其荷兰文化交流”的网站（www.culturalexchange-tr. nl/），并于2010年发布了一份题为《荷兰工业设计服务在土耳其的机遇与障碍》的报告。

7. 身份诉求

20世纪90年代中期，即我们历史回顾中的所谓“起飞期”，有关真正的土耳其设计身份建构的论争异军突起。随着土耳其加入欧洲关税同盟，土耳其加速融入全球市场，这对身份诉求特别具有影响力。有了这一条约，土耳其被迫转向设计和品牌，从而提高在市场上的竞争力。如阿尔帕伊·厄（Alpay Er）、厄茨勒姆·厄（Özlem Er）和法特玛·科库特（Fatma Korkut）所示，出口导向型战略以及欧盟与土耳其之间的贸易增长促使公司诉诸于设计，把它作为增值战略，这标志着土耳其工业设计发展阶段的开端。[1]随着设计咨询公司和独立设计工作室的相继设立，加上公司内部已有的就业岗位，20世纪90年代中期以后，设计师的就业机会增加了。

随着设计实践和文化的蓬勃发展，公司转向以设计作为企业战略，土耳其设计师开始强调在谋求国际社会认同的同时，有必要创造本土的设计身份。这些讨论不仅仅限于职业设计师；相反，设计学者也参与了这项交流。例如，由伊斯坦布尔技术大学工业产品设计系主办，于1996年3月13日至15日举办的第二届全国设计代表大会主题为“设计的普遍化”。正如大会主题所示，大会致力于思考土耳其刚刚实施关税同盟协议后，设计在土耳其融入全球市场中所发挥的作用。近20年来，大会所提出的问题一直很有意义，甚至引起了其他国家人士的关注。因此，大会召开多年以后，乔纳

[1] H. Alpay Er, Özlem Er, and Fatma Korkut, “The Development Pattern of Industrial Design in Turkey: An Attempt for a Conceptual Framework” (paper presented at the Mind the Map, 3rd International Design Conference on Design History and Design Studies, istanbul, July 9-12, 2002).

森·伍德姆（Jonathan Woodham）在2009年土耳其设计历史协会[1]大会开幕式致辞中提出了这样一个问题："土耳其的产品是要符合全球市场审美还是力求保留某些地方、区域或国家身份呢？"[2]

因为大家都感到在同质化的全球市场上由文化界定的设计身份将是创新的源泉，所以文化身份在这些争论中自始至终受到了实质性的重视。奥古兹·贝拉克奇（Oğuz Bayrakçı）将这种整体设计身份的趋势描述为面向西方和城市受众的产品一统天下的局面，属于"通用设计"的范畴。[3]如他所言，通用设计的特点在于"缺乏沟通、身份和意义"。[4]贝拉克奇进一步预言，文化多样性将成为未来数年设计领域的流行方法。因此，对于在全球市场上谋生的土耳其设计师而言，必须将本土的产品标识与全球用户特性相融合。尽管这似乎是个悖论，但不失为很有前途的战略。[5]

---

[1] 土耳其设计历史协会在土耳其语中是"Türkiye Tasarım Tarihi Topluluğ u"，由于该名称中的四个单词首字母都是T，因此设计界将该协会名称缩略为4T。2005年，陶菲克·巴尔乔格鲁在会员宣读研究成果的主题年会基础上成立了4T，其时是一个非正式团体。2006年以来，他与古尔萨姆·贝德（Gülsüm Baydar）共同管理4T会议并定期出版会议论文集。

[2] Jonathan Woodham, "Design History at the Periphery," in Tasarım Tarihinin Ötekileri [The Others of Design History], Tevfik Balcıog lu and Gülsüm Baydar, eds. (izmir: izmir University of Economics, 2010): 17.

[3] Oğ uz Bayrakçı, "Yerel Ürün Kimlig i- Küresel Dıs Pazar," ["Local Product Identity — Global Market"]in Tasarımda Evrensellesme: 2. Ulusal Tasarım Kongresi Bildiri Kitabı, Nigan Bayazıt et al., eds. (istanbul: Yapı-Endüstri Merkezi, 1996): 94. 在此背景下界定的通用设计的概念并非我们现在所用的"通用设计"这一术语。我们现在所用的通用设计是指建成环境及产品对于所有的人（无论失能与否）的可及性。

[4] Oğ uz Bayrakçı, "Yerel Ürün Kimlig i- Küresel Dıs Pazar," ["Local Product Identity — Global Market"]in Tasarımda Evrensellesme: 2. Ulusal Tasarım Kongresi Bildiri Kitabı, Nigan Bayazıt et al., eds. (istanbul: Yapı-Endüstri Merkezi, 1996): 96.

[5] Oğ uz Bayrakçı, "Yerel Ürün Kimlig i- Küresel Dıs Pazar," ["Local Product Identity — Global Market"]in Tasarımda Evrensellesme: 2. Ulusal Tasarım Kongresi Bildiri Kitabı, Nigan Bayazıt et al., eds. (istanbul: Yapı-Endüstri Merkezi, 1996): 101.

戈可汗·卡拉库斯（Gökhan Karakus）还主张认为，土耳其坚持流行的通用设计方法，尤其是在20世纪80年代，因此直到20世纪90年代，土耳其的设计实践都是效仿西方的模式。当然，这些模式在土耳其上层阶级特别受欢迎。[1]只有到20世纪90年代土耳其经济崛起以后，本土的设计方法才开始受到重视。在卡拉库斯看来，在这次本土转向中，内部经济动力具有与全球经济动力同样的影响力。也就是说，对于卡拉库斯而言，土耳其设计师在设计实践中运用本土文化资源既是提高国内市场的“务实”努力，也是吸引国际受众的途径。[2]

简而言之，土耳其设计风格的演变作为产品差异化手段——尤其是全球市场上——得到了支持。这里的论点在于，本土化的设计方法将是有效的营销策略，有利于土耳其设计作为一种品牌在全球市场上的定位。阿尔帕伊·厄称，这一战略将有可能使土耳其设计师能够满足市场对创新永无止境的需求。[3]

土耳其的设计风格将不仅有助于彰显在国际设计领域的区分度，而且有利于彰显在国际设计领域的同等水平。也就是说，在设计中建构土耳其风格将会突出土耳其工业设计实践的先进水平。[4]土耳其主要办公家具公司Nurus的总经理古然·谷克亚伊（Güran Gökyay）在谈到“‘支流’在米兰”展览会时主张，应该把展览会视为展示土耳其工业化水平的机会。土耳其的工业化水平已经相当先进，足以为设计师提供适当的工作条件。[5]因

[1] Gökhan Karakus, Turkish Touch in Design: Contemporary Product Design by Turkish Designers Worldwide (istanbul: Tasarım Yayın Grubu, 2007), 20.

[2] Gökhan Karakus, Turkish Touch in Design: Contemporary Product Design by Turkish Designers Worldwide (istanbul: Tasarım Yayın Grubu, 2007), 22.

[3] H. Alpay Er, “Tasarıma Türk Dokunusu- Geometrik Soyutlama ve Göçebelik,” [“Turkish Touch in Design-Geometric Abstraction and Nomadism”]Icon no. 06 (2007): 106-109.

[4] Bahar Emgin, “ID-Entity in Question: Turkish Touch in Design in ‘ilk’ in Milano,” (master’s thesis, izmir University of Economics, 2008): 33.

[5] Güran Gökyay, “Interview by Tuçe Yasak,” XXI no. 55 (2007): 38-40.

此，展览会旨在“表明我们有能力创造优秀的设计，开发优秀的创意，并生产精美的产品。同时表明这种能力不仅与土耳其特色有关，也是我们汲取安纳托利亚丰富的地理和文化遗产的结果”。[1]从这个角度来看，土耳其生产的任何设计的质量都表示该国已经取得的工业发展，这也表明有价值的设计文化不仅是设计师努力的结果，同时缘于工业进步使设计师能够实现他们的聪明才智。[2]因此，材质和生产品质成为展示同等水平的一种方式，而重视文化是提高在世界市场上的区分度和土耳其对国际设计领域的贡献的一种方式。

在追求有别于西方设计的土耳其设计身份的过程中，展览会——尤其是国际展览会——无疑发挥了重大作用。近几十年来，土耳其已经组办了许多国内和国际展览会，借以创造、记录并展示土耳其的设计。这些展览会最早可以追溯到1994年，以及上述的设计师的奥德赛工业设计展。然而，由《艺术+装饰》（Art+Decor）杂志主办的2004年设计博览会更加彰显了构建土耳其设计身份的良苦用心，展览会的宣传口号是“从土耳其软糖到土耳其设计”。该展览是由该杂志组办的系列展览会的第二展，该杂志还促成了2005年的伊斯坦布尔设计周。诸如此类的发展有其他的例子，包括2004年举办的法兰克福时尚生活方式展上的ETMK展，取名为“设计从东方到西方——来自土耳其的设计师”；2006年和2007年举行的Fesorient国际民族生活风格、时尚和设计节；2007年举办的“支流在米兰：设计中的土耳其风格”；2007年、2009年和2011年举办的“BARBAR伊斯坦布尔设计行动”展；2008年在柏林佩加蒙博物馆举行的土耳其软糖展以及2011年

[1] Güran Gökyay, “Interview by Tuçe Yasak,” XXI no. 55 (2007): 39.

[2] Emgin, “ID-Entity in Question,” 33.

在德国玛尔塔黑尔福德博物馆举行的Spagat展。[1]最近一次的该系列展览是伊斯坦布尔设计双年展。这次展览是由伊斯坦布尔文化艺术基金会于2012年10月13日至12月12日在不同场地举行的，包括伊斯坦布尔现代博物馆和加拉塔希腊语小学。设计双年展由著名建筑师埃姆雷·阿罗拉特（Emre Arolat）和《住宅》（*Domus*）杂志的编辑约瑟夫·格里马（Joseph Grima）共同策划，旨在强调土耳其——特别是伊斯坦布尔——作为设计的中心，“颂扬这种创造性潜能，并与国际观众分享这一潜能，相信伊斯坦布尔的多样化观点和独特的设计话语将会丰富全球设计文化”。[2]

这些展览跨越近20年，为了解土耳其的近期设计实践和传统提供了线索。很多参展产品都是由独立设计师或大型设计公司的设计顾问设计的。因此，这些展览似乎并不包括中小型企业的设计以及其他大型企业内部的设计实践。然而，如果我们考虑到设计主要是由较大型企业完成的，那么我们就可以相信土耳其的设计追求会从这些积累中发展起来。土耳其设计的定义通常都是以产品共同具有的审美和概念特征为基础的。常见的灵感、形式、技巧和材料都是依据各种属性来识别和分类的，对这些属性的共同偏好说明了文化上的共同点。土耳其文化因此被凸显为一笔巨大的财富，土耳其设计风格的原创性都归因于这笔财富。

哈伦·凯根（Harun Kaygan）认为，作为走向全球市场的营销策略，重视本土主题很具影响力，而且追求土耳其设计风格也已成为国内设计实践的一个要素。[3]他对风靡一时的设计杂

---

[1] 土耳其设计界还组办了其他展览会，我们在此只是按照知名度和影响力列举了其中的一些最重要的展览会。有关ETMK所组办的所有重大事件，参见www. culturalexchange-tr. nl/ mapping-turkey/3d-design/ professional-organizations。(2013年3月28日访问).

[2] http: //istanbuldesignbiennial. iksv. org/ about/ (2013年3月28日访问).

[3] Harun Kaygan, “Türkiye’ de Tasarım veya ‘Türk’ Tasarımı Üzerine,” [“Design in Turkey or on ‘Turkish’ Design”] in Türkiye’ de Tasarımı Tartısmak : III . Ulusal Tasarım Kongresi Bildiri Kitabı, H . Alpay Er et al., eds.(istanbul : istanbul Teknik Üniversitesi Endüstri Ürünleri Tasarımı Bölümü, 2006): 325-333.

志《艺术+装饰》进行了案例研究，结果显示产品所谓的土耳其特色已经成为设计师及其产品的显性评判标准。也就是说，一旦人们假定一个对象具有特定的文化特征，就会认为该对象值得进行再设计，该对象因而备受关注，获得更高的地位。但是，本土引用也已成为设计师成功的标尺，从而赋予设计师为展现土耳其特色而努力的殊荣。[1]这样，设计师有意识地尝试使用某些本土形式，同时在土耳其设计身份的形成过程中努力甄别传统产品的共同特点，这两点发挥着决定性的作用。

土耳其设计身份的另一个构成要素是强调现代性。事实上，在土耳其设计身份的形成过程中，现代美学和本土元素一样重要。正如卡拉库斯（Karakuş）所言，对于所有设计师而言，无论他们使用本土元素的方法如何，“现代主义是其目标”。[2]因此，土耳其设计的独特性在于“理性现代主义的普世文化与本土文化之间的不确定关系。一方面是像设计教育或批量生产这样的普世文化；另一方面是历史的、传统的或环境的本土条件元素构成的本土文化”。[3]在这种方法中，本土的提供了概念框架，而现代的代表了对相关传统形式的审美趣味。简而言之，设计的土耳其风格是以传统和现代之间的协商为前提的，这需要前者适应后者。

对本土化风格的偏好已经形成了一些明确的设计策略。[4]虽

---

[1] Harun Kaygan, “Türkiye’ de Tasarım veya ‘Türk’ Tasarımı Üzerine,” [“Design in Turkey or on ‘Turkish’ Design”]in Türkiye’ de Tasarımı Tartısmak : III . Ulusal Tasarım Kongresi Bildiri Kitabı, H. Alpay Er et al., eds. (istanbul: istanbul Teknik Üniversitesi Endüstri Ürünleri Tasarımı Bölümü, 2006): 328.

[2] Karakus, Turkish Touch in Design, 20.

[3] Karakus, Turkish Touch in Design.

[4] 对设计师中流行的方法进行分类的尝试很多，如Tevfik Balcıog lu, “Problematic of Local and Global Design Identity in New Industrialized Countries with Special Emphasis on Turkey: Where Does the Hope Lie? Exploited Promises of Globalisation and Local Heroes,” in Proceedings of the 3rd European Academy of Design (EAD) Conference, March 30-April 1, 1999 (Sheffield: Sheffield Hallam University, 1999):

然对现有的方法进行全面的分类超出了本文的范围，但是要进行可行的论证我们必须考虑若干个如是的战略。首先是传统对象对当代技术条件和审美传统的适应性。这种策略可能包括复制本土的元素或表面的装饰，或者可能是指对现有形式的重新诠释，以便满足现代需求或生产技术。重新诠释或再现中的细微差别可能会导致属于不同策略范畴的不同方法。

8. 文化和传统作为灵感的源泉

在传统适应当代的过程中，历史的形式、既有的设计和崇拜的对象最终都成了创造性的自然来源。所挪用的崇拜对象往往是每天都在享用的典型的日常用品。例如，这些物件可能是知名民族饮料（如茶、土耳其咖啡和土耳其白酒）饮用仪式中不可或缺的部分。[1]因此，土耳其主要的设计师和制造商已经对传统的土耳其咖啡壶、茶盘、茶杯、茶壶和土耳其白酒杯进行了各种各样的再设计。

例如，土耳其主要的厨房用具品牌之一阿奇立克就是这一趋势的首倡者。2004年，阿奇立克推出了咖啡机（见图13-2），这是一款土耳其电动咖啡机，在功能上是一款全新的产品。精密的土耳其咖啡制作过程史上首次在一款新产品中实现了机械

57-71；Bahar Emgin，“ID-Entity in Question”；Gamze Güven，“From Crafts to Product Tradition and Industrial Design in Turkey,” (paper presented at Bridges of Creativity，From Traditional Arts to Creative Industries，Eindhoven，May 8，2012)；Gökhan Karakus，Turkish Touch in Design：Contemporary Product Design by Turkish Designers Worldwide，(¡stanbul：Tasarım Yayın Grubu，2007)；and Harun Kaygan，“Evaluation of Products Through the Concept of National Design：A Case Study on Art+Decor Magazine” (Master’s thesis，Middle East Technical University，2006).

[1] 有关仪式对土耳其设计实践的影响的详细分析，参见Sebnem Timur，“Material Culture of Tea in Turkey：Transformations of Design Through Tradition，Modernity and Identity,” The Design Journal 12，no. 3 (2009)：339-364；and Hümanur Bag lı and Sebnem Timur Ög üt，“Towards an Analysis of the Signs of the ‘Unknown’：Objects with Rituals in Turkish Culture,” The Design Journal 12，no. 3 (2009)：365-382.

图13-2 阿奇立克土耳其咖啡机

图13-3 昆特·谢凯尔乔格鲁设计的土耳其壶

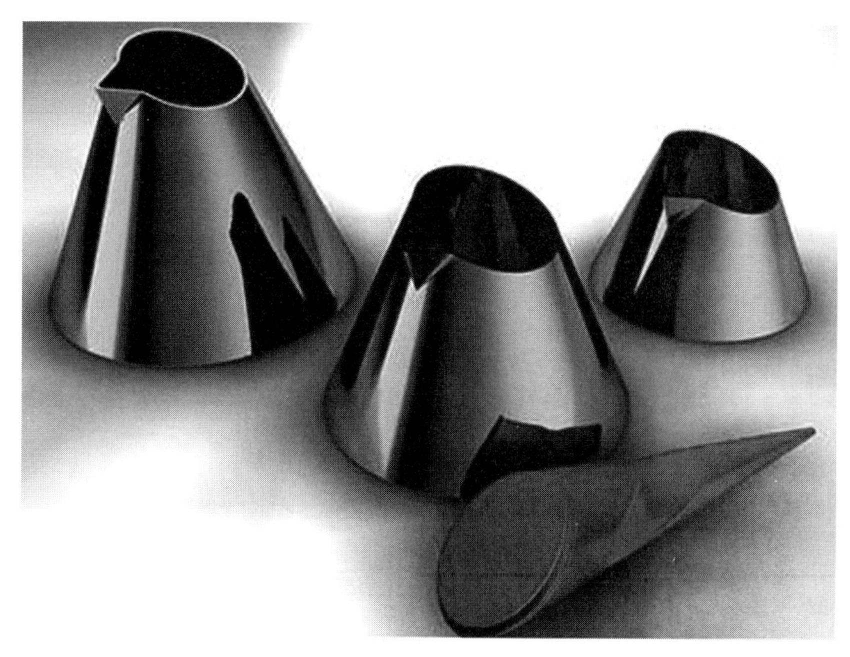

图13-4 艾库特·埃罗尔设计的共用手柄壶系列

化。在现实中，这款产品代表了对已有的咖啡制作方式的全新诠释，而不仅仅是对传统的土耳其咖啡壶的重新设计。

然而，咖啡壶本身也被众多设计师重新诠释。昆特·谢凯尔乔格鲁（Kunter Sekercioğ lu）为Arzum公司设计了土耳其壶（见图13-3），这是传统壶的电动版，外观纯化有光泽。艾库特·埃罗尔（Aykut Erol）设计的壶（见图13-4），是简约化设计的另一个代表，充满了实用设计的气息。该产品的形状是三个不同尺寸的截顶锥，各自没有手柄，而是共用一个红色的可拆卸手柄。与此同时，阿里·巴库瓦（Ali Bakova）在他的设计中以玻璃为材料，挪用了传统的咖啡壶外形，而没有对传统的外形进行任何美学上的优化（见图13-5）。

土耳其的饮茶礼仪一直是设计师灵感的另一个普遍来源。许多不同的设计师都对备茶、上茶、饮茶所用的物件不断地进行重

图13-5 阿里·巴库瓦设计的玻璃咖啡壶

新诠释。例如，阿莱夫·厄布兹亚（Alev Ebuzziya）、埃德姆·阿肯（Erdem Akan）、法鲁克·马尔罕（Faruk Malhan）、坎·亚尔曼（Can Yalman）、黛菲·蔻兹（Defne Koz）和帕萨巴赫切（Pasabahçe）设计团队等都重新设计了郁金香形玻璃茶杯。埃德姆·阿肯（见图13-6）对他重新审视茶杯的动机做了如下解释：

> 也许没有什么形式能像郁金香形玻璃茶杯那样更具“土耳其特色”。这种玻璃杯是土耳其茶仪式的主角，无论它从何而来如何而来，它都是在这里成名的。它是我们的一员，我们已经忘记了它的特性，除非“老外”再次提醒我们这个玻璃杯是多么的漂亮多么的特别，它在我们眼里似乎总是那么平常无奇。[1]

[1] Kaygan, “Evaluation of Products through the Concept of National Design,” 66.

图13-6 东方遇见西方

设计：埃德姆·阿肯　　　摄影：塞尔达尔·萨姆里（Serdar Samlı）

阿肯的做法体现了文化是如何成为我们萃取产品的宝库的。

除了对这些典型对象进行重新诠释之外，我们也很重视利用安纳托利亚境内从赫梯到奥斯曼各种文明的文化遗产，特别是与奥斯曼遗产有关的对象，如水管、土耳其毡帽和一些装饰图案，都已得到各种不同的重新诠释。伊斯兰文化、民俗元素和手艺的悠久丰富的传统等都是设计师有目的地使用的热门资源，从而促进设计形成一种独特的土耳其身份。

然而，我们并不能因为这种普遍存在的对本土元素的高度重视而认为土耳其设计风格的特点是无可争议的。事实上，国家设计的更广泛概念本身就广受质疑。例如，约翰·沃克（John Walker）声称，设计实践具有国际或跨国特征，这使得任何试图定义国家设计风格的努力都难免让人产生误解。正如沃克所指出的，“很多出生于英国的设计师，在英国的艺术设计院校受训，到意大利就业，想必他们在意大利为意大利设计的意大利特色作贡献。”[1]另外，有学者强调指出，按照国别属性来定义设计风格可能是一种简约化的做法。据杰里米·安斯利（Jeremy Aynsley）观察，“在考虑一个国家的设计传统的时候，我们会遇到一些隐含意义和联想意义，它们不仅依赖于准确的理解而且依赖于成见性的认识。”[2]当我们把设计实践与文化认同联系在一起的时候，某些国家设计风格最终代表的是推定的文化特色。这种代表依赖于对文化认同的实体主义的理解，但是这一点——特别是在后结构主义和后殖民文献中——已经受到质疑。[3]如乔纳森·弗里德曼（Jonathan Friedman）所云，“文化的物化是（全球化的）工具性的一面，它把差异化的实践和意义的实践简化为产品、文本、物质。‘液化’以后，它可以从此流过所有可以想象的边界。”[4]此外，由于一些文化特征被过度强调，而另一些文化特征被忽视，因此这种物化具有很强的选择性。所以，文化的定义并非自然的或中性的，而总是受到政治、经济和意识形态等各种因素的影响。

有关土耳其设计身份的论争范围很广，从挪用对象的选择，到重新诠释所使用的恰如其分的设计语言，等等。特别是在对象的选择上，国内政治动态具有与全球市场动态一样的影

---

[1] John A. Walker, Design History and History of Design (London: Pluto, 1989): 122.

[2] Jeremy Aynsley, Nationalism and Internationalism: Design in the 20th Century (London: Victoria & Albert Museum, 1993): 32.

[3] 对于文化认同的同质化理解和本质主义理解的批评，参见Stuart Hall, David Held, and Tony McGrew, eds., Modernity and Its Futures: Understanding Modern Societies (Cambridge: Polity Press, 1992); Stuart Hall, Representation: Cultural Representations and Signifying Practices (London: SAGE Publications, 1997); and Homi K. Bhabha, The Location of Culture (London: Routledge, 1994).

[4] Jonathan Friedman, "Culture and Global Systems," Theory, Culture & Society 23, nos: 2-3 (2006): 404, http: //tcs. sagepub. com/content/vol23/issue2-3/ (2007年5月2日访问).

响力。在土耳其政治不断变化的背景下，模式化的对象体现矛盾的价值观的现象屡屡发生，引人注目。过去的12年见证了伊斯兰右派的发展，执政的正义与发展党先后于2002年、2007年和2011年三次赢得大选。与此同时，国民经济的改善导致了保守的新中产阶级的崛起，他们以丰富的物质文化形成并反映了自身的价值观。奥斯曼遗产的复兴可以在这一框架内进行评估。崛起的伊斯兰保守组织的反对者也纷纷采用了各种物体和符号（例如，私家车主把国父阿塔图尔克的签名放大，印在后挡风玻璃上），这在世俗主义和民族主义运动对日益严重的保守主义的回应中可以看到。与此同时，土耳其民族主义者一直反对重视“库尔德问题”，而政府却在持续不断地突出这一问题。这些论争不仅发生在政治舞台，而且发生在设计领域，其中每个设计群体都在寻求与众不同的风格。

在这样的政治氛围中，由于他们的善意也有被贴上政治标签的风险，所以设计师都愿意接受各种各样的批评。土耳其的很多设计师都是现代主义教育的毕业生，主要受到包豪斯（Bauhaus）的影响，所以一般来说，可以认定他们多数都是现代主义的、知性的、社会民主主义的和极简主义的。[1]他们对政治运动并不积极，但是关心设计的身份和方向等重大问题。正如卡拉库斯所指出的那样，对于这样的设计师而言，土耳其的设计风格，即“运用本土的或土耳其的形式，尤其是具有历史意义的奥斯曼设计或安纳托利亚民族文化，是需要回避的对象，而且在很多人看来那恐怕是过时的东西，充其量是东

[1] Tevfik Balcıoğ lu, “Redesigning Turkish Cult Objects: From Tradition to ‘Modern’?” (paper presented at the 8th Conference of the International Committee for Design History and Design Studies, ICHDS 2012: Design Frontiers, Territories, Concepts, Technologies, Sao Paulo, September 3-6, 2012).

图13-7 埃拉·金多鲁克设计的串串碟

方化而已”。[1]

9. 设计创新

在这一点上，另一个挪用策略可能为摆脱这一困境提供了一条出路。这种策略并不包括挪用传统的物件。相反，文化联想是通过话语实现的，而不是物质性的。其结果并不是重新设计，而是一种新的设计或者设计创新。从这种方法衍生出来的产品要么响应了所谓的传统或文化功能，要么运用当代设计美学重新呈现传统形式。例如，珠宝设计师埃拉·金多鲁克（Ela Cindoruk）制作了一款烤羊肉串碟（见图13-7），其风格是前所未有的。该碟子能让人很容易地把食物从扦子上弄下来，而无须直接接触食物。椭圆形盘的边被磨圆成圆形，上部有个缝。扦子先从上方经该小缝插入，这样食客从一侧把扦子拉出来的时候，她从扦子上弄下了肉和蔬菜，但是肉和蔬菜还在盘内，因为它们不能穿过

[1] Karakus，Turkish Touch in Design，22.

图13-8 埃德姆·阿肯设计的串串香专用盘（摄影：塞尔达尔·萨姆里）

该孔。金多鲁克玩了一把文字游戏，把这种碟子称为“串串碟”（译者注：原名“Shish-Dish”，两个词的后三个字母相同而且押韵，加上一个连字符有一种串在一起的视觉效果）。

埃德姆·阿肯设计的烤羊肉串盘是细扦烤羊肉串的另一种新吃法（见图13-8）。在阿肯的设计中，盘子中央隆起的部分有一个个小孔，供插入木制肉扦子之用。这里的新颖之处并不是如传统的盘子那样把肉和蔬菜与扦子分离开来的方法，而是细扦的呈现方式。因此，尽管两者都是全新的设计，金多鲁克的设计引入了一款具有新功能的碟子，而阿肯的作品强调了一种新奇的、雕塑般的、三维的烤串呈现方式。

有两项激进的建筑项目在这里也值得一提。第一位是国际知名的获奖建筑师埃姆雷·阿罗拉特，他于2011年设计了森克拉尔（Sancaklar）清真寺（见图13-9）。阿罗拉特的清真寺呈现了一种全新的伊斯兰教概念，宗教空间完美无瑕，雄伟庄

图13-9 埃姆雷·阿罗拉特2011年设计的森克拉尔清真寺项目

图13-10 埃姆雷·阿罗拉特的清真寺室内设计

严，挑战一切传统形式。最令人震惊的是，该清真寺既没有典型的宣礼塔，也没有圆顶。事实上，宣礼塔——在这细高细高的尖塔上阿訇大声地请人们每日祈祷召唤五次——的功能在我们电子通信时代已不重要了。相反，有一个象征清真寺的塔就足够了。在没有钢筋混凝土的时代，圆顶是提供开阔建筑空间的最佳方式，现在却没必要了。过去的圆顶代表天空，营造了一种神秘的气氛。在阿罗拉特的设计中，从墙上的缝口射入的

图13-11 内夫扎特·萨因2011年设计的穆罕默德卡胡克礼拜大堂内饰

亮光形成了间接的照明，混凝土的塑性和灰色构成了一个法力无边的虚空，从而创造了一个神圣的空间，取代了原先的圆顶。他的极简主义做法让我们想起安藤忠雄（Tadao Ando）和卒姆托（Zumthor）的风格（见图13-10）。

另一位土耳其的主要建筑师内夫扎特·萨因（Nevzat Sayın）提供了一个不同的清真寺概念。这种清真寺是从早期的穆斯林神圣建筑计划衍生而来的。在为马拉蒂亚市设计的项目中，萨因参照了“大清真寺”的风格，没有圆顶，而是一个充满擎顶柱的、硕大的长方形大堂（见图13-11）。迪亚巴克尔的塞维利亚大清真寺和锡瓦斯的迪夫里伊大清真寺在这方面具有相似的特征。萨因采用了一系列的柱子，上面是复杂的肋架拱顶，就像克吕尼修道院一样。这种中世纪的哥特式建筑在清真寺的结构中这样不同寻常的表现在土耳其以前还没有见过。与其他现代清真寺建筑师还不同的是，萨因提高了顶棚的高度，让日光从布满小孔的侧高壁射入堂内。该建筑的宣礼塔高大现代，就像烟囱一般，加上它的整体外形和规模，庄严耸立，让人莫名地想起伦敦泰特现代美术馆（见图13-12）。

图13-12　内夫扎特・萨因2011年设计的位于土耳其马拉蒂亚的穆罕默德卡胡克礼拜大堂

10. 结论

这些近期作品似乎都表明了土耳其设计身份诉求的新方向，即不是仅仅重新诠释现有的产品，而是要对现有功能提出新奇创新的解决方案。尤其值得一提的是，这两个清真寺的设计既大胆创新又富丽堂皇，极大地挑战了时下的习惯和做法，招致了各种非议，激起了无谓的争论。

土耳其工业设计界力争解决时下的身份争论问题，尤其是于2012年10月开幕的首届伊斯坦布尔设计双年展将会在这方面加倍努力。我们生活在一个多样性的时代，这种多样性是由身份定义、提升并强化的。因此，在土耳其目睹的身份斗争并不局限于某个特定的地点，而是全世界的事件。形形色色的（一些可能是激进的）政治态度的崛起以及这场争论的骤然升级使它在土耳其具有独特之处。当然，如果管理得当，林林总总的党纲可以极大地增进设计创新，从而更好地认识和使用物件对象，同时为整个社会提高所需的新的理论框架提供基本的见解和新的方向。

我们想就此以一组问题作为本文的结尾，而不是作出任何明确的分类或精确的判断。首先，长远来看，这里所描述的暧昧环境会终止对身份的追求、破坏创造力和创新，并导致更多的商业化产品设计吗？或者，土耳其设计能够打造自己的强大身份，并制订出长期可靠的创新发展战略，走出这种动荡而又不乏创新的气氛吗？这些问题的答案尚有待观察。

十四、新媒体和设计学中的声音

Sound in New Media and Design Studies

科瑞·泰尔奥格雷[1]（Koray Tahiroğlu）
奥乌兹汗·厄兹詹[2]（Oğuzhan Özcan）
安提·伊柯宁[3]（Antti Ikonen）

---

[1] 科瑞·泰尔奥格雷：阿尔托大学传媒系媒体实验室音乐家、研究员、讲师，主要从事艺术研究和交互音乐演奏工作。2008年获艺术学博士学位，所撰写博士毕业论文题为《交互表演系统：人与音乐交互实验研究》。泰尔奥格雷是声音和物理交互（SOPI）研究小组的创始人和负责人，组织协调了多项研究项目，研究兴趣包括声音交互、参与式音乐体验、声音及交互中的多模态身体的具身研究。2004年以来，一直从事工作坊和课程教学工作，在交互音乐中引入了艺术战略和方法。

[2] 奥乌兹汗·厄兹詹：土耳其科驰（Koç）大学正教授，设计实验室主任，专门从事交互设计教育和实践工作，指导了一批与交互性及设计艺术有关的研究项目、著作和论文。2003年，荣任联合国教科文组织阿什伯格研究员，兼任多家交互媒体设计公司顾问，包括土耳其伟视达（VESTEL）电子研究集团、国家科学研究基金会帕尔杜斯（PARDUS）操作系统开发小组。有关他的出版物详情，可以访问http：//oguzhan. ozcan. info.

[3] 安提·伊柯宁：20世纪80年代初期就已成为作曲家、声音设计师和音乐家，其作品涵盖各种不同类型的表演和艺术作品的音乐和声音设计，包括当代舞蹈、戏剧、电影短片、广播剧、艺术装置和新媒体。现任阿尔托大学音乐传媒系传媒实验室声音设计讲师，SOPI研究小组的成员。2004年和2010年被阿尔托大学艺术设计学院学生会授予“年度教师”荣誉称号。

本文译自《设计问题》杂志2014年（第30卷）第2期。

1. 引言

新媒体对于文化实践计算机化的影响已经上了一个新台阶，尤其是在我们探讨支持高等教育实践的新的艺术创作形式和设计流程时，这种影响显得更加普遍，显而易见。建构新媒体研究框架的方式已经发生了巨大的变化，并且对高等教育中的声音研究教学产生了显著影响。过去，声音在新媒体研究中并未得到足够的重视，新媒体研究重点一直放在视觉处理和视觉表征上。

如今，听觉范式以声域活动中新的反思模式为目标，这一点并不难想象。这些活动在文化、美学、城市以及媒体环境中产生了新的交互形式。在人们使用计算机和新技术表达思想和理念的过程中，电子计算机工具和新媒体已经无处不在，因此它们在此过程中的作用也日益凸显。[1]从听觉媒体的角度来看，声音的数字化已经为艺术设计作品的生产和销售带来了各种各样的机会。为什么要把声音作为设计实践和研究的一部分呢？这种新的听觉媒体形式对此进行了进一步的研究。同样，这种新的听觉媒体形式也在跨学科研究中引起了越来越广泛的学术兴趣。

事实上，不只是声音已经成了一种设计实践，而是设计实践总体上已经开始研究产品、服务、艺术以及娱乐需求——把它们设计为日常文化的一部分——这种文化的特质就是实用有

[1] Lev Manovich，The Language of the New Media (Cambridge，MA：The MIT Press，2001).

趣，美丽动人。[1]作为一种设计和中介元素，声音可以展示设计对象的特质，并为我们打开了研究与之互动的新方式。随着设计研究进一步认识到声音作为设计元素的观点，学生们便能更好地丰富设计的可用性、吸引力和沟通性。

作为一门标准的学科和课程，声音研究的性质先前集中在声音的物理属性和工程声学特征上。在音乐学院，标准学科还包括民族音乐学、音乐史和音乐社会学。[2]如今，声音设计教育是一个新兴的交叉学科领域。从人机交互到认知研究，我们可以将声音研究与现代科学中诸多不同的领域联系起来。与上述“标准学科”相比，声音研究有助于从更广泛的视角理解听觉、声波和传播活动，增强它们对未来设计研究的影响。这种跨学科的焦点将受益于设计教育中以实践为基础、以表达为驱动的研究框架。我们相信，伴随着新技术、新实践和技术创新，音频格式和设计研究之间的紧密联系正在急剧增强。

基于以上缘由，本文阐释了我们对设计教育中建立声音研究框架的观点。我们并非要提供一个声音整体研究的方法论架构，也不打算介绍该领域的所有视角。然而，我们会讨论我们已经发现的一些准则。这些准则源于我们在设计教育和一般艺术设计实践中亲历的教学实践。我们可以参照这些准则，提出广受欢迎的概念性方法论，从而将声音纳入设计教育。

2. 创意产业及其潜能

与日常生活中的数字媒体相关的实践及文化变革催生了跨学科

[1] Bill Moggridge，Designing Interactions (Cambridge，MA：The MIT Press，2007).

[2] Trevor Pinch and Karin Bijsterveld，“Sound Studies：New Technologies and Music，” Social Studies of Science 34，no. 5 (2004)：635-648.

的产品和服务设计。在高等教育领域，这些变革开启了艺术设计研究形式的跨学科教育模式。由于声音在文化实践中的作用正在发生变化，而且这些文化变化催生了新的产业，因此从这个角度来看，我们希望声音研究更多地反映设计教育中的这一跨学科特征。

声音在产品设计和服务应用中的作用已经进一步扩大，成为一项重要的设计元素，[1]而这种作用范围的扩大不仅源于新媒体的技术发展，而且源于整个创意支撑产业的发展。我们对创意产业的定义和理解一般表现为：创意产业是创造、生产和销售商品的产业。其中的商品既可以是概念商品，也可以是实际商品；在这些产业，创造性艺术和新媒体技术集中在创意及知识资本的应用中。[2]需要注意的是，尽管存在这一“定义”，但是没有一个描述充分考虑到全球化世界中文化、经济和技术之间复杂的相互作用——由符号、文本、声音和图像主导的——是如何影响并建构创意产业的。[3]创意产业（在北欧国家亦称为“体验产业”）由八个核心部分组成：广告、电影、移动媒体、时尚、美食餐饮、旅游、音乐、计算机游戏。

创意产业早已是发达经济的一个重要组成部分，为经济增长和增加就业提供了机会。[4]在最具活力的领域（如数字媒体内容），它们代表着约500亿美元的经济增长潜能。随着该领域的运作和发展，它们影响、推动并造就了其他部门和服务的发

[1] Davide Rocchesso and Stefania Serafin, “Sonic Interaction Design,” International Journal of Human-Computer Studies 67, no. 11 (2009): 905-906.

[2] John Hartley, “Creative Industries,” in Creative Industries, John Hartley, ed. (Oxford: Wiley-Blackwell, 2006); and United Nations Conference Trade and Development, “Creative Economy Report, The Challenge of Assessing the Creative Economy: Towards Informed Policy- Making.,” http: //unctad. org/en/pages/ PublicationArchive. aspx? publicationid =945 (2012年11月22日访问).

[3] UNCTAD, “Creative Economy Report,” 4.

[4] Hartley, “Creative Industries,” 96.

展，包括金融、卫生、政府和旅游。[1]创意产业的这一数值反映了21世纪初的总体情况和挑战；然而，联合国贸易和发展会议（UNCTAD）也报告了2005年131个国家创意产业销售额达到4244亿美元的官方数据。[2]如果要研究创意产业的地位在国际范围内显著增强的迹象，这两个经济数值的对比就是一个很好的指标。在具有活力的经济中，我们已经能够看到艺术家、研究者、设计师、科学家和学生工作的潜能以及数十亿美元的价值和体量，他们已经成为这个经济文化宏大金字塔的主要资源。

从以上简略的产业现状回顾，我们可以清楚地看到听觉媒体和其他媒体形式已经成为创意产业所开发内容的重要组成部分。声音一直是音乐创作的基本来源，显然在音乐产业具有重要作用。对于更广义的创意产业来说，声音和音乐的作用不仅仅局限于音乐出版；从交互艺术到计算机游戏再到电影、广告和移动电话娱乐应用，声音设计在许多创意产业中都是必不可少的组成部分。

总之，创意产业本身需要自己的专家——艺术和设计领域的行家，拥有广博的技能和知识，以便满足这一产业群相关背景、内容、产品和服务发展的需要。因此，高等教育机构应该设立新的学位课程方案，从事设计教育中声音的相关支撑研究，使毕业生具备重要的相关专业知识，以便满足当前创意产业的需求。

3. 在设计课程体系中设置声音研究的依据

为了介绍我们把声音作为设计元素的方法，我们运用莫格

---

[1] Hartley, “Creative Industries,” 3.

[2] UNCTAD, “Creative Economy Report,” 115.

里奇（Moggridge）关于设计和交互质量的观点，以此加深理解为什么应该把声音作为设计的一部分。设计研究中更常见的方法是引入契合设计背景的必要的设计特质。除了可用性、实用性、满意度和沟通等最常见的特质之外，设计流程还要求社会性设计，以支持产品社会性的一面。[1]艺术家和设计师运用设计元素赋予造物沟通、功能和美学意义。我们同时相信，声音可通过多种途径丰富设计质量，共同支撑所有其他设计元素。

在考虑预期设计质量的时候，我们也应该考虑设计元素彼此之间的沟通方式以及设计元素通过产品与人沟通的方式。沟通应呈现简明的信息，因此应仅包括必要的组成部分。人们早就认为，应该运用激发快速反应的连贯的多模态呈现，减少认知负荷，而不是试图通过一种模态的信息（如视觉信息）增加传递的信息量。[2]我们认为，因为声音可以将认知负荷分布于感觉模态之间，从而减少需要在屏幕上进行视觉处理的信息量，因此声音可以在实现这一目标中发挥重要作用。[3]

与此同时，我们可以用声音来呈现各种类别的信息，这也可以提高设计的可用性、功能性和吸引力。由于我们的耳朵能够应对声音产生的更大的动态变化，因此声音有助于动态范围的信息呈现。我们也可以把声音作为非常有力的设计元素，代表整个声源分布中的空间信息，从而通过声源分配获得对象的物理位置的信息，这有助于我们在与设计产品的交互中将注意力集中在多

---

[1] Moggridge, Designing Interactions, xiv .

[2] Thomas G. Ghirardelli and Angélique A. Scharine, “Auditory-Visual Interactions,” in Helmet-Mounted Displays: Sensation, Perception, and Cognition Issues, Clarence E. Rash, Michael B. Russo, Tomasz R. Letowski, and Elmar T. Schmeisser, ed. (Fort Rucker, AL: U. S. Army Aeromedical Research Laboratorty, 2009), www. usaarl. army. mil/publications/HMD_Book09/files/ HMD_Book09. pdf (2012年11月22日访问).

[3] Koray Tahirog lu et al., “Embodied Interactions with Audio-Tactile Virtual Objects in AHNE,” in Haptic and Audio Interaction Design 7468, Charlotte Magnusson, Delphine Szymczak, and Stephen Brewster, ed., (Heidelberg: Springer Berlin, 2012), 101-110.

模态层面上，有助于我们显著减少信息损失和认知过载现象。[1]将声音作为一种设计元素纳入进来，可以使信息更易于理解，这样可以在很短的时间内做出最可行的响应，以便确保设计对象的可用性。此外，与其他感觉模态相比，声音本质上能够更容易地激起用户的情感，因此可能呈现出设计令人愉悦和有吸引力的特质。声音能够以另一种方式将不同的情感状态嵌入到设计之中。除了这些特征之外，声音还提供了其他的机会。例如，产品可用性不再需要视觉焦点，“我们的耳朵一直处于活跃状态”已经成为公认的自明之理。由于我们能够更快地注意到听觉领域的变化，因此从微波炉到火警报警器，这一特征在很多设计中都被用作报警手段。[2]

所有这些特性都使声音成了各种应用领域——如娱乐、通信、办公和家用电器——的产品和服务设计中的一个重要考虑因素。声音成了一种设计元素和反馈渠道，广泛用于键盘按键、ATM机、连接车载儿童安全座椅的系统、语音输出或信息评价输入、电子邮件或电子消费品铃声提醒，声音伴随着手机或计算机娱乐产品中的动作。[3]

声音作为设计元素这一角色的转变还表明，需要扩大高等

---

[1] Tapio Lokki, Ville Pulkki, and Juha Vilkamo, “Directional Audio Coding: Virtual Microphone-Based Synthesis and Subjective Evaluation,” Journal of Audio Engineering Society 57, no. 9 (2009): 709-724.

[2] Stephen A. Brewster, “Non-Speech Audi- tory Output,” in The Human-Computer Interaction Handbook: Fundamentals, Evolving Technologies and Emerging Applications, 2nd ed., Andrew Sears and Julie A. Jacko, ed. (Boca Raton, FL: CRC Press, 2008), 220-239;Stephen A. Brewster and Catherine V. Clarke, “The Design and Evaluation of a Sonically Enhanced Tool Palette,” ACM Transactions on Applied Perception 2, no. 4 (2005): 455-461.

[3] Davide Rocchesso et al., “Sonic Interaction Design: Sound, Information and Experience,” in Proceedings of CHI ’08 Extended Abstracts on Human Factors in Computing Systems (New York: ACM, 2008), 3969-3972;and COST SID W2, (Intergovernmental framework for European Cooperation in Science and Technology COST-Information and Communication Technologies ICT action: Sonic Interaction Design) “Working Group 2: Product Sound Design,” http: //sid. soundobject. org/wiki/WG2Product (2012年8月19日访问).

教育课程的跨学科性，我们也有理由认为应该把声音引入设计课程体系。很多学者一直都想本着这样的重点开展声音设计研究。[1]下面我们精选了三所不同艺术设计院校的三种不同模式，简要回顾一下声音设计教育的现状。

4. 声音设计教育体验概述

为了确保声音在设计研究中占有一席之地，我们可以看看设计机构目前开展的教育体验活动，重点关注阿尔托大学赫尔辛基媒体实验室、法国国立高等工业设计学院（ENSCI）和欧洲声音研究文科硕士培养计划（EMAS）。EMAS是一项硕士联合培养计划，参培单位包括芬兰阿尔托大学、荷兰影视学院、法国国立戏剧艺术技巧高等学院、法国欧巴涅国际电影节、比利时根特国际电影节、德国科隆国际电影学院、比利时根特艺术学院和英国声学院。

随着新媒体研究在阿尔托大学传媒系赫尔辛基媒体实验室成为设计教育的一部分，声音研究的跨学科特征渐渐在课程体系中发挥重要的作用。新媒体研究的任务是探索、发现和理解新数字技术及其社会影响；发现并利用新媒体对传达、交互和表现带来的潜在机会；评价、理解和应对新媒体对设计和创意生产所构成的挑战。[2]

赫尔辛基媒体实验室的声音设计研究不仅拥有跨部门的学术网络，而且与产业的联系紧密，充满活力，这是很重要的优势。该文科硕士培养计划的学位要求鼓励自主研究，学生可以

---

[1] Xavier Serra, Gerhard Widmer, and Marc Leman, A Roadmap for Sound and Music Computing, The S2S Consortium, ed. Xavier Serra, Gerhard Widmer, and Marc Leman (Barcelona: The S2S Consortium, 2007). 30.

[2] Media Lab Helsinki Courses, http: //mlab. taik. fi/courses (2012年11月22日访问).

在专业老师的指导下参与并完成外部合作伙伴的委托项目。这种以实践为基础的教育方法支持学生从现实生活案例中学习，也给学生在研究期间提供了充足的项目管理技能。这些项目属性多样，有的是开放的艺术作业，有的是商业化生产，既有公共部门的项目，也有私有企业的项目。

ENSCI把课程重点放在工业设计和纺织品设计上，因此在声音研究方法上略有不同。然而，凭借其在各级各类设计师培训中25年有余的经验，ENSCI意识到当代数字技术带来了根本的变化，提出了设计关注点的多样性。ENSCI的多学科教育具有以下基础：艺术、文学和科学背景；重实践的教学计划，包括与工业合作伙伴的项目；以实践为基础与专业设计师一起学习；以及为每一位学生个性化定制的课程体系。[1]

通过研究我们所处的环境与声音的产生之间的关系，ENSCI的声音研究让学生重视声音的作用。声音研究将（心理）声学基础及音乐流与录音衍生的艺术形式相结合，[2]它脱胎于传统的工业设计课程体系，是创意工作室的一部分，它使学生能够构建声音结构和设计形式，从而创造出工业产品或艺术品。创意工作室为学生提供了实践锻炼的替代形式，包括实用艺术和设计项目，学生在此可以对声音的使用问题进行不同的探索，从真的到假的，从声音装置到音频博物馆技术学，从实时音频图形到声乐队设备/仪器。

广义上讲，欧洲教育趋势在《博洛尼亚宣言》后表现为在机构间开展更密切的合作，在就业和教育之间建立更密切的联系。[3]此前，S2S2联盟公布了声乐计算研究的路线图，包括本

---

[1] Media Lab Helsinki Courses，http：//mlab．taik. fi/courses （2012年11月22日访问）.

[2] Media Lab Helsinki，http：//mlab. taik. fi/ （2012年11月22日访问）.

[3] European Commission，“The Bologna Process．Towards the European Higher Education Area,” http：//ec. europa. eu/ education/policies/educ/bologna/bolo-gna_en. html （2012年11月4日访问）.

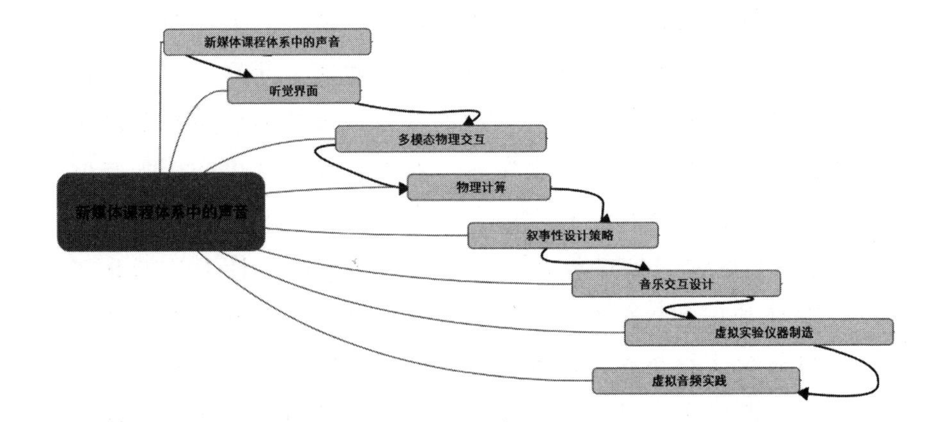

图14-1 阿尔托大学媒体实验室新媒体声音研究硕士培养计划研究模块路径

科生和研究生声音研究框架[1]，并且已经组建了一个新的欧洲联盟，设立欧洲声音研究文科硕士。[2]

EMAS提出了两年制的声音研究硕士培养计划，这是对声音创意潜能的强化教育，也是多媒体实践的一部分。该课程体系强调培养创意实践能力和技术工艺，认为研究对于自我发展和创造力的培养是必不可少的。

该课程体系的总体目标是培养创意产业从业者，他们方法专业，技能高，创造力强，具有批判意识和创新精神。EMAS工作正在进行之中，自2014年10月起列入欧洲首个声音研究硕士学位联合培养计划，由欧洲多所大学、电影学院、艺术学院和艺术组织联盟共同打造。[3]

根据我们对现有相关研究生培养计划的研究，我们认为，随着声音作用范围的进一步拓展，它已不再仅仅是一个美学元

[1] Serra, Widmer, and Leman, A Roadmap for Sound and Music Computing, 27.

[2] EMAS, "European Master of Arts in Sound," www. emasound. org/ (2013年1月24日访问).

[3] EMAS, "European Master of Arts in Sound," www. emasound. org/ (2013年1月24日访问).

素，它还包括各种相关产品和服务的音乐美学理念，我们因此将声音的相关教育放在设计导向的教育框架之中。基于我们的评价，我们发现有必要在设计教育中设置一个重点更突出的声音研究培养计划。该研究框架不仅应包括后期制作、剪辑、技术和音乐研究，还应结合新媒体和设计研究中的整体设计主题。创意/体验产业需要能在其学术和行业工作中综合运用多学科设计知识和技能的大师和专家。我们的方案重视声音研究在设计教育中这种愈来愈重要的作用。

考虑到声音研究的新的方面，该领域的新兴多学科特征就更为显著。下面我们将从芬兰教育视角，介绍运用学生项目的课程体系的实践成果，从而强调本文所提出的应用声音研究所扮演的角色。

5. 声音研究的实践成果

我们在讨论中透露了硕士学位培养计划的学习途径，该计划涵盖了范围广泛的知识建构，从基本技能到物理计算，从叙事性设计策略到虚拟实验仪器设计（见图14-1）。

这种学习路径以工作坊选修课程为基础。学生可在课程体系的任一阶段选修这些课程。这样的课程体系使得所有学生都有机会完成从基本技能到最终论文的各个环节。这一路径的起点——基本技能和原理——提供了声音和音乐的一般知识，旨在通过介绍数据流编程语言基础知识，让学生熟悉组织、操作和创造声音过程中的计算机应用（见图14-2）。

基本技能后面是听觉界面模块。该模块起到了开放平台的作用，围绕声音交互的有形的一面设计和开发项目及理论。多模态物理交互引入了一些做法，可以为人们设计通过数字环境交互的新方式，让声音成为交互的中心点（见图14-3）。同

图14-2 海基·希伦佩（Heikki Sillanpää）的项目

该项目的工作基础是在计算机环境下获取声音样本，并将它们存储在不同的声道。依据该计算模型，对声音样本进行排序，同时允许选择音序器开始播放的部分。http://vimeo. com/16956281（2012年11月22日访问）。

样，物理计算模块为原型交互开发理念，这些原型交互关注更高级的软件编程和电子装配（见图14-4）。

叙事性设计策略探索人与造物之间的交互，研究受相关电影或游戏声音启发的叙事策略。音乐交互设计让学生有机会运用交互音乐表演、装置和创作的各种声波实验策略，学会在数字环境下加工和组织声音（见图14-5）。虚拟实验仪器制造把编程代码作为艺术材料处理音乐互动，强调运用创意软件进行创造的喜悦。这一模块旨在使学生运用各种软件和编程语言熟悉虚拟仪器制造。该框架中的最后一个模块是高级音频实践，帮助学生就他们对该领域的主要兴趣形成最终论文选题。[1]

[1] Media Lab Helsinki，http：//mlab. taik. fi/.

图14-3 马蒂·尼尼马基（Matti Niinimäki）的研究项目

马蒂·尼尼马基的研究项目将熨斗这样的日常生活中的东西变成了声音对象。他们给熨斗装上多个传感器，使得熨斗能够探测到熨斗接触面上不同红外线灰度值。这些灰度值和熨斗的加速度被映射到控制参数。它还基于熨衣板的不同图案对插在熨斗上的整个震动触觉驱动器提供触觉反馈。http://vimeo.com/19828686（2012年11月22日访问）。

图14-4 土耳其文化遗产催生的三种仪器

受土耳其文化遗产的启发，热哈·迪西奥格鲁（Reha Discioglu）、皮贝·皮尔马（Piibe Piirma）和费尔哈特·森（Ferhat Sen）运用数字技术设计了三种仪器。该项目运用了传统仪器的形状因子，增强了整个物理计算方法和装置的控制及输出层。http://vimeo. com/18722096 (2012年11月22日)。

图14-5 泰罗·万谛宁（Tero Vänttinen）的项目

泰罗·万谛宁的项目是一个8声道采样器，它能录制声音样本，每一个声道都可以单独控制。声音样本由定制的机械和模拟仪器录制。所得到的声音还被分到空间音频设置，该设置能够带来意想不到的环绕声。http://vimeo.com/36148660 (2012年11月22日访问)。

高级音频实践的一个项目是2010年上海世博会芬兰馆冰壶的声音设计。[1]这项工作是受参与该工程的多家公司和设计工作室委托，而不是一家单一明确的客户。声音设计团队由媒体实验室和CM&T西贝柳斯音乐学院的学生组成，简报要求为整个大楼创建一个无缝的室内声景。冰壶的声音范围广泛，从芬兰的大自然到民族音乐、管弦乐和电子音乐，赋予了每个空间特有的色彩和氛围。

声波之旅从场馆入口开始，给参观者提供了芬兰特色的听觉体验。通往展览空间的斜坡上的声音装置一开始是叮当作响

---

[1] Resonator Helsinki, "Press Release," 2010, www. resonatorhelsinki. com/ 20100430-resonator-helsinki-kirnu- press-release. pdf (accessed January 24, 2013).

图14-6 2010年上海世博会芬兰馆的冰壶

摄影：德里克·梅尼雷（Derryck Menere）

的冰的声音，然后慢慢转变为民族乐器的声音。当代芬兰诗歌朗诵在空间回荡。学生们没有使用看得见的扬声器，而是将驱动器藏在墙后，将斜坡变成了一个巨大的令人陶醉的扬声器（见图14-6）。

6. 结论

我们在本文中尝试建立了声音研究的框架，强调声音研究在设计教育中的作用。总而言之，我们相信声音研究在设计教育中能够为学生提供学习和应用跨学科技能及知识的行之有效的结构和机会，从而创造出创新性的交互设计解决方案。当然，我们所提出的框架并没有可度量的结果，也没有运用科学的教学方法论。然而，该框架对于声音教育的进一步研究具有潜在的指导意义。该框架让我们注意到有必要进一步研究创意设计流程中的声音问题，把声音作为设计的一个重要元素，意识到声音设计是设计教育中的新兴研究领域之一。我们对三种不同形式的声音研究进行了述评，看到设计研究中的声音是如何在现有课程体系和活动中发挥作用的。

以上要点引导我们继续就设计实践中声音研究的原理和作用进行讨论，其中的一个重要方面就是声音设计对于很多应用而言并非易事。如果我们把声音设计和一些潜在的模型相比，情况更是如此。在这些模型中，声音研究是诸如工程学或音乐学这样的特定学科的一部分。声音设计需要连续的设计过程，在此我们可以从非视觉设计环境中进行设计模型的声波探索。与此同时，在这种声波探索过程中，将线性形式和非线性形式的音频内容结构进行对比，也能发现其中的局限性。如果说“一切都是设计出来的”[1]，那么如上所述，我们应该注意到声音设计的角色是如何变得越来重要，越来越突出的。

我们至少已经从有限的视角说明，学生项目显示出声音研究在设计教育中的创新性，而且声音设计可以对艺术创作和设计流程中的新举措和新理念采取更加开放的态度。学生可以自由发挥从乌托邦层面到现实层面的声音设计创意，而不用担心任何特定的声音规则所带来的局限性。学生在现实环境中实验，通过声波之旅实现自己的创意——很有可能得到的声音是不同寻常的，不可预见的，数不胜数的。

我们在此描述的原理和框架仍然需要进一步的阐述和提高。我们将声音研究置于设计教育之中，将声音研究作为新兴的交叉学科领域，强调新媒体研究的多学科性，可以看出我们的做法显然不同于以往的声音研究方法。

---

[1] Clement Mok，Designing Business. Multiple Media，Multiple Disciplines (San Jose，CA: Adobe Press，1996).

致谢

本文得到芬兰科学院（项目号：137646）的支持。感谢艾哈迈德·古泽热尔勒尔（Ahmet Güzererler）对本文终稿的修改所给予的帮助。

后　记

设计包罗万象，设计学翻译所遇到的挑战也是不言而喻的。

本辑所收入的一部分文章研究了设计与创新问题，翻译以创新为主题的设计研究论文绝非易事。例如，从语言层面上来讲，创新带来了很多新的术语，译者在翻译过程中常常为此绞尽脑汁，废寝忘食。在此，译者仅举一例。唐纳德·A. 诺曼和罗伯托·韦尔甘蒂提出了四种类型的设计研究。其中的三类是基础设计研究、设计驱动的研究和以人为中心的研究，这些对翻译不构成任何困难。但是，第四类设计研究，他们称之为“tinkering”。该如何翻译呢？

如果查一下词典，如吴光华主编的《英汉科技大辞典》，我们发现“tinker”作为动词，它的及物动词用法意思为“粗修；补修；调整”，不及物动词用法意思为“（1）做白铁工；（2）做拙劣的修补；（3）无事忙，瞎忙”。当然，早在1972年，霍尔姆斯（Holmes）就提出了基于网络的翻译。如果我们在网络上检索一下“tinkering”，检索结果有与这些注义类似的翻译，如“小打小敲”“敲敲打打”“东敲西打”“修修补补”“铸补”“摆弄”“改造”“随机创新”“捣鼓”，等等。其中的“弄”和“随机”在某种程度上表达了该词在我们的翻译语境中所含有的“play with”（玩）的含义。但是，这些都算不上理想的翻译。

使问题更为复杂的是，马可·比迪奥尔和斯蒂法诺·莫切里在其文章中使用了“thinkering”一词，该词是“thinking”和“tinkering”构成的混合词。他们指出，保拉·安特那利（Paola Antonelli）主要研究“thinkering”。约翰·史立·布朗（John Seely Brown）率先提出了这一观点，并把它作为新的设计视角。“thinkering”靠的是富有成效的“tinkering”、试验、测试、再测试和调整，他们一直与许多志同道合的人儿一道乐此不疲。

此外，约翰·史立·布朗在一次采访中曾经对“thinkering”进行了定义，即“Thinking through action! Thinking through making and discovering through the manual experimentation with materials and objects”。这里反复使用的“through”一词吸引了我们的眼球，也让我们联想到了杜威的“learning by doing”的表达方式和教育思想。汉语一般把它翻译成“做中学”。

基于以上考虑，我们最后把“thinkering”翻译为“做中创”，把“tinkering”翻译为“玩创”。与此相关的还有一些细化的名称，如工匠（artisan）、巧匠（tweaker）、创客（maker）和拼合爱好者（bricoleur），等等。原文表达“数量上”的多样性，要求译者得出具有区分度的准确的翻译。

诚如严复在其《天演论·译例言》中所云，“新的学说接二连三地出现，新的名称也随之多了起来。这些新名称，从汉语里无法找到，即使勉强牵连凑合，毕竟嫌有出入。译者遇到这种情况，只有运用自己的判断力，按照新名称的含义去确定译名。……有时为了确定一个译名，往往要花上十天或个把月的时间，反复推敲。”

此外，在本辑的翻译过程中，蒋金洋、陈跃月、罗玲、李如、袁晶晶、宋雪琪等协助完成了部分翻译工作。李博文、方思璇、刘桐对本书中的图表和全书的布排做了大量细致的工作，译者在此表示由衷的感谢。

最后，衷心感谢清华大学出版社编辑的大力支持和帮助。

译者

2016年5月12日于江南大学